国家科技支撑计划项目(2012BAD29B01)
国家科技基础性工作专项(2015FY111200)

中国市售茶叶农药残留报告 2019

(华东卷二)

庞国芳　申世刚　主编

科学出版社
北京

内 容 简 介

《中国市售茶叶农药残留报告》共分8卷：华北卷（北京市、天津市、石家庄市、太原市、呼和浩特市）、东北卷-电商平台卷（沈阳市、长春市、哈尔滨市和电商平台）、华东卷一（上海市、南京市、杭州市、合肥市）、华东卷二（福州市、南昌市、济南市）、华中卷（郑州市、武汉市、长沙市）、华南卷（广州市、南宁市、海口市）、西南卷（重庆市、成都市、贵阳市、昆明市、拉萨市及林芝地区）和西北卷（西安市、兰州市、西宁市、银川市、乌鲁木齐市）。

每卷包括2019年市售7种茶叶农药残留侦测报告和膳食暴露风险与预警风险评估报告。分别介绍了市售茶叶样品采集情况，液相色谱-四极杆飞行时间质谱（LC-Q-TOF/MS）和气相色谱-四极杆飞行时间质谱（GC-Q-TOF/MS）农药残留检测结果，农药残留分布情况，农药残留检出水平与最大残留限量（MRL）标准对比分析，以及农药残留膳食暴露风险评估与预警风险评估结果。

本书对从事农产品安全生产、农药科学管理与施用、食品安全研究与管理的相关人员具有重要参考价值，同时可供高等院校食品安全与质量检测等相关专业的师生参考，广大消费者也可从中获取健康饮食的裨益。

图书在版编目（CIP）数据

中国市售茶叶农药残留报告. 2019. 华东卷. 二 / 庞国芳，申世刚主编. —北京：科学出版社，2020.2

ISBN 978-7-03-063880-9

Ⅰ. ①中… Ⅱ. ①庞… ②申… Ⅲ. ①茶叶—农药残留物—研究报告—华东地区—2019 Ⅳ. ①S481

中国版本图书馆CIP数据核字（2019）第288749号

责任编辑：杨 震 刘 冉 杨新改／责任校对：何艳萍
责任印制：肖 兴／封面设计：北京图阅盛世

科学出版社 出版
北京东黄城根北街16号
邮政编码：100717
http://www.sciencep.com

北京九天鸿程印刷有限责任公司 印刷
科学出版社发行 各地新华书店经销

*

2020年2月第 一 版 开本：787×1092 1/16
2020年2月第一次印刷 印张：17
字数：400 000

定价：168.00元
（如有印装质量问题，我社负责调换）

中国市售茶叶农药残留报告
2019
(华东卷二)

编 委 会

主　编：庞国芳　申世刚

副主编：白若镔　梁淑轩　郑　平　范春林
　　　　李　慧　常巧英

编　委：（按姓名汉语拼音排序）
　　　　白若镔　常巧英　陈　辉　范春林
　　　　黄晓兰　李　慧　李　捷　梁淑轩
　　　　庞国芳　申世刚　宋　伟　吴兴强
　　　　徐建中　郑　平

序

据世界卫生组织统计，全世界每年至少发生50万例农药中毒事件，死亡11.5万人，数十种疾病与农药残留有关。为此，世界各国均制定了严格的食品标准，对不同农产品设置了农药最大残留限量(MRL)标准。我国将于2020年2月实施《食品安全国家标准 食品中农药最大残留限量》(GB 2763—2019)，规定食品中483种农药的7107项最大残留限量标准；欧盟、美国和日本等发达国家和地区分别制定了162248项、39147项和51600项农药最大残留限量标准。作为农业大国，我国是世界上农药生产和使用最多的国家。据中国统计年鉴数据统计，2000~2015年我国化学农药原药产量从60万吨/年增加到374万吨/年，农药化学污染物已经是当前食品安全源头污染的主要来源之一。

因此，深受广大消费者及政府相关部门关注的各种问题也随之而来：我国市售茶叶农药残留污染状况和风险水平到底如何？我国农产品农药残留水平是否影响我国农产品走向国际市场？这些看似简单实则难度相当大的问题，涉及农药的科学管理与施用，食品农产品的安全监管，农药残留检测技术标准以及资源保障等多方面因素。

可喜的是，此次由庞国芳院士科研团队承担完成的国家科技支撑计划项目(2012BAD29B01)和国家科技基础性工作专项(2015FY111200)研究成果之一《中国市售茶叶农药残留报告》(以下简称《报告》)，对上述问题给出了全面、深入、直观的答案，为形成我国农药残留监控体系提供了海量的科学数据支撑。

该《报告》包括茶叶农药残留侦测报告和茶叶农药残留膳食暴露风险与预警风险评估报告两大重点内容。其中，"茶叶农药残留侦测报告"是庞国芳院士科研团队利用他们所取得的具有国际领先水平的多元融合技术，包括高通量非靶向农药残留侦测技术、农药残留侦测数据智能分析及残留侦测结果可视化等研究成果，对我国32个城市363个采样点的4944例7种市售茶叶进行非靶向农药残留侦测的结果汇总；同时，解决了数据维度多、数据关系复杂、数据分析要求高等技术难题，运用自主研发的海量数据智能分析软件，深入比较分析了农药残留侦测数据结果，初步普查了我国主要城市茶叶农药残留的"家底"。而"茶叶农药残留膳食暴露风险与预警风险评估报告"是在上述农药残留侦测数据的基础上，利用食品安全指数模型和风险系数模型，结合农药残留水平、特性、致害效应，进行系统的农药残留风险评价，最终给出了我国主要城市市售茶叶农药残留的膳食暴露风险和预警风险结论。

该《报告》包含了海量的农药残留侦测结果和相关信息，数据准确、真实可靠，具有以下几个特点：

一、样品采集具有代表性。侦测地域范围覆盖全国除港澳台以外省级行政区的32个城市(包括4个直辖市，27个省会城市，1个地级市)的363个采样点。随机从超市、茶叶专营店或电商平台采集样品4944批。样品采集地覆盖全国25%人口的生活区域，具有代表性。

二、检测过程遵循统一性和科学性原则。所有侦测数据来源于10个网络联盟实验室，按"五统一"规范操作(统一采样标准、统一制样技术、统一检测方法、统一格式数据上传、统一模式统计分析报告)全封闭运行，保障数据的准确性、统一性、完整性、安全性和可靠性。

三、农残数据分析与评价的自动化。充分运用互联网的智能化技术，实现从农产品、农药残留、地域、农药残留最高限量标准等多维度的自动统计和综合评价与预警。

总之，该《报告》数据庞大，信息丰富，内容翔实，图文并茂，直观易懂。它的出版，将有助于广大读者全面了解我国主要城市市售茶叶农药残留的现状、动态变化及风险水平。这对于全面认识我国茶叶食用安全水平、掌握各种农药残留对人体健康的影响，具有十分重要的理论价值和实用意义。

该书适合政府监管部门、食品安全专家、茶叶生产和经营者以及广大消费者等各类人员阅读参考，其受众之广、影响之大是该领域内前所未有的，值得大家高度关注。

魏复盛

2019 年 12 月

前　言

食品是人类生存和发展的基本物质基础，食品安全是全球的重大民生问题，也是世界各国目前所面临的共同难题，而食品中农药残留问题是引发食品安全事件的重要因素，尤其受到关注。目前，世界上常用的农药种类超过1000种，而且不断地有新的农药被研发和应用，在关注农药残留对人类身体健康和生存环境造成新的潜在危害的同时，也对农药残留的检测技术、监控手段和风险评估能力提出了更高的要求和全新的挑战。

为解决上述难题，作者团队此前一直围绕世界常用的1200多种农药和化学污染物展开多学科合作研究，例如，采用高分辨质谱技术开展无需实物标准品作参比的高通量非靶向农药残留检测技术研究；运用互联网技术与数据科学理论对海量农药残留检测数据的自动采集和智能分析研究；引入网络地理信息系统(Web-GIS)技术用于农药残留检测结果的空间可视化研究等等。与此同时，对这些前沿及主流技术进行多元融合研究，在农药残留检测技术、农药残留数据智能分析及结果可视化等多个方面取得了原创性突破，实现了农药残留检测技术信息化、检测结果大数据处理智能化、风险溯源可视化。这些创新研究成果已整理成《食用农产品农药残留监测与风险评估溯源技术研究》一书另行出版。

《中国市售茶叶农药残留报告》(以下简称《报告》)是上述多项研究成果综合应用于我国农产品农药残留检测与风险评估的科学报告。为了真实反映我国市售茶叶中农药残留污染状况以及残留农药的相关风险，2019年作者团队采用液相色谱-四极杆飞行时间质谱(LC-Q-TOF/MS)及气相色谱-四极杆飞行时间质谱(GC-Q-TOF/MS)两种高分辨质谱技术，从全国32个城市(包括27个省会、4个直辖市、1个地级市)363个采样点(包括超市、茶叶专营店、电商平台等)随机采集了7种市售茶叶4944例样品进行了非靶向农药残留筛查，初步摸清了这些城市市售茶叶农药残留的"家底"，形成了2019年全国重点城市市售茶叶农药残留检测报告。在这基础上，运用食品安全指数模型和风险系数模型，开发了风险评价应用程序，对上述茶叶农药残留分别开展膳食暴露风险评估和预警风险评估，形成了2019年全国重点城市市售茶叶农药残留膳食暴露风险与预警风险评估报告。现将这两大报告整理成书，以飨读者。

为了便于查阅，本次出版的《报告》按我国自然地理区域共分为八卷：华北卷(北京市、天津市、石家庄市、太原市、呼和浩特市)，东北卷-电商平台卷(沈阳市、长春市、哈尔滨市和电商平台)，华东卷一(上海市、南京市、杭州市、合肥市)，华东卷二(福州市、南昌市、济南市)，华中卷(郑州市、武汉市、长沙市)，华南卷(广州市、南宁市、海口市)，西南卷(重庆市、成都市、贵阳市、昆明市、拉萨市及林芝地区)和西北卷(西安市、兰州市、西宁市、银川市、乌鲁木齐市)。

《报告》的每一卷内容均采用统一的结构和方式进行叙述，对每个城市的市售茶叶农药残留状况和风险评估结果均按照LC-Q-TOF/MS及GC-Q-TOF/MS两种技术分别阐述。主要包括以下几方面内容：①每个城市的样品采集情况与农药残留检测结果；②每个城市的农药残留检出水平与最大残留限量(MRL)标准对比分析；③每个城市的茶叶中农药残留分布情况；④每个城市茶叶农药残留报告的初步结论；⑤农药残留风险评估方法及风险评价应用程序的开发；⑥每个城市的茶叶农药残留膳食暴露风险评估；⑦每个城市的茶叶农药残留预警风险评估；⑧每个城市茶叶农药残留风险评估结论与建议。

  本《报告》是我国"十二五"国家科技支撑计划项目(2012BAD29B01)和"十三五"国家科技基础性工作专项(2015FY111200)的研究成果之一。该项研究成果紧扣国家"十三五"规划纲要"增强农产品安全保障能力"和"推进健康中国建设"的主题，可在这些领域的发展中，发挥重要的技术支撑作用。本《报告》的出版得到河北大学高层次人才科研启动经费项目(521000981273)的支持。

  由于作者水平有限，书中不妥之处在所难免，恳请广大读者批评指正。

2019 年 11 月

缩 略 语 表

ADI	allowable daily intake	每日允许最大摄入量
CAC	Codex Alimentarius Commission	国际食品法典委员会
CCPR	Codex Committee on Pesticide Residues	农药残留法典委员会
FAO	Food and Agriculture Organization	联合国粮食及农业组织
GAP	Good Agricultural Practices	农业良好管理规范
GC-Q-TOF/MS	gas chromatograph/quadrupole time-of-flight mass spectrometry	气相色谱-四极杆飞行时间质谱
GEMS	Global Environmental Monitoring System	全球环境监测系统
IFS	index of food safety	食品安全指数
JECFA	Joint FAO/WHO Expert Committee on Food and Additives	FAO、WHO 食品添加剂联合专家委员会
JMPR	Joint FAO/WHO Meeting on Pesticide Residues	FAO、WHO 农药残留联合会议
LC-Q-TOF/MS	liquid chromatograph/quadrupole time-of-flight mass spectrometry	液相色谱-四极杆飞行时间质谱
MRL	maximum residue limit	最大残留限量
R	risk index	风险系数
WHO	World Health Organization	世界卫生组织

凡 例

- 采样城市包括 31 个直辖市及省会城市(未含台北市、香港特别行政区和澳门特别行政区)、1 个地级市及电商平台，分成华北卷(北京市、天津市、石家庄市、太原市、呼和浩特市)、东北卷-电商平台卷(沈阳市、长春市、哈尔滨市、电商平台)、华东卷一(上海市、南京市、杭州市、合肥市)、华东卷二(福州市、南昌市、济南市)、华中卷(郑州市、武汉市、长沙市)、华南卷(广州市、南宁市、海口市)、西南卷(重庆市、成都市、贵阳市、昆明市、拉萨市及林芝地区)、西北卷(西安市、兰州市、西宁市、银川市、乌鲁木齐市)共 8 卷。
- 表中标注*表示剧毒农药；标注◊表示高毒农药；标注▲表示禁用农药；标注 a 表示超标。
- 书中提及的附表(侦测原始数据)，请扫描封底二维码，按对应城市获取。

目 录

福 州 市

第1章 LC-Q-TOF/MS 侦测福州市 131 例市售茶叶样品农药残留报告 ·················· 3
  1.1 样品种类、数量与来源 ·················· 3
  1.2 农药残留检出水平与最大残留限量标准对比分析 ·················· 11
  1.3 茶叶中农药残留分布 ·················· 18
  1.4 初步结论 ·················· 23

第2章 LC-Q-TOF/MS 侦测福州市市售茶叶农药残留膳食暴露风险
       与预警风险评估 ·················· 27
  2.1 农药残留风险评估方法 ·················· 27
  2.2 LC-Q-TOF/MS 侦测福州市市售茶叶农药残留膳食暴露风险评估 ·················· 33
  2.3 LC-Q-TOF/MS 侦测福州市市售茶叶农药残留预警风险评估 ·················· 37
  2.4 LC-Q-TOF/MS 侦测福州市市售茶叶农药残留风险评估结论与建议 ·················· 46

第3章 GC-Q-TOF/MS 侦测福州市 131 例市售茶叶样品农药残留报告 ·················· 50
  3.1 样品种类、数量与来源 ·················· 50
  3.2 农药残留检出水平与最大残留限量标准对比分析 ·················· 58
  3.3 茶叶中农药残留分布 ·················· 65
  3.4 初步结论 ·················· 70

第4章 GC-Q-TOF/MS 侦测福州市市售茶叶农药残留膳食暴露风险
       与预警风险评估 ·················· 74
  4.1 农药残留风险评估方法 ·················· 74
  4.2 GC-Q-TOF/MS 侦测福州市市售茶叶农药残留膳食暴露风险评估 ·················· 80
  4.3 GC-Q-TOF/MS 侦测福州市市售茶叶农药残留预警风险评估 ·················· 84
  4.4 GC-Q-TOF/MS 侦测福州市市售茶叶农药残留风险评估结论与建议 ·················· 92

南 昌 市

第5章 LC-Q-TOF/MS 侦测南昌市 60 例市售茶叶样品农药残留报告 ·················· 97
  5.1 样品种类、数量与来源 ·················· 97
  5.2 农药残留检出水平与最大残留限量标准对比分析 ·················· 104
  5.3 茶叶中农药残留分布 ·················· 109
  5.4 初步结论 ·················· 113

第 6 章　LC-Q-TOF/MS 侦测南昌市市售茶叶农药残留膳食暴露风险
　　　　与预警风险评估……………………………………………………………115
　　6.1　农药残留风险评估方法……………………………………………………115
　　6.2　LC-Q-TOF/MS 侦测南昌市市售茶叶农药残留膳食暴露风险评估………120
　　6.3　LC-Q-TOF/MS 侦测南昌市市售茶叶农药残留预警风险评估……………124
　　6.4　LC-Q-TOF/MS 侦测南昌市市售茶叶农药残留风险评估结论与建议……129

第 7 章　GC-Q-TOF/MS 侦测南昌市 60 例市售茶叶样品农药残留报告…………132
　　7.1　样品种类、数量与来源……………………………………………………132
　　7.2　农药残留检出水平与最大残留限量标准对比分析………………………139
　　7.3　茶叶中农药残留分布………………………………………………………145
　　7.4　初步结论……………………………………………………………………148

第 8 章　GC-Q-TOF/MS 侦测南昌市市售茶叶农药残留膳食暴露风险
　　　　与预警风险评估……………………………………………………………151
　　8.1　农药残留风险评估方法……………………………………………………151
　　8.2　GC-Q-TOF/MS 侦测南昌市市售茶叶农药残留膳食暴露风险评估………157
　　8.3　GC-Q-TOF/MS 侦测南昌市市售茶叶农药残留预警风险评估……………160
　　8.4　GC-Q-TOF/MS 侦测南昌市市售茶叶农药残留风险评估结论与建议……166

济 南 市

第 9 章　LC-Q-TOF/MS 侦测济南市 140 例市售茶叶样品农药残留报告…………173
　　9.1　样品种类、数量与来源……………………………………………………173
　　9.2　农药残留检出水平与最大残留限量标准对比分析………………………180
　　9.3　茶叶中农药残留分布………………………………………………………186
　　9.4　初步结论……………………………………………………………………191

第 10 章　LC-Q-TOF/MS 侦测济南市市售茶叶农药残留膳食暴露风险
　　　　 与预警风险评估…………………………………………………………194
　　10.1　农药残留风险评估方法…………………………………………………194
　　10.2　LC-Q-TOF/MS 侦测济南市市售茶叶农药残留膳食暴露风险评估……199
　　10.3　LC-Q-TOF/MS 侦测济南市市售茶叶农药残留预警风险评估…………203
　　10.4　LC-Q-TOF/MS 侦测济南市市售茶叶农药残留风险评估结论与建议…209

第 11 章　GC-Q-TOF/MS 侦测济南市 140 例市售茶叶样品农药残留报告………212
　　11.1　样品种类、数量与来源…………………………………………………212
　　11.2　农药残留检出水平与最大残留限量标准对比分析……………………219
　　11.3　茶叶中农药残留分布……………………………………………………227
　　11.4　初步结论…………………………………………………………………231

第 12 章　GC-Q-TOF/MS 侦测济南市市售茶叶农药残留膳食暴露风险
　　　　 与预警风险评估···234
　12.1　农药残留风险评估方法···234
　12.2　GC-Q-TOF/MS 侦测济南市市售茶叶农药残留膳食暴露风险评估·······240
　12.3　GC-Q-TOF/MS 侦测济南市市售茶叶农药残留预警风险评估············243
　12.4　GC-Q-TOF/MS 侦测济南市市售茶叶农药残留风险评估结论与建议······251
参考文献···254

福州市

第 1 章　LC-Q-TOF/MS 侦测福州市 131 例市售茶叶样品农药残留报告

从福州市所属 2 个区，随机采集了 131 例茶叶样品，使用液相色谱-四极杆飞行时间质谱(LC-Q-TOF/MS)对 825 种农药化学污染物示范侦测(7 种负离子模式 ESI⁻未涉及)。

1.1　样品种类、数量与来源

1.1.1　样品采集与检测

为了真实反映百姓日常饮用的茶叶中农药残留污染状况，本次所有检测样品均由检验人员于 2018 年 12 月至 2019 年 1 月期间，从福州市所属 12 个采样点，包括 8 个茶叶专营店 4 个超市，以随机购买方式采集，总计 12 批 131 例样品，从中检出农药 97 种，835 频次。采样及监测概况见图 1-1 及表 1-1，样品及采样点明细见表 1-2 及表 1-3(侦测原始数据见附表 1)。

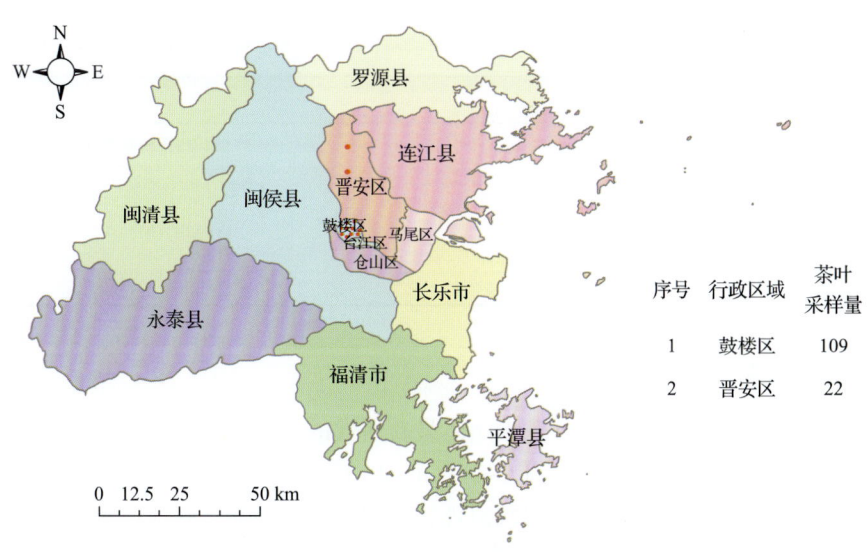

图 1-1　福州市所属 12 个采样点 131 例样品分布图

表 1-1　农药残留监测总体概况

行政区域	福州市所属 2 个区
采样点(茶叶专营店+超市)	12
样本总数	131
检出农药品种/频次	97/835
各采样点样本农药残留检出率范围	87.5%~100.0%

表 1-2　样品分类及数量

样品分类	样品名称(数量)	数量小计
1.茶叶		131
1)发酵类茶叶	白茶(21),红茶(20),乌龙茶(60)	101
2)未发酵类茶叶	花茶(10),绿茶(20)	30
合计	1.茶叶 5 种	131

表 1-3　福州市采样点信息

采样点序号	行政区域	采样点
茶叶专营店(8)		
1	鼓楼区	***茶业店
2	鼓楼区	***茶庄(三坊七巷店)
3	鼓楼区	***茶业店
4	鼓楼区	***茶庄(三坊七巷店)
5	鼓楼区	***茶庄
6	鼓楼区	***茶庄(光禄坊店)
7	鼓楼区	***茶庄(三坊七巷店)
8	晋安区	***茶行
超市(4)		
1	鼓楼区	***超市(杨桥东路店)
2	鼓楼区	***超市(***购物广场店)
3	鼓楼区	***超市(西门店)
4	晋安区	***超市(长乐路店)

1.1.2　检测结果

这次使用的检测方法是庞国芳院士团队最新研发的无需使用标准品对照,而以高分辨精确质量数(0.0001 m/z)为基准的 LC-Q-TOF/MS 检测技术,对于 131 例样品,每个样品均侦测了 825 种农药化学污染物的残留现状。通过本次侦测,在 131 例样品中共计检出农药化学污染物 97 种,检出 835 频次。

1.1.2.1　各采样点样品检出情况

统计分析发现 12 个采样点中,被测样品的农药检出率范围为 87.5%~100.0%。其中,有 10 个采样点样品的检出率最高,达到了 100.0%,分别是:***茶业店、***茶庄(三坊七巷店)、***茶庄(三坊七巷店)、***超市(杨桥东路店)、***茶庄、***超市(***购物广场店)、***超市(西门店)、***茶庄(三坊七巷店)、***超市(长乐路店)和***茶行。***茶庄(光禄坊店)的检出率最低,为 87.5%,见图 1-2。

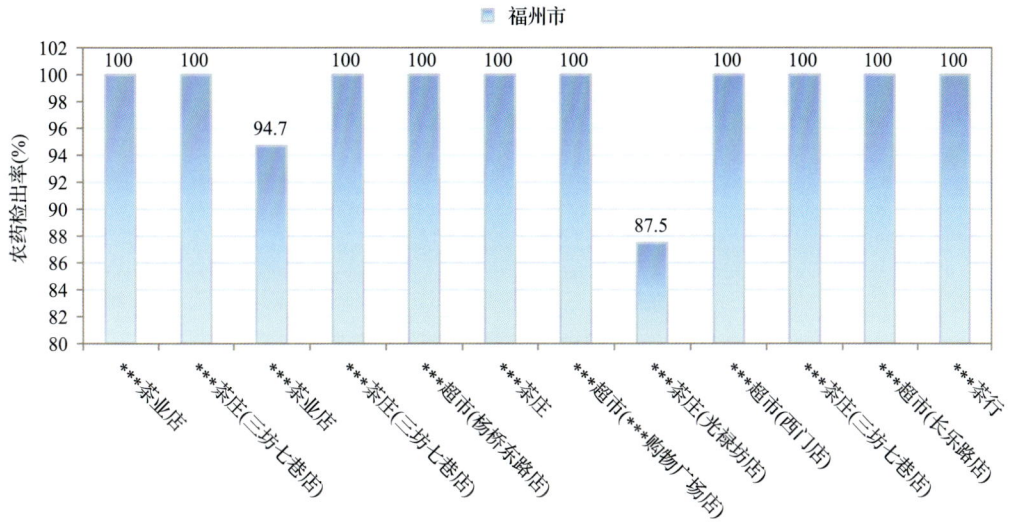

图 1-2 各采样点样品中的农药检出率

1.1.2.2 检出农药的品种总数与频次

统计分析发现,对于 131 例样品中 825 种农药化学污染物的侦测,共检出农药 835 频次,涉及农药 97 种,结果如图 1-3 所示。其中唑虫酰胺检出频次最高,共检出 78 次。检出频次排名前 10 的农药如下:①唑虫酰胺(78),②噻嗪酮(66),③哒螨灵(65),④啶虫脒(57),⑤烯丙菊酯(52),⑥茚虫威(36),⑦苯醚甲环唑(31),⑧甲氰菊酯(31),⑨吡虫啉(29),⑩噻虫嗪(22)。

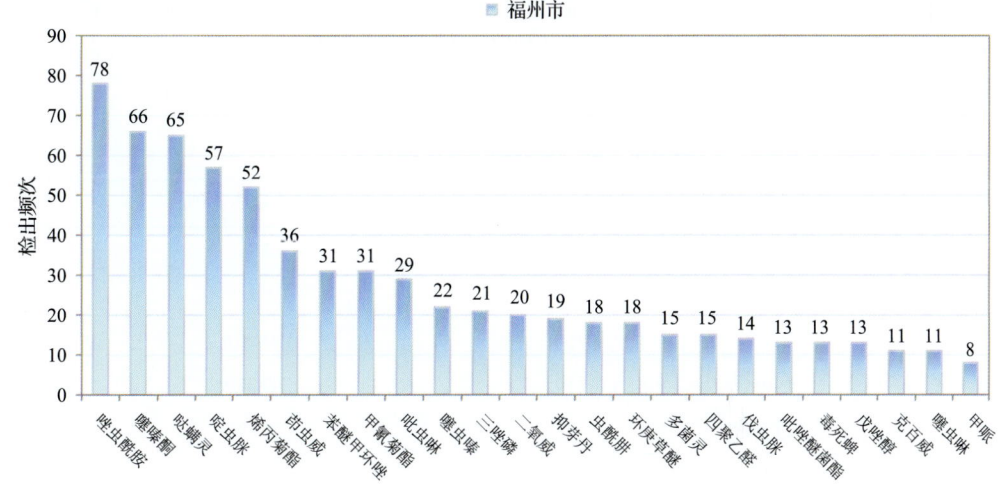

图 1-3 检出农药品种及频次(仅列出 8 频次及以上的数据)

由图 1-4 可见,白茶、乌龙茶、绿茶和花茶这 4 种茶叶样品中检出的农药品种数较高,均超过 30 种,其中,白茶检出农药品种最多,为 51 种。由图 1-5 可见,乌龙茶、白茶、红茶、绿茶和花茶这 5 种茶叶样品中的农药检出频次较高,均超过 100 次,其中,乌龙茶检出农药频次最高,为 252 次。

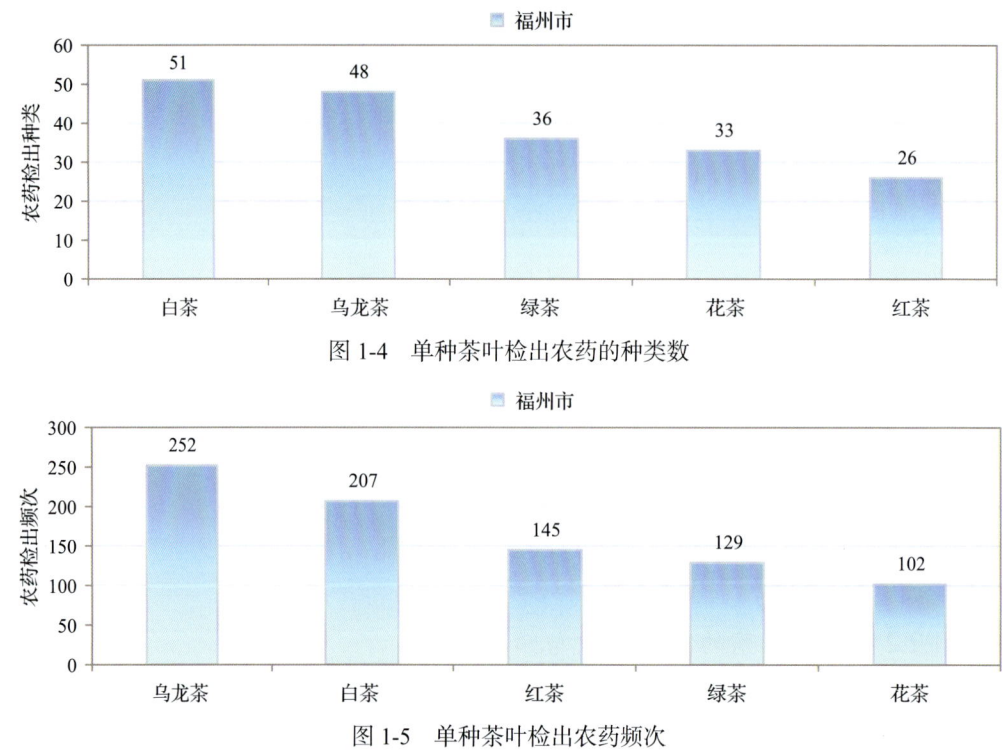

图 1-4 单种茶叶检出农药的种类数

图 1-5 单种茶叶检出农药频次

1.1.2.3 单例样品农药检出种类与占比

对单例样品检出农药种类和频次进行统计发现，未检出农药的样品占总样品数的 1.5%，检出 1 种农药的样品占总样品数的 9.9%，检出 2~5 种农药的样品占总样品数的 36.6%，检出 6~10 种农药的样品占总样品数的 32.8%，检出大于 10 种农药的样品占总样品数的 19.1%。每例样品中平均检出农药为 6.4 种，数据见表 1-4 及图 1-6。

表 1-4 单例样品检出农药品种占比

检出农药品种数	样品数量/占比(%)
未检出	2/1.5
1 种	13/9.9
2~5 种	48/36.6
6~10 种	43/32.8
大于 10 种	25/19.1
单例样品平均检出农药品种	6.4 种

1.1.2.4 检出农药类别与占比

所有检出农药按功能分类，包括杀虫剂、杀菌剂、植物生长调节剂、杀螨剂、除草剂、增效剂共 6 类。其中杀虫剂与杀菌剂为主要检出的农药类别，分别占总数的 50.5% 和 23.7%，见表 1-5 及图 1-7。

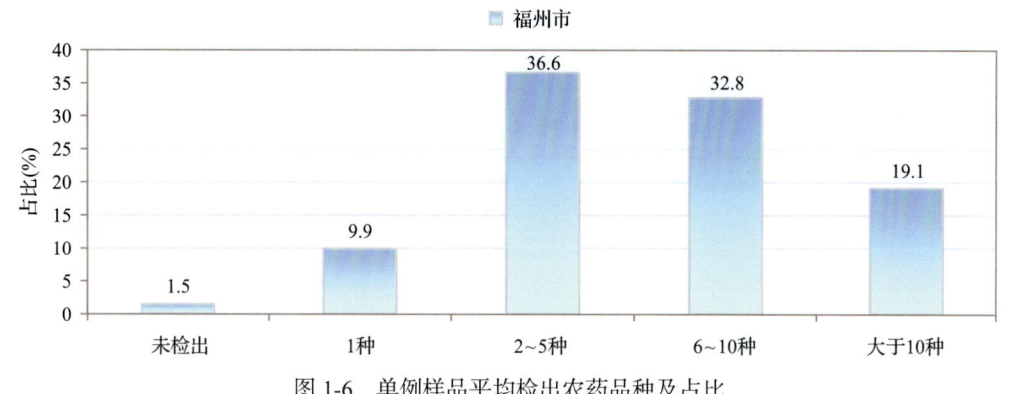

图 1-6 单例样品平均检出农药品种及占比

表 1-5 检出农药所属类别/占比

农药类别	数量/占比(%)
杀虫剂	49/50.5
杀菌剂	23/23.7
植物生长调节剂	9/9.3
杀螨剂	8/8.2
除草剂	7/7.2
增效剂	1/1.0

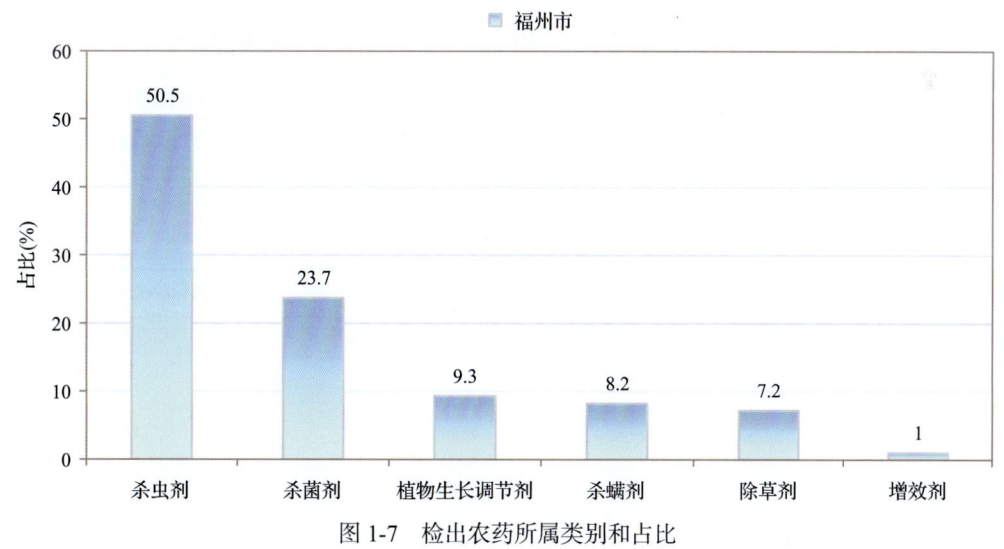

图 1-7 检出农药所属类别和占比

1.1.2.5 检出农药的残留水平

按检出农药残留水平进行统计,残留水平在 1~5 μg/kg(含)的农药占总数的 45.1%,在 5~10 μg/kg(含)的农药占总数的 14.1%,在 10~100 μg/kg(含)的农药占总数的 35.1%,在 100~1000 μg/kg 的农药占总数的 5.6%。

由此可见，这次检测的 12 批 131 例茶叶样品中农药多数处于较低残留水平。结果见表 1-6 及图 1-8，数据见附表 2。

表 1-6 农药残留水平/占比

残留水平（μg/kg）	检出频次数/占比（%）
1～5（含）	377/45.1
5～10（含）	118/14.1
10～100（含）	293/35.1
100～1000	47/5.6

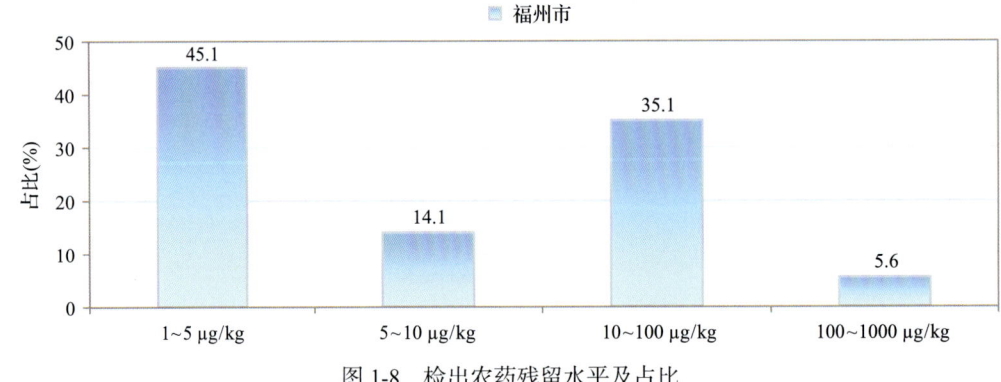

图 1-8 检出农药残留水平及占比

1.1.2.6 检出农药的毒性类别、检出频次和超标频次及占比

对这次检出的 97 种 835 频次的农药，按剧毒、高毒、中毒、低毒和微毒这五个毒性类别进行分类，从中可以看出，福州市目前普遍使用的农药为中低微毒农药，品种占88.7%，频次占 92.5%。结果见表 1-7 及图 1-9。

表 1-7 检出农药毒性类别/占比

毒性分类	农药品种/占比（%）	检出频次/占比（%）	超标频次/超标率（%）
剧毒农药	0/0	0/0.0	0/0.0
高毒农药	11/11.3	63/7.5	1/1.6
中毒农药	42/43.3	521/62.4	1/0.2
低毒农药	29/29.9	168/20.1	0/0.0
微毒农药	15/15.5	83/9.9	0/0.0

1.1.2.7 检出剧毒/高毒类农药的品种和频次

值得特别关注的是，在此次侦测的 131 例样品中有 5 种茶叶的 49 例样品检出了 11 种 63 频次的剧毒和高毒农药，占样品总量的 37.4%，详见图 1-10、表 1-8 及表 1-9。

第1章 LC-Q-TOF/MS 侦测福州市 131 例市售茶叶样品农药残留报告

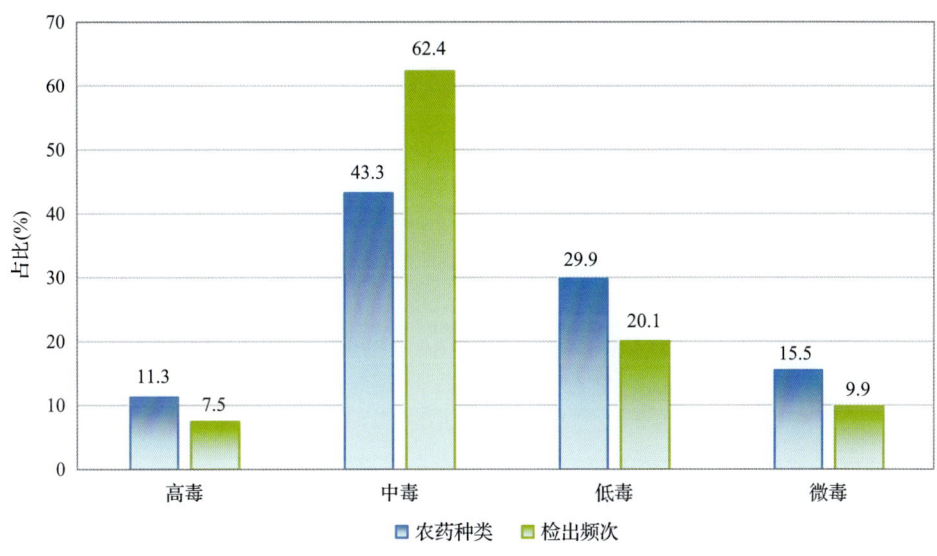

图 1-9 检出农药的毒性分类和占比

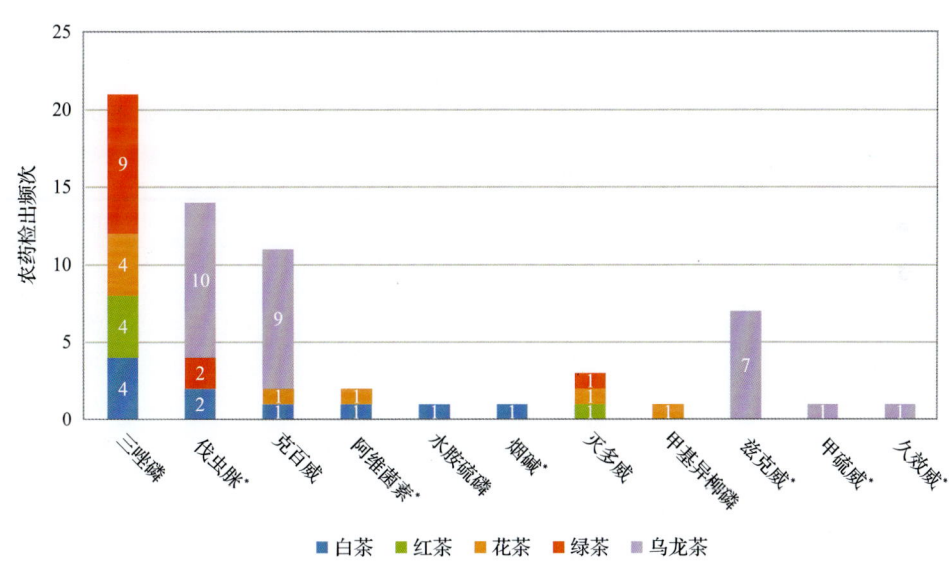

图 1-10 检出剧毒/高毒农药的样品情况

*表示允许在茶叶上使用的农药

表 1-8 剧毒农药检出情况

序号	农药名称	检出频次	超标频次	超标率
	茶叶中未检出剧毒农药			
	合计	0	0	超标率：0.0

表 1-9 高毒农药检出情况

序号	农药名称	检出频次	超标频次	超标率
从 5 种茶叶中检出 11 种高毒农药,共计检出 63 次				
1	三唑磷	21	0	0.0%
2	伐虫脒	14	0	0.0%
3	克百威	11	0	0.0%
4	兹克威	7	0	0.0%
5	灭多威	3	0	0.0%
6	阿维菌素	2	0	0.0%
7	甲基异柳磷	1	0	0.0%
8	甲硫威	1	0	0.0%
9	久效威	1	0	0.0%
10	水胺硫磷	1	1	100.0%
11	烟碱	1	0	0.0%
合计		63	1	超标率:1.6%

在检出的剧毒和高毒农药中,有 5 种是我国早已禁止在茶叶上使用的,分别是:灭多威、克百威、三唑磷、水胺硫磷和甲基异柳磷。禁用农药的检出情况见表 1-10。

表 1-10 禁用农药检出情况

序号	农药名称	检出频次	超标频次	超标率
从 5 种茶叶中检出 9 种禁用农药,共计检出 55 次				
1	三唑磷	21	0	0.0%
2	毒死蜱	13	0	0.0%
3	克百威	11	0	0.0%
4	灭多威	3	0	0.0%
5	氰戊菊酯	3	1	33.3%
6	甲基异柳磷	1	0	0.0%
7	乐果	1	0	0.0%
8	水胺硫磷	1	1	100.0%
9	乙酰甲胺磷	1	0	0.0%
合计		55	2	超标率:3.6%

注:超标结果参考 MRL 中国国家标准计算

此次抽检的茶叶样品中,没有检出剧毒农药。

样品中检出剧毒和高毒农药残留水平超过 MRL 中国国家标准的频次为 1 次,为白茶检出水胺硫磷超标 1 次。本次检出结果表明,高毒、剧毒农药的使用现象依旧存在,详见表 1-11。

表 1-11 各样本中检出剧毒/高毒农药情况

样品名称	农药名称	检出频次	超标频次	检出浓度(μg/kg)
茶叶 5 种				
白茶	三唑磷▲	4	0	1.2, 1.2, 15.4, 2.4
白茶	伐虫脒	2	0	8.8, 13.2
白茶	水胺硫磷▲	1	1	276.2[a]
白茶	阿维菌素	1	0	163.4
白茶	克百威▲	1	0	3.0
白茶	烟碱	1	0	2.1
红茶	三唑磷▲	4	0	1.3, 21.8, 122.8, 2.0
红茶	灭多威▲	1	0	8.8
花茶	三唑磷▲	4	0	3.4, 26.1, 1.4, 2.4
花茶	阿维菌素	1	0	3.4
花茶	甲基异柳磷▲	1	0	22.0
花茶	克百威▲	1	0	2.0
花茶	灭多威▲	1	0	7.1
绿茶	三唑磷▲	9	0	3.7, 4.4, 3.1, 9.4, 2.0, 2.7, 6.3, 20.0, 1.3
绿茶	伐虫脒	2	0	21.9, 10.2
绿茶	灭多威▲	1	0	2.4
乌龙茶	伐虫脒	10	0	56.8, 43.5, 72.7, 39.9, 59.8, 74.7, 81.7, 56.6, 74.2, 51.4
乌龙茶	克百威▲	9	0	1.4, 2.2, 3.3, 3.6, 2.9, 3.9, 2.3, 3.7, 2.8
乌龙茶	兹克威	7	0	6.4, 3.8, 2.5, 8.0, 5.5, 2.4, 6.3
乌龙茶	甲硫威	1	0	4.1
乌龙茶	久效威	1	0	14.8
合计		63	1	超标率: 1.6%

1.2 农药残留检出水平与最大残留限量标准对比分析

我国于 2016 年 12 月 18 日正式颁布并于 2017 年 6 月 18 日正式实施食品农药残留限量国家标准《食品中农药最大残留限量》(GB 2763—2016)。该标准包括 417 个农药条目，涉及最大残留限量(MRL)标准 4140 项。将 835 频次检出农药的浓度水平与 4140 项 MRL 中国国家标准进行核对，其中只有 378 频次的结果找到了对应的 MRL，占 45.3%，还有 457 频次的结果则无相关 MRL 标准供参考，占 54.7%。

将此次侦测结果与国际上现行 MRL 对比发现，在 835 频次的检出结果中有 835 频次的结果找到了对应的 MRL 欧盟标准，占 100.0%，其中，614 频次的结果有明确对应的 MRL，占 73.5%，其余 221 频次按照欧盟一律标准判定，占 26.5%；有 835 频次的结果找到了对应的 MRL 日本标准，占 100.0%，其中，581 频次的结果有明确对应的 MRL，占 69.6%，其余 254 频次按照日本一律标准判定，占 30.4%；有 313 频次的结果找到了对应的 MRL 中国香港标准，占 37.5%；有 294 频次的结果找到了对应的 MRL 美国标准，占 35.2%；有 172 频次的结果找到了对应的 MRL CAC 标准，占 20.6%（见图 1-11 和图 1-12，数据见附表 3 至附表 8）。

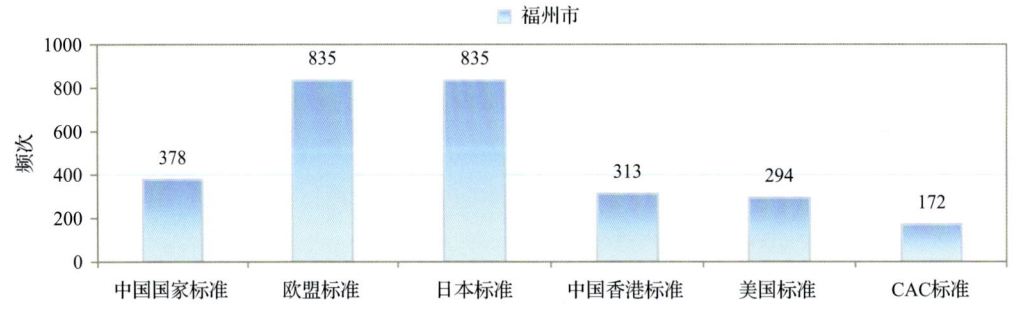

图 1-11　835 频次检出农药可用 MRL 中国国家标准、欧盟标准、日本标准、中国香港标准、美国标准、CAC 标准判定衡量的数量

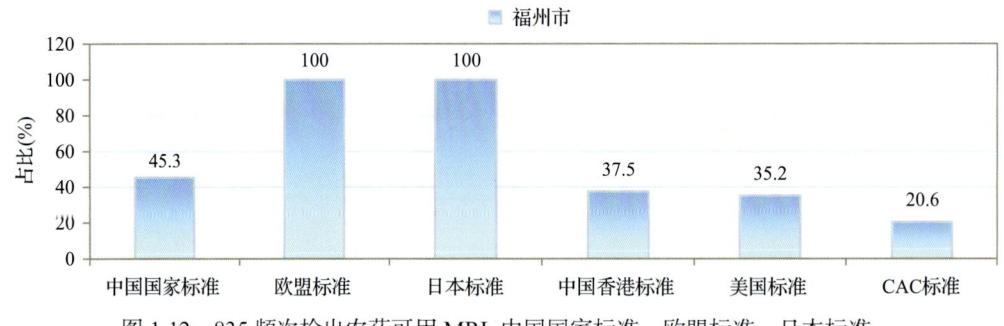

图 1-12　835 频次检出农药可用 MRL 中国国家标准、欧盟标准、日本标准、中国香港标准、美国标准、CAC 标准衡量的占比

1.2.1　超标农药样品分析

本次侦测的 131 例样品中，2 例样品未检出任何残留农药，占样品总量的 1.5%，129 例样品检出不同水平、不同种类的残留农药，占样品总量的 98.5%。在此，我们将本次侦测的农残检出情况与 MRL 中国国家标准、欧盟标准、日本标准、中国香港标准、美国标准和 CAC 标准这 6 大国际主流 MRL 标准进行对比分析，样品农残检出与超标情况见表 1-12、图 1-13 和图 1-14，详细数据见附表 9 至附表 14。

表 1-12　各 MRL 标准下样本农残检出与超标数量及占比

	中国国家标准 数量/占比(%)	欧盟标准 数量/占比(%)	日本标准 数量/占比(%)	中国香港标准 数量/占比(%)	美国标准 数量/占比(%)	CAC 标准 数量/占比(%)
未检出	2/1.5	2/1.5	2/1.5	2/1.5	2/1.5	2/1.5
检出未超标	127/96.9	27/20.6	34/26.0	129/98.5	129/98.5	129/98.5
检出超标	2/1.5	102/77.9	95/72.5	0/0.0	0/0.0	0/0.0

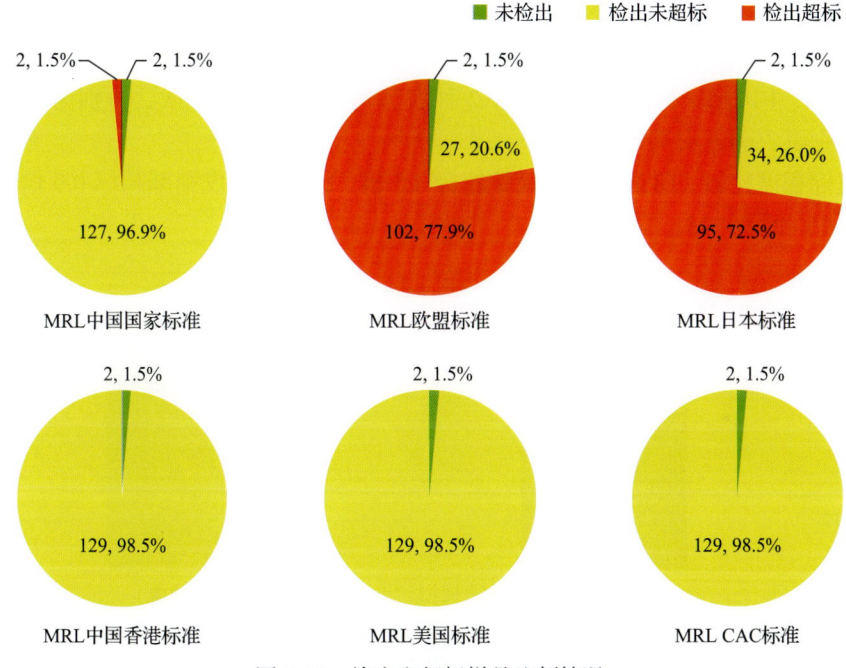

图 1-13 检出和超标样品比例情况

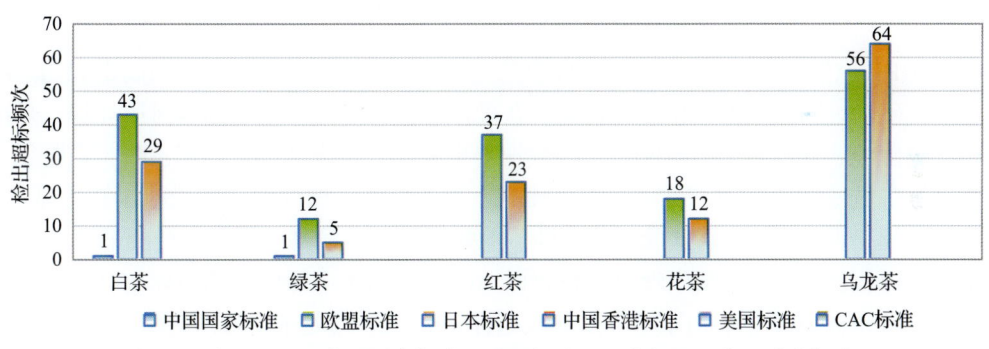

图 1-14 超过 MRL 中国国家标准、欧盟标准、日本标准、中国香港标准、美国标准、CAC 标准结果在茶叶中的分布

1.2.2 超标农药种类分析

按照 MRL 中国国家标准、欧盟标准、日本标准、中国香港标准、美国标准和 CAC 标准这 6 大国际主流 MRL 标准衡量，本次侦测检出的农药超标品种及频次情况见表 1-13。

表 1-13 各 MRL 标准下超标农药品种及频次

	中国国家标准	欧盟标准	日本标准	中国香港标准	美国标准	CAC 标准
超标农药品种	2	27	23	0	0	0
超标农药频次	2	166	133	0	0	0

1.2.2.1　按 MRL 中国国家标准衡量

按 MRL 中国国家标准衡量，共有 2 种农药超标，检出 2 频次，分别为高毒农药水胺硫磷，中毒农药氰戊菊酯。

按超标程度比较，白茶中水胺硫磷超标 4.5 倍，绿茶中氰戊菊酯超标 0.9 倍。检测结果见图 1-15 和附表 15。

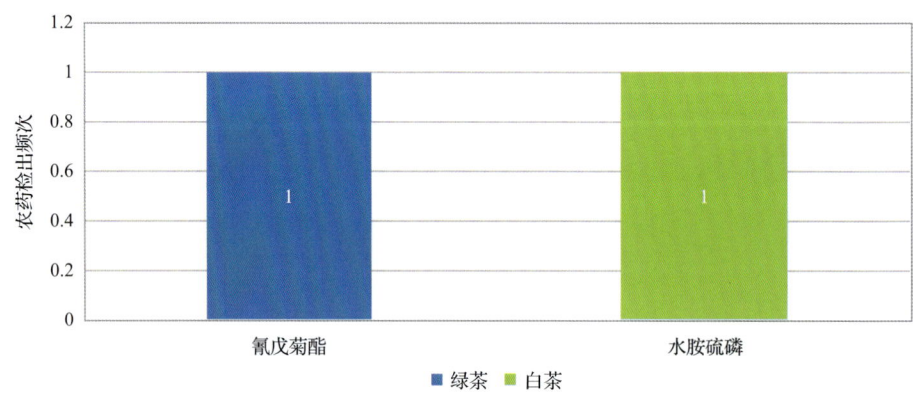

图 1-15　超过 MRL 中国国家标准农药品种及频次

1.2.2.2　按 MRL 欧盟标准衡量

按 MRL 欧盟标准衡量，共有 27 种农药超标，检出 166 频次，分别为高毒农药三唑磷、水胺硫磷、阿维菌素、甲基异柳磷、久效威和伐虫脒，中毒农药苯醚甲环唑、烯丙菊酯、腈菌唑、异丙威、嗪草酮、三唑醇、唑虫酰胺、氰戊菊酯、四聚乙醛、霜脲氰、哒螨灵、二氧威和西草净，低毒农药噻嗪酮、丁苯吗啉、抗倒酯、O-乙基-S-正丙基-(3-乙基-2-氰基亚胺-1-咪唑)磷酸酯、炔草酯、虱螨脲和环庚草醚，微毒农药醚菊酯。

按超标程度比较，红茶中唑虫酰胺超标 56.0 倍，白茶中烯丙菊酯超标 27.1 倍，白茶中水胺硫磷超标 26.6 倍，白茶中唑虫酰胺超标 19.6 倍，乌龙茶中烯丙菊酯超标 11.7 倍。检测结果见图 1-16 和附表 16。

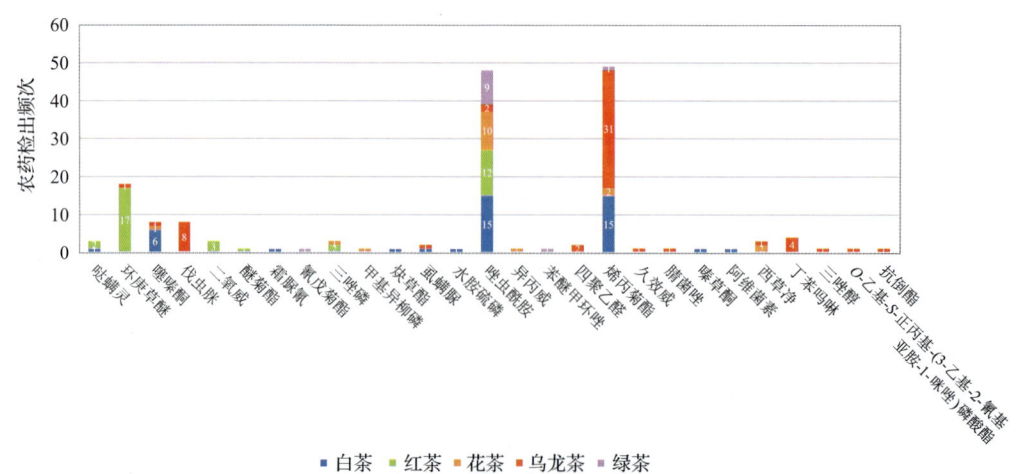

图 1-16　超过 MRL 欧盟标准农药品种及频次

1.2.2.3 按 MRL 日本标准衡量

按 MRL 日本标准衡量，共有 23 种农药超标，检出 133 频次，分别为高毒农药三唑磷、水胺硫磷、甲基异柳磷、久效威和伐虫脒，中毒农药烯丙菊酯、螺环菌胺、异丙威、嗪草酮、双丙氨膦、茚虫威、四聚乙醛、霜脲氰、二氧威和西草净，低毒农药吲哚丁酸、丁苯吗啉、O-乙基-S-正丙基-(3-乙基-2-氰基亚胺-1-咪唑)磷酸酯、抗倒酯、炔草酯、螺虫乙酯、环庚草醚和吲哚乙酸。

按超标程度比较，白茶中烯丙菊酯超标 27.1 倍，白茶中水胺硫磷超标 26.6 倍，乌龙茶中四聚乙醛超标 18.8 倍，白茶中霜脲氰超标 13.2 倍，乌龙茶中烯丙菊酯超标 11.7 倍。检测结果见图 1-17 和附表 17。

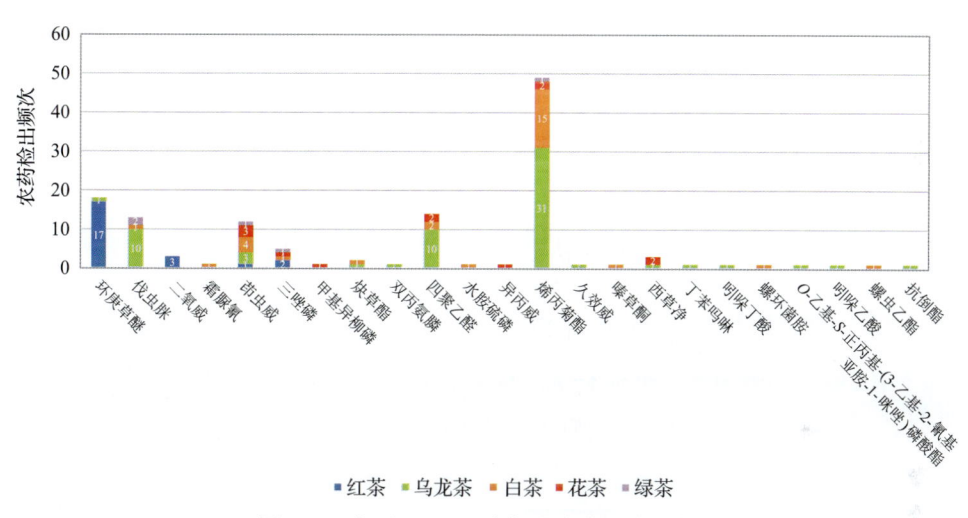

图 1-17 超过 MRL 日本标准农药品种及频次

1.2.2.4 按 MRL 中国香港标准衡量

按 MRL 中国香港标准衡量，无样品检出超标农药残留。

1.2.2.5 按 MRL 美国标准衡量

按 MRL 美国标准衡量，无样品检出超标农药残留。

1.2.2.6 按 MRL CAC 标准衡量

按 MRL CAC 标准衡量，无样品检出超标农药残留。

1.2.3 12 个采样点超标情况分析

1.2.3.1 按 MRL 中国国家标准衡量

按 MRL 中国国家标准衡量，有 2 个采样点的样品存在不同程度的超标农药检出，其中***超市(杨桥东路店)的超标率最高，为 7.1%，如表 1-14 和图 1-18 所示。

表 1-14　超过 MRL 中国国家标准茶叶在不同采样点分布

序号	采样点	样品总数	超标数量	超标率(%)	行政区域
1	***茶业店	19	1	5.3	鼓楼区
2	***超市(杨桥东路店)	14	1	7.1	鼓楼区

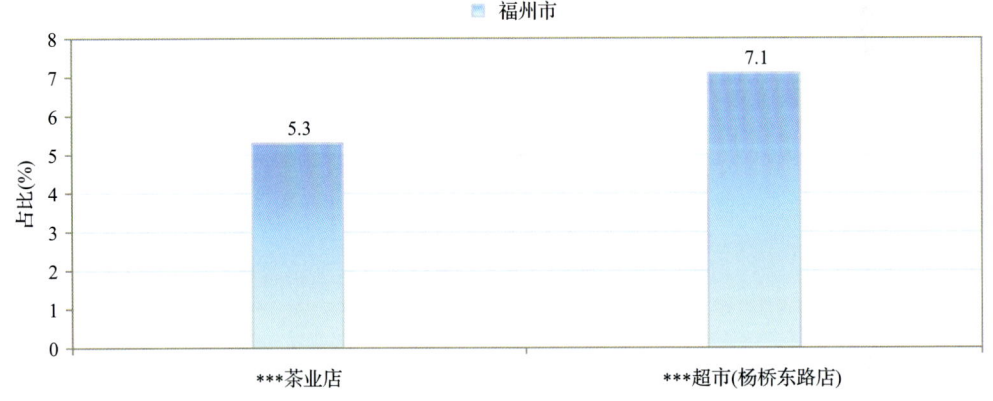

图 1-18　超过 MRL 中国国家标准茶叶在不同采样点分布

1.2.3.2　按 MRL 欧盟标准衡量

按 MRL 欧盟标准衡量，所有采样点的样品存在不同程度的超标农药检出，其中***茶行的超标率最高，为 100.0%，如表 1-15 和图 1-19 所示。

表 1-15　超过 MRL 欧盟标准茶叶在不同采样点分布

序号	采样点	样品总数	超标数量	超标率(%)	行政区域
1	***茶业店	19	17	89.5	鼓楼区
2	***超市(杨桥东路店)	14	9	64.3	鼓楼区
3	***超市(西门店)	13	10	76.9	鼓楼区
4	***超市(***购物广场店)	13	11	84.6	鼓楼区
5	***超市(长乐路店)	12	8	66.7	晋安区
6	***茶庄(三坊七巷店)	10	8	80.0	鼓楼区
7	***茶庄	10	8	80.0	鼓楼区
8	***茶行	10	10	100.0	晋安区
9	***茶业店	10	9	90.0	鼓楼区
10	***茶庄(光禄坊店)	8	3	37.5	鼓楼区
11	***茶庄(三坊七巷店)	7	6	85.7	鼓楼区
12	***茶庄(三坊七巷店)	5	3	60.0	鼓楼区

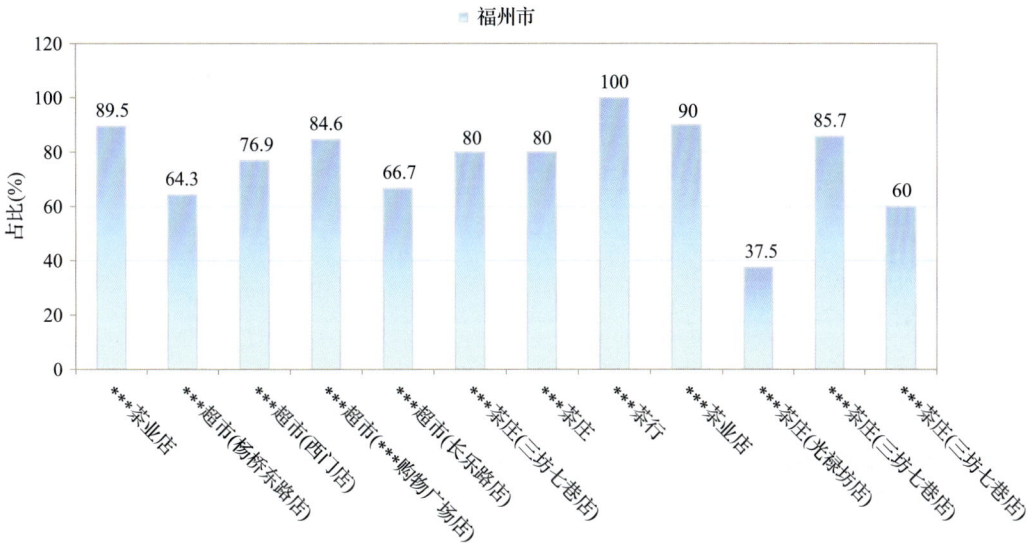

图 1-19 超过 MRL 欧盟标准茶叶在不同采样点分布

1.2.3.3 按 MRL 日本标准衡量

按 MRL 日本标准衡量，所有采样点的样品存在不同程度的超标农药检出，其中***茶行和***茶业店的超标率最高，为 90.0%，如表 1-16 和图 1-20 所示。

表 1-16 超过 MRL 日本标准茶叶在不同采样点分布

序号	采样点	样品总数	超标数量	超标率(%)	行政区域
1	***茶业店	19	17	89.5	鼓楼区
2	***超市(杨桥东路店)	14	11	78.6	鼓楼区
3	***超市(西门店)	13	9	69.2	鼓楼区
4	***超市(***购物广场店)	13	9	69.2	鼓楼区
5	***超市(长乐路店)	12	6	50.0	晋安区
6	***茶庄(三坊七巷店)	10	6	60.0	鼓楼区
7	***茶庄	10	8	80.0	鼓楼区
8	***茶行	10	9	90.0	晋安区
9	***茶业店	10	9	90.0	鼓楼区
10	***茶庄(光禄坊店)	8	4	50.0	鼓楼区
11	***茶庄(三坊七巷店)	7	5	71.4	鼓楼区
12	***茶庄(三坊七巷店)	5	2	40.0	鼓楼区

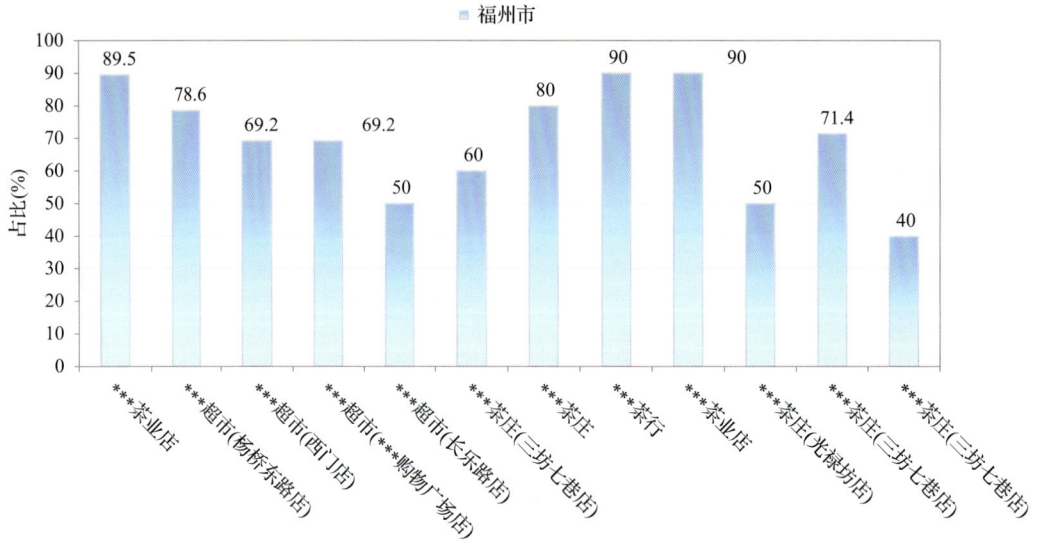

图 1-20　超过 MRL 日本标准茶叶在不同采样点分布

1.2.3.4　按 MRL 中国香港标准衡量

按 MRL 中国香港标准衡量，所有采样点的样品均未检出超标农药残留。

1.2.3.5　按 MRL 美国标准衡量

按 MRL 美国标准衡量，所有采样点的样品均未检出超标农药残留。

1.2.3.6　按 MRL CAC 标准衡量

按 MRL CAC 标准衡量，所有采样点的样品均未检出超标农药残留。

1.3　茶叶中农药残留分布

1.3.1　茶叶按检出农药品种和频次排名

本次残留侦测的茶叶共 5 种，包括白茶、红茶、乌龙茶、花茶和绿茶。

根据检出农药品种及频次进行排名，将各项排名茶叶样品检出情况列表说明，详见表 1-17。

表 1-17　茶叶按检出农药品种和频次排名

按检出农药品种排名(品种)	①白茶(51)，②乌龙茶(48)，③绿茶(36)，④花茶(33)，⑤红茶(26)
按检出农药频次排名(频次)	①乌龙茶(252)，②白茶(207)，③红茶(145)，④绿茶(129)，⑤花茶(102)
按检出禁用、高毒及剧毒农药品种排名(品种)	①白茶(8)，②乌龙茶(7)，③花茶(6)，④绿茶(6)，⑤红茶(3)
按检出禁用、高毒及剧毒农药频次排名(频次)	①乌龙茶(33)，②花茶(15)，③绿茶(15)，④白茶(12)，⑤红茶(6)

1.3.2 茶叶按超标农药品种和频次排名

鉴于 MRL 欧盟标准和 MRL 日本标准制定比较全面且覆盖率较高，我们参照 MRL 中国国家标准、欧盟标准和日本标准衡量茶叶样品中农残检出情况，将茶叶按超标农药品种及频次排名列表说明，详见表 1-18。

表 1-18　茶叶按超标农药品种和频次排名

	MRL 中国国家标准	①白茶(1), ②绿茶(1)
按超标农药品种排名（农药品种数）	MRL 欧盟标准	①乌龙茶(14), ②白茶(10), ③花茶(7), ④红茶(6), ⑤绿茶(4)
	MRL 日本标准	①乌龙茶(14), ②白茶(11), ③花茶(7), ④红茶(4), ⑤绿茶(4)
	MRL 中国国家标准	①白茶(1), ②绿茶(1)
按超标农药频次排名（农药频次数）	MRL 欧盟标准	①乌龙茶(56), ②白茶(43), ③红茶(37), ④花茶(18), ⑤绿茶(12)
	MRL 日本标准	①乌龙茶(64), ②白茶(29), ③红茶(23), ④花茶(12), ⑤绿茶(5)

通过对各品种茶叶样本总数及检出率进行综合分析发现，乌龙茶、绿茶和红茶的残留污染最为严重，在此，我们参照 MRL 中国国家标准、欧盟标准和日本标准对这 3 种茶叶的农残检出情况进行进一步分析。

1.3.3 农药残留检出率较高的茶叶样品分析

1.3.3.1 乌龙茶

这次共检测 60 例乌龙茶样品，59 例样品中检出了农药残留，检出率为 98.3%，检出农药共计 48 种。其中烯丙菊酯、哒螨灵、唑虫酰胺、苯醚甲环唑和啶虫脒检出频次较高，分别检出了 33、18、18、17 和 12 次。乌龙茶中农药检出品种和频次见图 1-21，超标农药见图 1-22 和表 1-19。

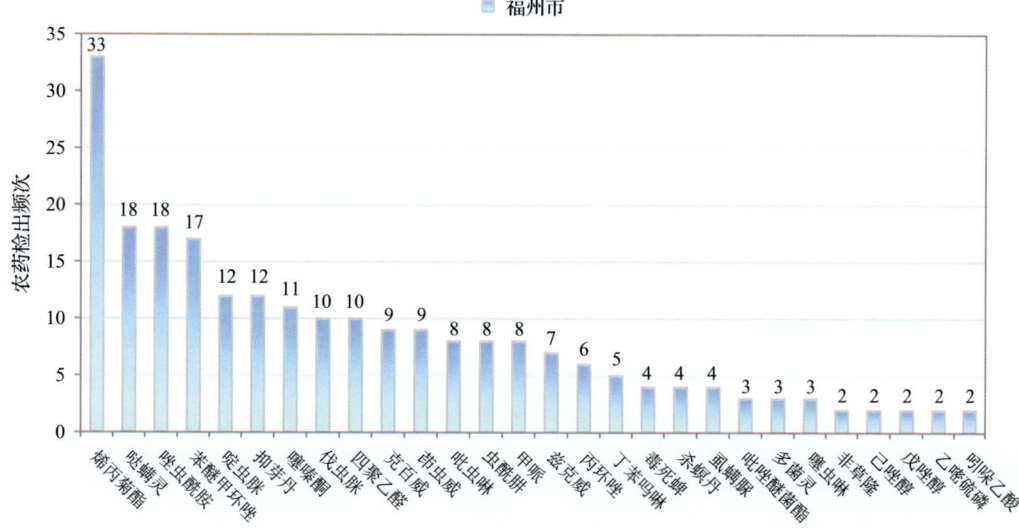

图 1-21　乌龙茶样品检出农药品种和频次分析(仅列出 2 频次及以上的数据)

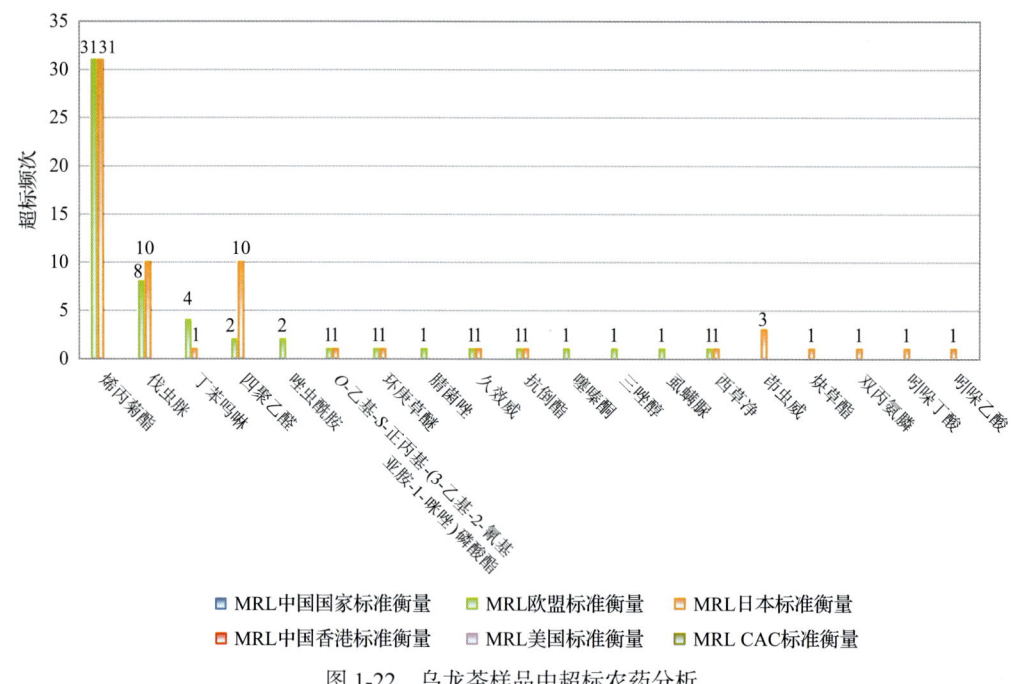

图 1-22　乌龙茶样品中超标农药分析

表 1-19　乌龙茶中农药残留超标情况明细表

样品总数		检出农药样品数	样品检出率(%)	检出农药品种总数
60		59	98.3	48
	超标农药品种	超标农药频次	按照 MRL 中国国家标准、欧盟标准和日本标准衡量超标农药名称及频次	
中国国家标准	0	0		
欧盟标准	14	56	烯丙菊酯(31)、伐虫脒(8)、丁苯吗啉(4)、四聚乙醛(2)、唑虫酰胺(2)、O-乙基-S-正丙基-(3-乙基-2-氰基亚胺-1-咪唑)磷酸酯(1)、环庚醚(1)、腈菌唑(1)、久效威(1)、抗倒酯(1)、噻嗪酮(1)、三唑醇(1)、虱螨脲(1)、西草净(1)	
日本标准	14	64	烯丙菊酯(31)、伐虫脒(10)、四聚乙醛(10)、茚虫威(3)、O-乙基-S-正丙基-(3-乙基-2-氰基亚胺-1-咪唑)磷酸酯(1)、丁苯吗啉(1)、环庚醚(1)、久效威(1)、抗倒酯(1)、炔草酯(1)、双丙氨膦(1)、西草净(1)、吲哚丁酸(1)、吲哚乙酸(1)	

1.3.3.2　绿茶

这次共检测 20 例绿茶样品，19 例样品中检出了农药残留，检出率为 95.0%，检出农药共计 36 种。其中甲氰菊酯、噻嗪酮、唑虫酰胺、哒螨灵和啶虫脒检出频次较高，分别检出了 14、13、12、10 和 10 次。绿茶中农药检出品种和频次见图 1-23，超标农药见图 1-24 和表 1-20。

第1章 LC-Q-TOF/MS 侦测福州市 131 例市售茶叶样品农药残留报告

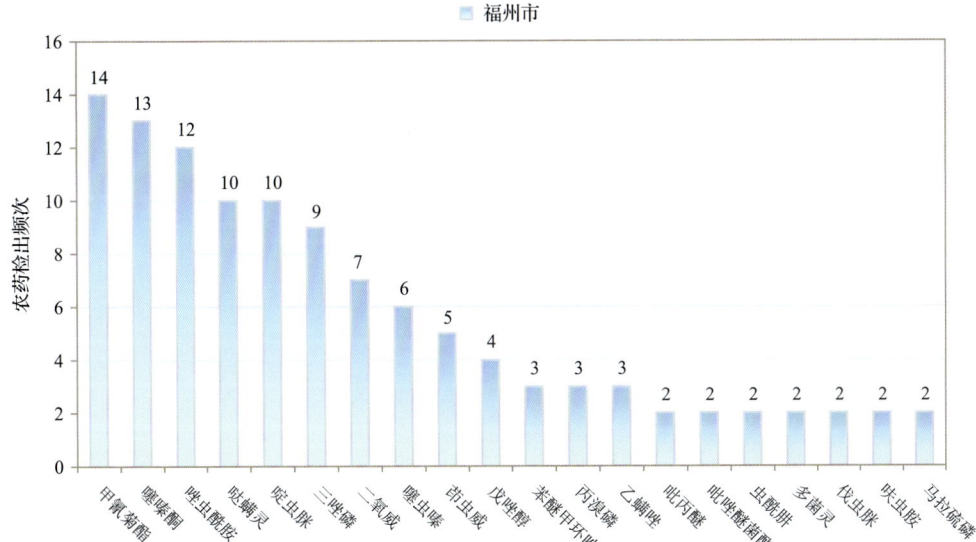

图 1-23 绿茶样品检出农药品种和频次分析（仅列出 2 频次及以上的数据）

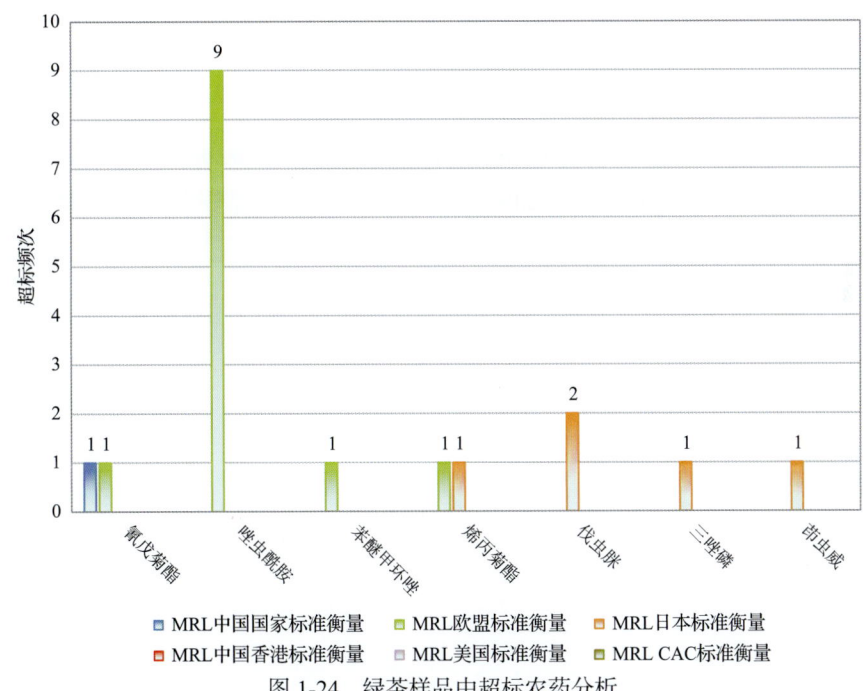

图 1-24 绿茶样品中超标农药分析

表 1-20 绿茶中农药残留超标情况明细表

样品总数		检出农药样品数	样品检出率(%)	检出农药品种总数
20		19	95	36
	超标农药品种	超标农药频次	按照 MRL 中国国家标准、欧盟标准和日本标准衡量超标农药名称及频次	
中国国家标准	1	1	氰戊菊酯(1)	
欧盟标准	4	12	唑虫酰胺(9),苯醚甲环唑(1),氰戊菊酯(1),烯丙菊酯(1)	
日本标准	4	5	伐虫脒(2),三唑磷(1),烯丙菊酯(1),茚虫威(1)	

1.3.3.3 红茶

这次共检测 20 例红茶样品，全部检出了农药残留，检出率为 100.0%，检出农药共计 26 种。其中唑虫酰胺、环庚草醚、噻嗪酮、二氧威和甲氰菊酯检出频次较高，分别检出了 19、17、14、13 和 13 次。红茶中农药检出品种和频次见图 1-25，超标农药见图 1-26 和表 1-21。

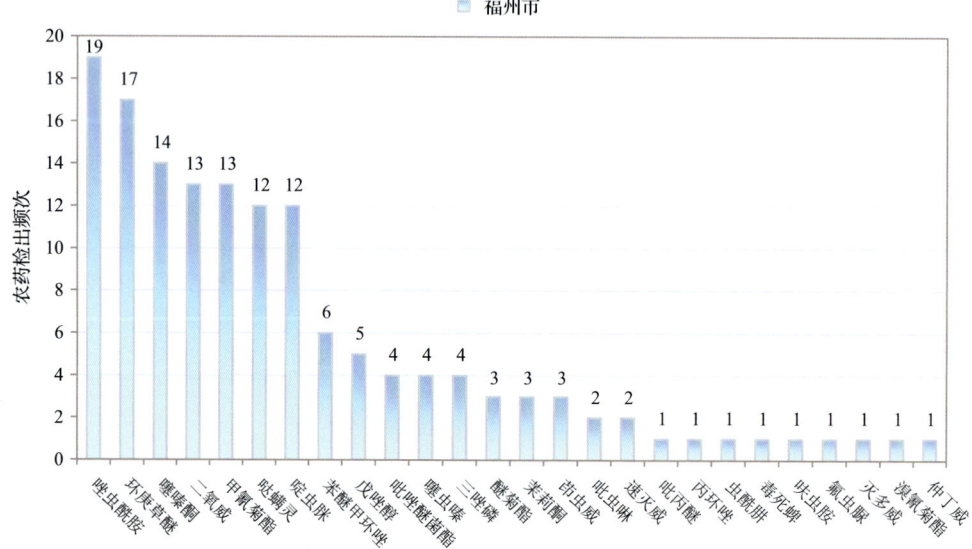

图 1-25　红茶样品检出农药品种和频次分析

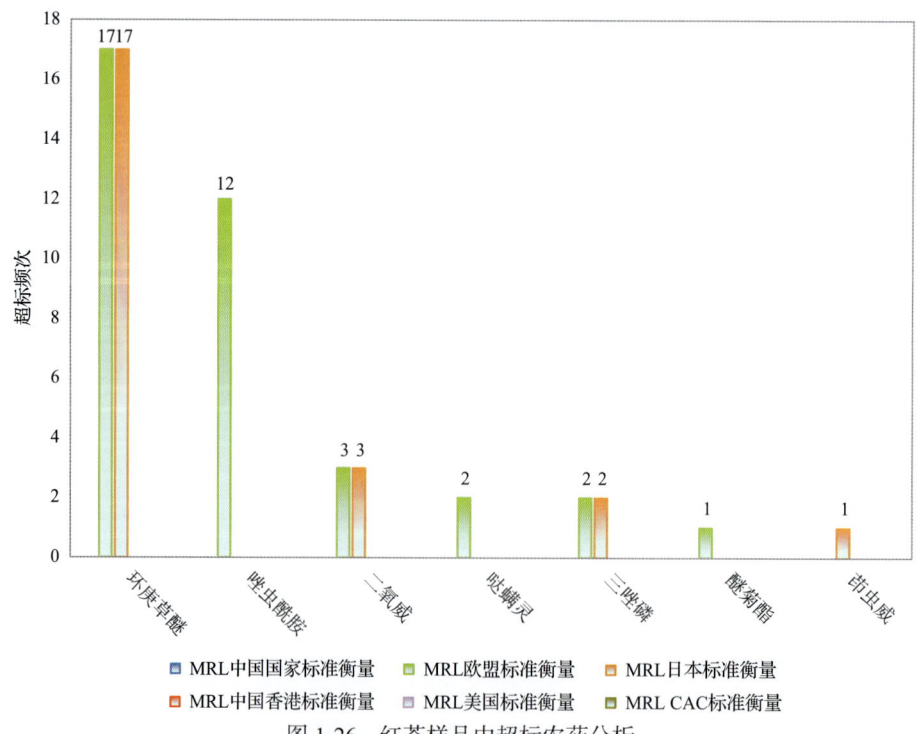

图 1-26　红茶样品中超标农药分析

表 1-21 红茶中农药残留超标情况明细表

样品总数 20		检出农药样品数 20	样品检出率(%) 100	检出农药品种总数 26
超标农药品种	超标农药频次	按照 MRL 中国国家标准、欧盟标准和日本标准衡量超标农药名称及频次		
中国国家标准	0	0		
欧盟标准	6	37	环庚草醚(17),唑虫酰胺(12),二氧威(3),哒螨灵(2),三唑磷(2),醚菊酯(1)	
日本标准	4	23	环庚草醚(17),二氧威(3),三唑磷(2),茚虫威(1)	

1.4 初步结论

1.4.1 福州市市售茶叶按 MRL 中国国家标准和国际主要 MRL 标准衡量的合格率

本次侦测的 131 例样品中,2 例样品未检出任何残留农药,占样品总量的 1.5%,129 例样品检出不同水平、不同种类的残留农药,占样品总量的 98.5%。

按 MRL 中国国家标准衡量,有 127 例样品检出残留农药但含量没有超标,占样品总数的 96.9%,有 2 例样品检出了超标农药,占样品总数的 1.5%。

按 MRL 欧盟标准衡量,有 27 例样品检出残留农药但含量没有超标,占样品总数的 20.6%,有 102 例样品检出了超标农药,占样品总数的 77.9%。

按 MRL 日本标准衡量,有 34 例样品检出残留农药但含量没有超标,占样品总数的 26.0%,有 95 例样品检出了超标农药,占样品总数的 72.5%。

按 MRL 中国香港标准衡量,有 129 例样品检出残留农药但含量没有超标,占样品总数的 98.5%,无检出残留农药超标的样品。

按 MRL 美国标准衡量,有 129 例样品检出残留农药但含量没有超标,占样品总数的 98.5%,无检出残留农药超标的样品。

按 MRL CAC 标准衡量,有 129 例样品检出残留农药但含量没有超标,占样品总数的 98.5%,无检出残留农药超标的样品。

1.4.2 福州市市售茶叶中检出农药以中低微毒农药为主,占市场主体的 88.7%

这次侦测的 131 例茶叶样品共检出了 97 种农药,检出农药的毒性以中低微毒为主,详见表 1-22。

表 1-22 市场主体农药毒性分布

毒性	检出品种	占比	检出频次	占比
高毒农药	11	11.3%	63	7.5%
中毒农药	42	43.3%	521	62.4%
低毒农药	29	29.9%	168	20.1%
微毒农药	15	15.5%	83	9.9%
		中低微毒农药,品种占比 88.7%,频次占比 92.5%		

1.4.3 检出剧毒、高毒和禁用农药现象应该警醒

在此次侦测的 131 例样品中有 5 种茶叶的 55 例样品检出了 15 种 81 频次的剧毒和高毒或禁用农药,占样品总量的 42.0%。其中高毒农药三唑磷、伐虫脒和克百威检出频次较高。

按 MRL 中国国家标准衡量,高毒农药按超标程度比较,白茶中水胺硫磷超标 4.5 倍。剧毒、高毒或禁用农药的检出情况及按 MRL 中国国家标准衡量的超标情况见表 1-23。

表 1-23 剧毒、高毒或禁用农药的检出及超标明细

序号	农药名称	样品名称	检出频次	超标频次	最大超标倍数	超标率
1.1	阿维菌素◦	白茶	1	0	0	0.0%
1.2	阿维菌素◦	花茶	1	0	0	0.0%
2.1	伐虫脒◦	乌龙茶	10	0	0	0.0%
2.2	伐虫脒◦	白茶	2	0	0	0.0%
2.3	伐虫脒◦	绿茶	2	0	0	0.0%
3.1	甲基异柳磷◦▲	花茶	1	0	0	0.0%
4.1	甲硫威◦	乌龙茶	1	0	0	0.0%
5.1	久效威◦	乌龙茶	1	0	0	0.0%
6.1	克百威◦▲	乌龙茶	9	0	0	0.0%
6.2	克百威◦▲	白茶	1	0	0	0.0%
6.3	克百威◦▲	花茶	1	0	0	0.0%
7.1	灭多威◦▲	红茶	1	0	0	0.0%
7.2	灭多威◦▲	花茶	1	0	0	0.0%
7.3	灭多威◦▲	绿茶	1	0	0	0.0%
8.1	三唑磷◦▲	绿茶	9	0	0	0.0%
8.2	三唑磷◦▲	白茶	4	0	0	0.0%
8.3	三唑磷◦▲	红茶	4	0	0	0.0%
8.4	三唑磷◦▲	花茶	4	0	0	0.0%
9.1	水胺硫磷▲	白茶	1	1	4.5	100.0%
10.1	烟碱◦	白茶	1	0	0	0.0%
11.1	兹克威◦	乌龙茶	7	0	0	0.0%
12.1	毒死蜱▲	花茶	7	0	0	0.0%
12.2	毒死蜱▲	乌龙茶	4	0	0	0.0%
12.3	毒死蜱▲	白茶	1	0	0	0.0%
12.4	毒死蜱▲	红茶	1	0	0	0.0%
13.1	乐果▲	绿茶	1	0	0	0.0%
14.1	氰戊菊酯▲	绿茶	1	1	0.9	100.0%
14.2	氰戊菊酯▲	白茶	1	0	0	0.0%
14.3	氰戊菊酯▲	乌龙茶	1	0	0	0.0%
15.1	乙酰甲胺磷▲	绿茶	1	0	0	0.0%
合计			81	2		2.5%

注:超标倍数参照 MRL 中国国家标准衡量

这些剧毒和高毒农药都是中国政府早有规定禁止在茶叶中使用的，为什么还屡次被检出，应该引起警惕。

1.4.4 残留限量标准与先进国家或地区差距较大

835 频次的检出结果与我国公布的《食品中农药最大残留限量》（GB 2763—2016）对比，有 378 频次能找到对应的 MRL 中国国家标准，占 45.3%；还有 457 频次的侦测数据无相关 MRL 标准供参考，占 54.7%。

与国际上现行 MRL 对比发现：

有 835 频次能找到对应的 MRL 欧盟标准，占 100.0%；

有 835 频次能找到对应的 MRL 日本标准，占 100.0%；

有 313 频次能找到对应的 MRL 中国香港标准，占 37.5%；

有 294 频次能找到对应的 MRL 美国标准，占 35.2%；

有 172 频次能找到对应的 MRL CAC 标准，占 20.6%。

由上可见，MRL 中国国家标准与先进国家或地区标准还有很大差距，我们无标准，境外有标准，这就会导致我们在国际贸易中，处于受制于人的被动地位。

1.4.5 茶叶单种样品检出 36~51 种农药残留，拷问农药使用的科学性

通过此次监测发现，白茶、乌龙茶和绿茶是检出农药品种最多的 3 种茶叶，从中检出农药品种及频次详见表 1-24。

表 1-24 单种样品检出农药品种及频次

样品名称	样品总数	检出农药样品数	检出率	检出农药品种数	检出农药(频次)
白茶	21	21	100.0%	51	唑虫酰胺(19),噻嗪酮(18),烯丙菊酯(16),吡虫啉(15),哒螨灵(15),啶虫脒(14),茚虫威(12),多菌灵(8),噻虫啉(7),噻虫嗪(6),唑嘧菌胺(6),抑芽丹(5),苯醚甲环唑(4),吡唑醚菌酯(4),虫酰肼(4),三唑酮(4),N-去甲基啶虫脒(3),吡虫啉脲(3),氯虫苯甲酰胺(3),三异丁基磷酸盐(3),吡丙醚(2),噁唑菌酮(2),伐虫脒(2),甲氰菊酯(2),嘧菌酯(2),虱螨脲(2),四聚乙醛(2),阿维菌素(1),胺鲜酯(1),苄呋菊酯(1),丙溴磷(1),毒死蜱(1),非草隆(1),环氧嘧磺隆(1),克百威(1),喹菌酮(1),螺虫乙酯(1),螺环菌胺(1),氯菊酯(1),咪鲜胺(1),嗪草酮(1),氰戊菊酯(1),炔草酯(1),噻虫胺(1),霜脲氰(1),水胺硫磷(1),肟菌酯(1),戊唑醇(1),烯肟菌酯(1),烟碱(1),乙嘧硫磷(1)
乌龙茶	60	59	98.3%	48	烯丙菊酯(33),哒螨灵(18),唑虫酰胺(18),苯醚甲环唑(17),啶虫脒(12),抑芽丹(12),噻嗪酮(11),伐虫脒(10),四聚乙醛(10),克百威(9),茚虫威(9),吡虫啉(8),虫酰肼(8),甲哌(8),兹克威(7),丙环唑(6),丁苯吗啉(5),毒死蜱(4),杀螟丹(4),虱螨脲(4),吡唑醚菌酯(3),多菌灵(3),噻虫啉(3),非草隆(2),己唑醇(2),戊唑醇(2),乙嘧硫磷(2),吲哚乙酸(2),O-乙基-S-正丙基-(3-乙基-2-氰基亚胺-1-咪唑)磷酸酯(1),春雷霉素(1),稻瘟灵(1),呋虫胺(1),环庚草醚(1),甲硫威(1),甲氧菊酯(1),腈菌唑(1),井冈霉素(1),久效威(1),抗倒酯(1),螺螨酯(1),氰戊菊酯(1),炔草酯(1),三唑醇(1),双丙氨膦(1),西草净(1),烯效唑(1),吲哚丁酸(1),唑螨酯(1)

续表

样品名称	样品总数	检出农药样品数	检出率	检出农药品种数	检出农药(频次)
绿茶	20	19	95.0%	36	甲氰菊酯(14),噻嗪酮(13),唑虫酰胺(12),哒螨灵(10),啶虫脒(10),三唑磷(9),二氧威(7),噻虫嗪(6),茚虫威(5),戊唑醇(4),苯醚甲环唑(3),丙溴磷(3),乙螨唑(3),吡丙醚(2),吡唑醚菌酯(2),虫酰肼(2),多菌灵(2),伐虫脒(2),呋虫胺(2),马拉硫磷(2),氟虫脲(1),甲氧虫酰肼(1),腈吡螨酯(1),乐果(1),螺螨酯(1),氯虫苯甲酰胺(1),醚菊酯(1),灭多威(1),氰戊菊酯(1),炔螨特(1),噻虫啉(1),三环唑(1),烯丙菊酯(1),辛硫磷(1),乙酰甲胺磷(1),仲丁威(1)

上述 3 种茶叶，检出农药 36~51 种，是多种农药综合防治，还是未严格实施农业良好管理规范(GAP)，抑或根本就是乱施药，值得我们思考。

第 2 章　LC-Q-TOF/MS 侦测福州市市售茶叶农药残留膳食暴露风险与预警风险评估

2.1　农药残留风险评估方法

2.1.1　福州市农药残留侦测数据分析与统计

庞国芳院士科研团队建立的农药残留高通量侦测技术以高分辨精确质量数（0.0001 m/z 为基准）为识别标准，采用 LC-Q-TOF/MS 技术对 825 种农药化学污染物进行侦测。

科研团队于 2018 年 12 月至 2019 年 1 月期间在福州市 12 个采样点，随机采集了 131 例茶叶样品，具体位置如图 2-1 所示。

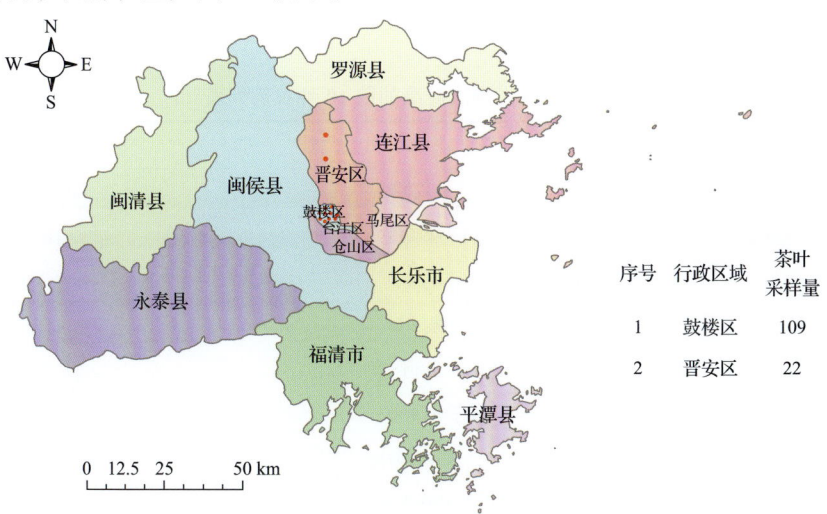

图 2-1　LC-Q-TOF/MS 侦测福州市 12 个采样点 131 例样品分布示意图

利用 LC-Q-TOF/MS 技术对 131 例样品中的农药进行侦测，侦测出残留农药 97 种，835 频次。侦测出农药残留水平如表 2-1 和图 2-2 所示。检出频次最高的前 10 种农药如表 2-2 所示。从检测结果中可以看出，在茶叶中农药残留普遍存在，且有些茶叶存在高浓度的农药残留，这些可能存在膳食暴露风险，对人体健康产生危害，因此，为了定量地评价茶叶中农药残留的风险程度，有必要对其进行风险评价。

表 2-1　侦测出农药的不同残留水平及其所占比例列表

残留水平(μg/kg)	检出频次	占比(%)
1~5(含)	377	45.1
5~10(含)	118	14.1
10~100(含)	293	35.1
100~1000	47	5.6
合计	835	99.9

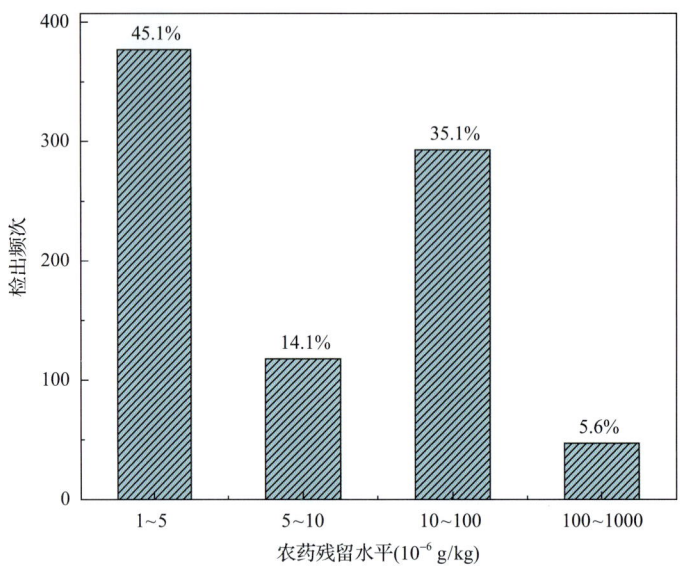

图 2-2 残留农药检出浓度频数分布图

表 2-2 检出频次最高的前 10 种农药列表

序号	农药	检出频次(次)
1	唑虫酰胺	78
2	噻嗪酮	66
3	哒螨灵	63
4	啶虫脒	57
5	烯丙菊酯	52
6	茚虫威	36
7	苯醚甲环唑	31
8	甲氰菊酯	31
9	吡虫啉	29
10	噻虫嗪	22

2.1.2 农药残留风险评价模型

对福州市茶叶中农药残留分别开展暴露风险评估和预警风险评估。膳食暴露风险评估利用食品安全指数模型对茶叶中的残留农药对人体可能产生的危害程度进行评价，该模型结合残留监测和膳食暴露评估评价化学污染物的危害；预警风险评价模型运用风险系数(risk index，R)，风险系数综合考虑了危害物的超标率、施检频率及其本身敏感性的影响，能直观而全面地反映出危害物在一段时间内的风险程度。

2.1.2.1 食品安全指数模型

为了加强食品安全管理，《中华人民共和国食品安全法》第二章第十七条规定"国家建立食品安全风险评估制度，运用科学方法，根据食品安全风险监测信息、科学数据以及有关信息，对食品、食品添加剂、食品相关产品中生物性、化学性和物理性危害因素进行风险评估"[1]，膳食暴露评估是食品危险度评估的重要组成部分，也是膳食安全性的衡量标准[2]。国际上最早研究膳食暴露风险评估的机构主要是 JMPR（FAO、WHO 农药残留联合会议），该组织自 1995 年就已制定了急性毒性物质的风险评估急性毒性农药残留摄入量的预测。1960 年美国规定食品中不得加入致癌物质进而提出零阈值理论，渐渐零阈值理论发展成在一定概率条件下可接受风险的概念[3]，后衍变为食品中每日允许最大摄入量（ADI），而国际食品农药残留法典委员会（CCPR）认为 ADI 不是独立风险评估的唯一标准[4]，1995 年 JMPR 开始研究农药急性膳食暴露风险评估，并对食品国际短期摄入量的计算方法进行了修正，亦对膳食暴露评估准则及评估方法进行了修正[5]，2002年，在对世界上现行的食品安全评价方法，尤其是国际公认的 CAC 评价方法、全球环境监测系统/食品污染监测和评估规划（WHO GEMS/Food）及 FAO、WHO 食品添加剂联合专家委员会（JECFA）和 JMPR 对食品安全风险评估工作研究的基础之上，检验检疫食品安全管理的研究人员提出了结合残留监控和膳食暴露评估，以食品安全指数 IFS 计算食品中各种化学污染物对消费者的健康危害程度[6]。IFS 是表示食品安全状态的新方法，可有效地评价某种农药的安全性，进而评价食品中各种农药化学污染物对消费者健康的整体危害程度[7, 8]。从理论上分析，IFS_c 可指出食品中的污染物 c 对消费者健康是否存在危害及危害的程度[9]。其优点在于操作简单且结果容易被接受和理解，不需要大量的数据来对结果进行验证，使用默认的标准假设或者模型即可[10, 11]。

1）IFS_c 的计算

IFS_c 计算公式如下：

$$IFS_c = \frac{EDI_c \times f}{SI_c \times bw} \tag{2-1}$$

式中，c 为所研究的农药；EDI_c 为农药 c 的实际日摄入量估算值，等于 $\sum(R_i \times F_i \times E_i \times P_i)$（i 为食品种类；$R_i$ 为食品 i 中农药 c 的残留水平，mg/kg；F_i 为食品 i 的估计日消费量，g/(人·天)；E_i 为食品 i 的可食用部分因子；P_i 为食品 i 的加工处理因子）；SI_c 为安全摄入量，可采用每日允许最大摄入量 ADI；bw 为人平均体重，kg；f 为校正因子，如果安全摄入量采用 ADI，则 f 取 1。

$IFS_c \ll 1$，农药 c 对食品安全没有影响；$IFS_c \leq 1$，农药 c 对食品安全的影响可以接受；$IFS_c > 1$，农药 c 对食品安全的影响不可接受。

本次评价中：

$IFS_c \leq 0.1$，农药 c 对茶叶安全没有影响；

$0.1 < IFS_c \leq 1$，农药 c 对茶叶安全的影响可以接受；

$IFS_c > 1$，农药 c 对茶叶安全的影响不可接受。

本次评价中残留水平 R_i 取值为中国检验检疫科学研究院庞国芳院士课题组利用以高分辨精确质量数（0.0001 m/z）为基准的 LC-Q-TOF/MS 侦测技术于 2018 年 12 月到 2019年 1 月期间对福州市茶叶农药残留的侦测结果，估计日消费量 F_i 取值 0.0047 kg/(人·天)，

$E_f=1$,$P_f=1$,$f=1$,SI_c 采用《食品安全国家标准 食品中农药最大残留限量》(GB 2763—2016)中 ADI 值(具体数值见表 2-3),人平均体重(bw)取值 60 kg。

表 2-3 福州市茶叶中侦测出农药的 ADI 值

序号	农药	ADI	序号	农药	ADI	序号	农药	ADI
1	阿维菌素	0.002	34	马拉硫磷	0.3	67	抑芽丹	0.3
2	胺鲜酯	0.023	35	咪鲜胺	0.01	68	茚虫威	0.01
3	苯醚甲环唑	0.01	36	醚菊酯	0.03	69	增效醚	0.2
4	吡丙醚	0.1	37	嘧菌酯	0.2	70	仲丁威	0.06
5	吡虫啉	0.06	38	灭多威	0.02	71	唑虫酰胺	0.006
6	吡唑醚菌酯	0.03	39	萘乙酸	0.15	72	唑螨酯	0.01
7	丙环唑	0.07	40	嗪草酮	0.013	73	唑嘧菌胺	10
8	丙溴磷	0.03	41	氰戊菊酯	0.02	74	N-去甲基啶虫脒	—
9	虫酰肼	0.02	42	炔草酯	0.0003	75	O-乙基-S-正丙基-(3-乙基-2-氰基亚胺-1-咪唑)磷酸酯	—
10	春雷霉素	0.113	43	炔螨特	0.01	76	吡虫啉脲	—
11	哒螨灵	0.01	44	噻虫胺	0.1	77	苄呋菊酯	—
12	稻瘟灵	0.016	45	噻虫啉	0.01	78	二氧威	—
13	丁苯吗啉	0.003	46	噻虫嗪	0.08	79	伐虫脒	—
14	啶虫脒	0.07	47	噻嗪酮	0.009	80	非草隆	—
15	毒死蜱	0.01	48	三环唑	0.04	81	环庚草醚	—
16	多菌灵	0.03	49	三唑醇	0.03	82	环氧嘧磺隆	—
17	噁唑菌酮	0.006	50	三唑磷	0.001	83	甲哌	—
18	呋虫胺	0.2	51	杀螟丹	0.1	84	腈吡螨酯	—
19	氟虫脲	0.04	52	虱螨脲	0.015	85	久效威	—
20	己唑醇	0.005	53	水胺硫磷	0.003	86	喹菌酮	—
21	甲基异柳磷	0.003	54	四聚乙醛	0.01	87	螺环菌胺	—
22	甲硫威	0.02	55	肟菌酯	0.04	88	茉莉酮	—
23	甲氰菊酯	0.03	56	戊唑醇	0.03	89	三异丁基磷酸盐	—
24	甲氧虫酰肼	0.1	57	西草净	0.025	90	双丙氨膦	—
25	腈菌唑	0.03	58	烯肟菌胺	0.069	91	霜脲氰	—
26	井冈霉素	0.1	59	烯酰吗啉	0.2	92	速灭威	—
27	抗倒酯	0.32	60	烯效唑	0.02	93	烯丙菊酯	—
28	克百威	0.001	61	辛硫磷	0.004	94	乙嘧硫磷	—
29	乐果	0.002	62	溴氰菊酯	0.01	95	吲哚丁酸	—
30	螺虫乙酯	0.05	63	烟碱	0.0008	96	吲哚乙酸	—
31	螺螨酯	0.01	64	乙螨唑	0.05	97	兹克威	—
32	氯虫苯甲酰胺	2	65	乙酰甲胺磷	0.03			
33	氯菊酯	0.05	66	异丙威	0.002			

注:"—"表示为国家标准中无 ADI 值规定;ADI 值单位为 mg/kg bw

2) 计算 IFS_c 的平均值 $\overline{IFS}$，评价农药对食品安全的影响程度

以 $\overline{IFS}$ 评价各种农药对人体健康危害的总程度，评价模型见公式(2-2)。

$$\overline{IFS} = \frac{\sum_{i=1}^{n} IFS_c}{n} \tag{2-2}$$

$\overline{IFS} \ll 1$，所研究消费者人群的食品安全状态很好；$\overline{IFS} \leq 1$，所研究消费者人群的食品安全状态可以接受；$\overline{IFS} > 1$，所研究消费者人群的食品安全状态不可接受。

本次评价中：

$\overline{IFS} \leq 0.1$，所研究消费者人群的茶叶安全状态很好；

$0.1 < \overline{IFS} \leq 1$，所研究消费者人群的茶叶安全状态可以接受；

$\overline{IFS} > 1$，所研究消费者人群的茶叶安全状态不可接受。

2.1.2.2 预警风险评估模型

2003 年，我国检验检疫食品安全管理的研究人员根据 WTO 的有关原则和我国的具体规定，结合危害物本身的敏感性、风险程度及其相应的施检频率，首次提出了食品中危害物风险系数 R 的概念[12]。R 是衡量一个危害物的风险程度大小最直观的参数，即在一定时期内其超标率或阳性检出率的高低，但受其施检频率的高低及其本身的敏感性（受关注程度）影响。该模型综合考察了农药在茶叶中的超标率、施检频率及其本身敏感性，能直观而全面地反映出农药在一段时间内的风险程度[13]。

1) R 计算方法

危害物的风险系数综合考虑了危害物的超标率或阳性检出率、施检频率和其本身的敏感性影响，并能直观而全面地反映出危害物在一段时间内的风险程度。风险系数 R 的计算公式如式(2-3)：

$$R = aP + \frac{b}{F} + S \tag{2-3}$$

式中，P 为该种危害物的超标率；F 为危害物的施检频率；S 为危害物的敏感因子；a, b 分别为相应的权重系数。

本次评价中 $F=1$；$S=1$；$a=100$；$b=0.1$，对参数 P 进行计算，计算时首先判断是否为禁用农药，如果为非禁用农药，P=超标的样品数（侦测出的含量高于食品最大残留限量标准值，即 MRL）除以总样品数（包括超标、不超标、未侦测出）；如果为禁用农药，则侦测出即为超标，P=能侦测出的样品数除以总样品数。判断福州市茶叶农药残留是否超标的标准限值 MRL 分别以 MRL 中国国家标准[14]和 MRL 欧盟标准作为对照，具体值列于本报告附表一中。

2) 评价风险程度

$R \leq 1.5$，受检农药处于低度风险；

$1.5 < R \leq 2.5$，受检农药处于中度风险；

$R>2.5$,受检农药处于高度风险。

2.1.2.3 食品膳食暴露风险和预警风险评估应用程序的开发

1) 应用程序开发的步骤

为成功开发膳食暴露风险和预警风险评估应用程序,与软件工程师多次沟通讨论,逐步提出并描述清楚计算需求,开发了初步应用程序。为明确出不同茶叶、不同农药、不同地域和不同季节的风险水平,向软件工程师提出不同的计算需求,软件工程师对计算需求进行逐一分析,经过反复的细节沟通,需求分析得到明确后,开始进行解决方案的设计,在保证需求的完整性、一致性的前提下,编写出程序代码,最后设计出满足需求的风险评估专用计算软件,并通过一系列的软件测试和改进,完成专用程序的开发。软件开发基本步骤见图 2-3。

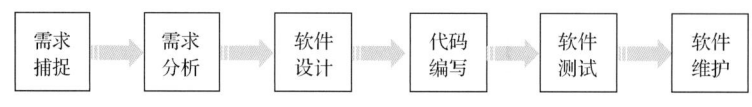

图 2-3 专用程序开发总体步骤

2) 膳食暴露风险评估专业程序开发的基本要求

首先直接利用公式(2-1),分别计算 LC-Q-TOF/MS 和 GC-Q-TOF/MS 仪器侦测出的各茶叶样品中每种农药 IFS_c,将结果列出。为考察超标农药和禁用农药的使用安全性,分别以我国《食品安全国家标准 食品中农药最大残留限量》(GB 2763—2016)和欧盟食品中农药最大残留限量(以下简称 MRL 中国国家标准和 MRL 欧盟标准)为标准,对侦测出的禁用农药和超标的非禁用农药 IFS_c 单独进行评价;按 IFS_c 大小列表,并找出 IFS_c 值排名前 20 的样本重点关注。

对不同茶叶 i 中每一种侦测出的农药 c 的安全指数进行计算,多个样品时求平均值。按农药种类,计算整个监测时间段内每种农药的 IFS_c,不区分茶叶。

3) 预警风险评估专业程序开发的基本要求

分别以 MRL 中国国家标准和 MRL 欧盟标准,按公式(2-3)逐个计算不同茶叶、不同农药的风险系数,禁用农药和非禁用农药分别列表。

为清楚了解各种农药的预警风险,不分时间,不分茶叶,按禁用农药和非禁用农药分类,分别计算各种侦测出农药全部检测时段内风险系数。由于有 MRL 中国国家标准的农药种类太少,无法计算超标数,非禁用农药的风险系数只以 MRL 欧盟标准为标准,进行计算。

4) 风险程度评价专业应用程序的开发方法

采用 Python 计算机程序设计语言,Python 是一个高层次地结合了解释性、编译性、互动性和面向对象的脚本语言。风险评价专用程序主要功能包括:分别读入每例样品 LC-Q-TOF/MS 和 GC-Q-TOF/MS 农药残留检测数据,根据风险评价工作要求,依次对不同农药、不同食品、不同时间、不同采样点的 IFS_c 值和 R 值分别进行数据计算,筛选出禁用农药、超标农药(分别与 MRL 中国国家标准、MRL 欧盟标准限值进行对比)单独重点分析，再分别对各农药、各茶叶种类分类处理，设计出计算和排序程序，编写计算机代码，最后将生成的膳食暴露风险评估和超标风险评估定量计算结果列入设计好的各个表格中，并定性判断风险对目标的影响程度，直接用文字描述风险发生的高低，如"不可接受"、"可以接受"、"没有影响"、"高度风险"、"中度风险"、"低度风险"。

2.2 LC-Q-TOF/MS 侦测福州市市售茶叶农药残留膳食暴露风险评估

2.2.1 每例茶叶样品中农药残留安全指数分析

基于 2018 年 12 月至 2019 年 1 月期间的农药残留侦测数据，发现在 131 例样品中侦测出农药 835 频次，计算样品中每种残留农药的安全指数 IFS_c，并分析农药对样品安全的影响程度，结果详见附表二，农药残留对茶叶样品安全的影响程度频次分布情况如图 2-4 所示。

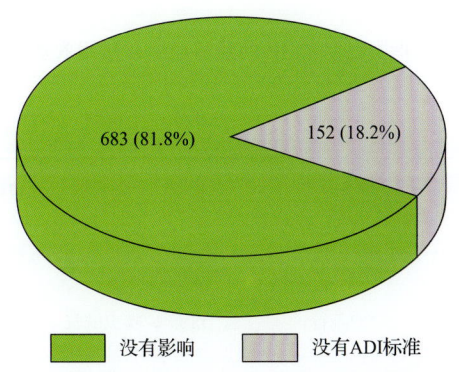

图 2-4 农药残留对茶叶样品安全的影响程度频次分布图

由图 2-4 可以看出，农药残留对样品安全的没有影响的频次为 683，占 81.8 %。

部分样品侦测出禁用农药 9 种 55 频次，为了明确残留的禁用农药对样品安全的影响，分析侦测出禁用农药残留的样品安全指数，禁用农药残留对茶叶样品安全的影响程度频次分布情况如图 2-5 所示，农药残留对样品安全没有影响的频次为 55，占 100.00%。

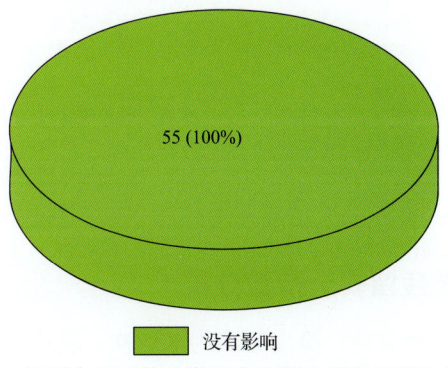

图 2-5 禁用农药对茶叶样品安全影响程度的频次分布图

残留量超过 MRL 欧盟标准的非禁用农药对茶叶样品安全的影响程度频次分布情况如图 2-6 所示。可以看出超过 MRL 欧盟标准的非禁用农药共 160 频次，其中农药没有 ADI 的频次为 81，占 50.63%；农药残留对样品安全没有影响的频次为 79，占 49.38%。表 2-4 为茶叶样品中安全指数排名前 10 的残留超标非禁用农药列表。

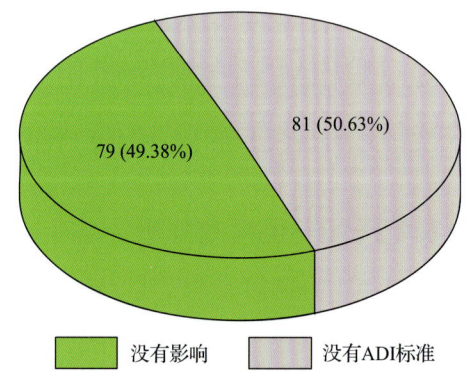

图 2-6　残留超标的非禁用农药对茶叶样品安全的影响程度频次分布图（MRL 欧盟标准）

表 2-4　茶叶样品中安全指数排名前 10 的残留超标非禁用农药列表（MRL 欧盟标准）

序号	样品编号	采样点	基质	农药	含量(mg/kg)	欧盟标准	IFS$_c$	影响程度
1	20190104-350100-FJCIQ-WT-09D	***茶业店	白茶	炔草酯	0.1743	0.1	4.55×10^{-2}	没有影响
2	20181231-350100-FJCIQ-BT-04A	***超市（***购物广场店）	红茶	唑虫酰胺	0.5702	0.01	7.44×10^{-3}	没有影响
3	20190107-350100-FJCIQ-BT-12A	***茶行	红茶	唑虫酰胺	0.5026	0.01	6.56×10^{-3}	没有影响
4	20181231-350100-FJCIQ-WT-10A	***茶庄（三坊七巷店）	白茶	阿维菌素	0.1634	0.05	6.40×10^{-3}	没有影响
5	20181231-350100-FJCIQ-BT-10A	***茶庄（三坊七巷店）	红茶	唑虫酰胺	0.3445	0.01	4.50×10^{-3}	没有影响
6	20190104-350100-FJCIQ-OT-09B	***茶业店	乌龙茶	丁苯吗啉	0.1702	0.05	4.44×10^{-3}	没有影响
7	20181231-350100-FJCIQ-BT-06B	***超市（杨桥东路店）	红茶	唑虫酰胺	0.3382	0.01	4.42×10^{-3}	没有影响
8	20190101-350100-FJCIQ-BT-02A	***超市（西门店）	红茶	唑虫酰胺	0.2753	0.01	3.59×10^{-3}	没有影响
9	20190101-350100-FJCIQ-BT-02B	***超市（西门店）	红茶	唑虫酰胺	0.2117	0.01	2.76×10^{-3}	没有影响
10	20190107-350100-FJCIQ-WT-12C	***茶行	白茶	唑虫酰胺	0.206	0.01	2.69×10^{-3}	没有影响

2.2.2　单种茶叶中农药残留安全指数分析

本次 5 种茶叶侦测 97 种农药，检出频次为 835 次，其中 24 种农药没有 ADI，73 种农药存在 ADI 标准。5 种茶叶按不同种类分别计算侦测出的具有 ADI 标准的各种农药的 IFS_c 值,农药残留对茶叶的安全指数分布图如图 2-7 所示。

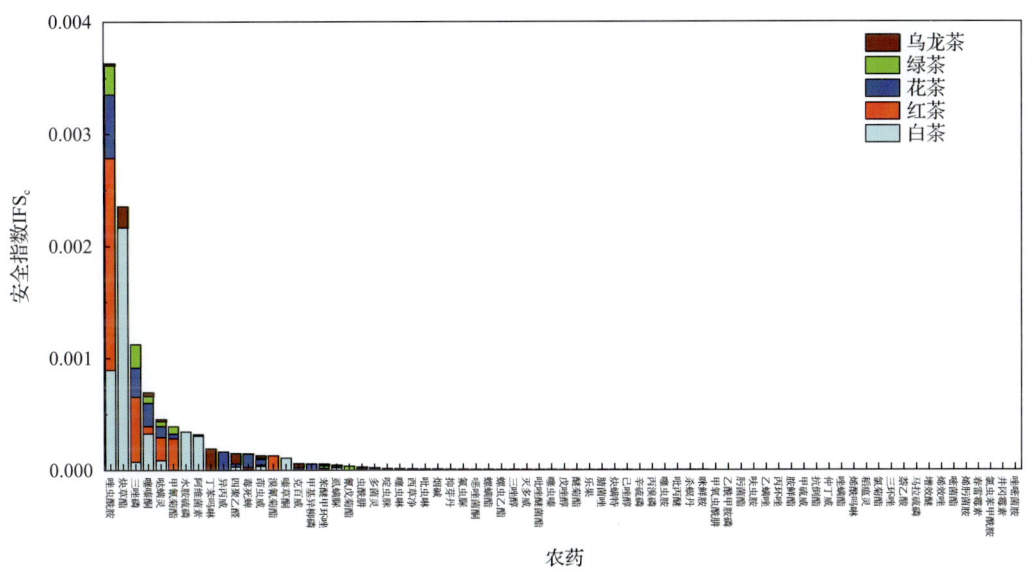

图 2-7　5 种茶叶中 73 种残留农药的安全指数分布图

本次侦测中,5 种茶叶和 97 种残留农药(包括没有 ADI)共涉及 194 个分析样本,农药对单种茶叶安全的影响程度分布情况如图 2-8 所示。可以看出,82.47%的样本中农药对茶叶安全没有影响。

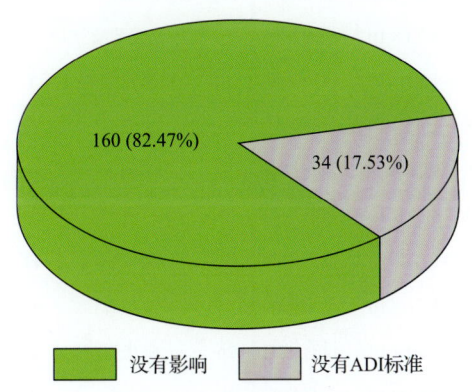

图 2-8　194 个分析样本的影响程度频次分布图

2.2.3　所有茶叶中农药残留安全指数分析

计算所有茶叶中 73 种农药的 IFS_c 值,结果如图 2-9 及表 2-5 所示。

分析发现,所有的农药对茶叶安全的影响程度均为没有影响,说明茶叶中残留的农药不会对茶叶安全造成影响。

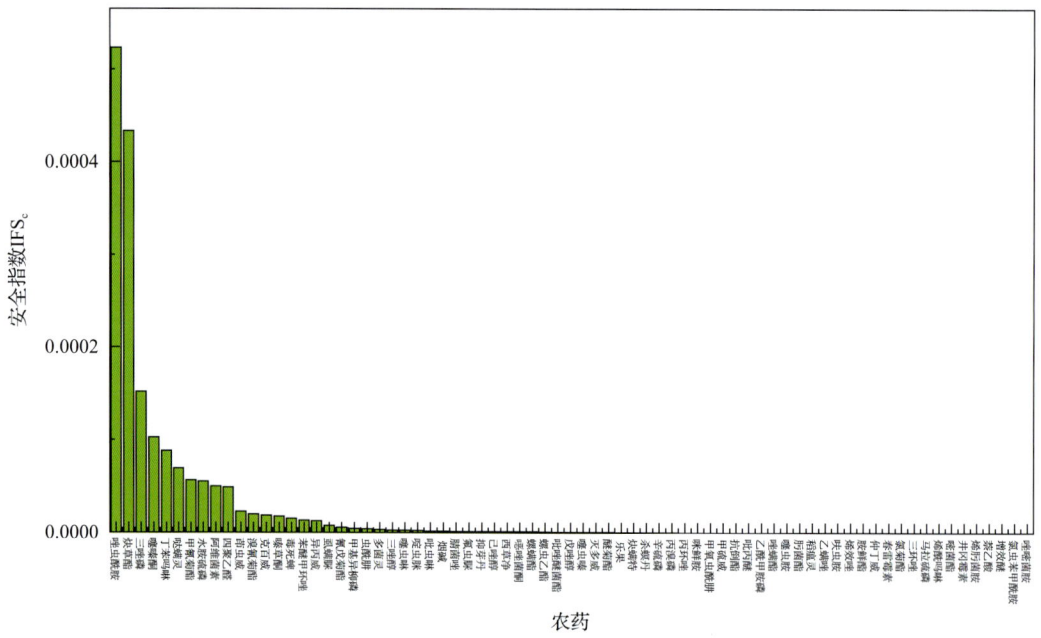

图 2-9 73 种残留农药对茶叶的安全影响程度统计图

表 2-5 茶叶中 73 种农药残留的安全指数表

序号	农药	检出频次	检出率(%)	IFS$_c$	影响程度	序号	农药	检出频次	检出率(%)	IFS$_c$	影响程度
1	唑虫酰胺	78	59.54	5.23×10^{-4}	没有影响	18	虱螨脲	7	5.34	7.71×10^{-6}	没有影响
2	炔草酯	2	1.53	4.33×10^{-4}	没有影响	19	氰戊菊酯	3	2.29	5.70×10^{-6}	没有影响
3	三唑磷	21	16.03	1.52×10^{-4}	没有影响	20	甲基异柳磷	1	0.76	4.39×10^{-6}	没有影响
4	噻嗪酮	66	50.38	1.02×10^{-4}	没有影响	21	虫酰肼	18	13.74	4.02×10^{-6}	没有影响
5	丁苯吗啉	5	3.82	8.79×10^{-5}	没有影响	22	多菌灵	15	11.45	3.41×10^{-6}	没有影响
6	哒螨灵	65	49.62	6.93×10^{-5}	没有影响	23	三唑醇	1	0.76	2.62×10^{-6}	没有影响
7	甲氰菊酯	31	23.66	5.64×10^{-5}	没有影响	24	噻虫啉	11	8.40	2.56×10^{-6}	没有影响
8	水胺硫磷	1	0.76	5.51×10^{-5}	没有影响	25	啶虫脒	57	43.51	2.30×10^{-6}	没有影响
9	阿维菌素	2	1.53	4.99×10^{-5}	没有影响	26	吡虫啉	29	22.14	1.65×10^{-6}	没有影响
10	四聚乙醛	15	11.45	4.88×10^{-5}	没有影响	27	烟碱	1	0.76	1.57×10^{-6}	没有影响
11	茚虫威	36	27.48	2.26×10^{-5}	没有影响	28	腈菌唑	1	0.76	1.42×10^{-6}	没有影响
12	溴氰菊酯	1	0.76	1.97×10^{-5}	没有影响	29	氟虫脲	2	1.53	1.41×10^{-6}	没有影响
13	克百威	11	8.40	1.86×10^{-5}	没有影响	30	抑芽丹	19	14.50	1.34×10^{-6}	没有影响
14	嗪草酮	1	0.76	1.76×10^{-5}	没有影响	31	己唑醇	2	1.53	1.33×10^{-6}	没有影响
15	毒死蜱	13	9.92	1.52×10^{-5}	没有影响	32	西草净	3	2.29	1.22×10^{-6}	没有影响
16	苯醚甲环唑	31	23.66	1.32×10^{-5}	没有影响	33	噁唑菌酮	2	1.53	1.19×10^{-6}	没有影响
17	异丙威	1	0.76	1.25×10^{-5}	没有影响	34	螺螨酯	2	1.53	1.16×10^{-6}	没有影响

续表

序号	农药	检出频次	检出率(%)	IFS$_c$	影响程度	序号	农药	检出频次	检出率(%)	IFS$_c$	影响程度
35	螺虫乙酯	1	0.76	9.45×10^{-7}	没有影响	55	肟菌酯	1	0.76	1.03×10^{-7}	没有影响
36	吡唑醚菌酯	13	9.92	8.01×10^{-7}	没有影响	56	稻瘟灵	1	0.76	9.34×10^{-8}	没有影响
37	戊唑醇	13	9.92	7.18×10^{-7}	没有影响	57	乙螨唑	3	2.29	6.82×10^{-8}	没有影响
38	噻虫嗪	22	16.79	5.69×10^{-7}	没有影响	58	呋虫胺	6	4.58	5.80×10^{-8}	没有影响
39	灭多威	3	2.29	5.47×10^{-7}	没有影响	59	烯效唑	1	0.76	4.48×10^{-8}	没有影响
40	醚菊酯	4	3.05	5.02×10^{-7}	没有影响	60	胺鲜酯	1	0.76	4.42×10^{-8}	没有影响
41	乐果	1	0.76	4.78×10^{-7}	没有影响	61	仲丁威	2	1.53	3.89×10^{-8}	没有影响
42	炔螨特	1	0.76	4.60×10^{-7}	没有影响	62	春雷霉素	1	0.76	3.70×10^{-8}	没有影响
43	杀螟丹	4	3.05	4.31×10^{-7}	没有影响	63	氯菊酯	1	0.76	3.11×10^{-8}	没有影响
44	辛硫磷	1	0.76	2.24×10^{-7}	没有影响	64	三环唑	1	0.76	2.69×10^{-8}	没有影响
45	丙溴磷	4	3.05	2.01×10^{-7}	没有影响	65	马拉硫磷	2	1.53	1.79×10^{-8}	没有影响
46	丙环唑	7	5.34	1.54×10^{-7}	没有影响	66	烯酰吗啉	1	0.76	1.64×10^{-8}	没有影响
47	咪鲜胺	1	0.76	1.49×10^{-7}	没有影响	67	嘧菌酯	2	1.53	1.55×10^{-8}	没有影响
48	甲氧虫酰肼	1	0.76	1.29×10^{-7}	没有影响	68	井冈霉素	1	0.76	1.44×10^{-8}	没有影响
49	甲硫威	1	0.76	1.23×10^{-7}	没有影响	69	烯肟菌胺	1	0.76	1.39×10^{-8}	没有影响
50	抗倒酯	1	0.76	1.21×10^{-7}	没有影响	70	萘乙酸	1	0.76	9.17×10^{-9}	没有影响
51	吡丙醚	7	5.34	1.13×10^{-7}	没有影响	71	增效醚	1	0.76	8.37×10^{-9}	没有影响
52	乙酰甲胺磷	1	0.76	1.10×10^{-7}	没有影响	72	氯虫苯甲酰胺	5	3.82	4.93×10^{-9}	没有影响
53	唑螨酯	1	0.76	1.08×10^{-7}	没有影响	73	唑嘧菌胺	7	5.34	9.15×10^{-10}	没有影响
54	噻虫胺	3	2.29	1.06×10^{-7}	没有影响						

2.3 LC-Q-TOF/MS 侦测福州市市售茶叶农药残留预警风险评估

基于福州市茶叶样品中农药残留 LC-Q-TOF/MS 侦测数据，分析禁用农药的检出率，同时参照中华人民共和国国家标准 GB 2763—2016 和欧盟农药最大残留限量(MRL)标准分析非禁用农药残留的超标率，并计算农药残留风险系数。分析单种茶叶中农药残留以及所有茶叶中农药残留的风险程度。

2.3.1 单种茶叶中农药残留风险系数分析

2.3.1.1 单种茶叶中禁用农药残留风险系数分析

侦测出的 97 种残留农药中有 9 种为禁用农药，且它们分布在 5 种茶叶中，计算 5 种茶叶中禁用农药的检出率，根据检出率计算风险系数 R，进而分析茶叶中禁用农药的风险程度，结果如图 2-10 与表 2-6 所示。分析发现 9 种禁用农药在 5 种茶叶中的残留均处于高度风险。

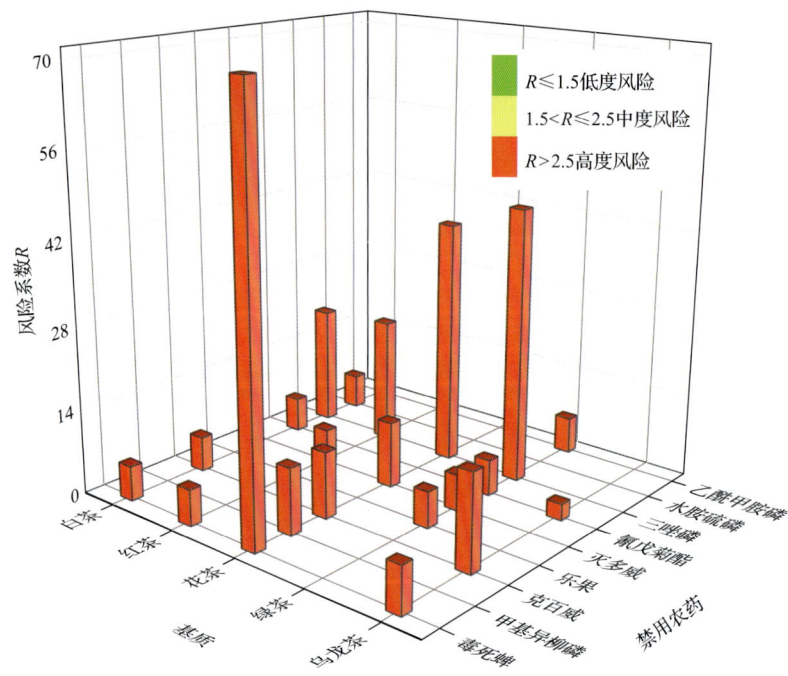

图 2-10　5 种茶叶中 9 种禁用农药残留的风险系数

表 2-6　5 种茶叶中 9 种禁用农药残留的风险系数表

序号	基质	农药	检出频次	检出率(%)	风险系数 R	风险程度
1	乌龙茶	克百威	9	0.15	16.1	高度风险
2	乌龙茶	毒死蜱	4	0.07	7.77	高度风险
3	乌龙茶	氰戊菊酯	1	0.02	2.77	高度风险
4	白茶	三唑磷	4	0.20	20.15	高度风险
5	白茶	克百威	1	0.05	5.86	高度风险
6	白茶	毒死蜱	1	0.05	5.86	高度风险
7	白茶	氰戊菊酯	1	0.05	5.86	高度风险
8	白茶	水胺硫磷	1	0.05	5.86	高度风险
9	红茶	三唑磷	4	0.20	21.10	高度风险
10	红茶	毒死蜱	1	0.05	6.10	高度风险
11	红茶	灭多威	1	0.05	6.10	高度风险
12	绿茶	三唑磷	9	0.45	46.10	高度风险
13	绿茶	乐果	1	0.05	6.10	高度风险
14	绿茶	乙酰甲胺磷	1	0.05	6.10	高度风险
15	绿茶	氰戊菊酯	1	0.05	6.10	高度风险
16	绿茶	灭多威	1	0.05	6.10	高度风险
17	花茶	三唑磷	4	0.40	41.10	高度风险
18	花茶	克百威	1	0.10	11.10	高度风险
19	花茶	毒死蜱	7	0.70	71.10	高度风险
20	花茶	灭多威	1	0.10	11.10	高度风险
21	花茶	甲基异柳磷	1	0.10	11.10	高度风险

2.3.1.2 基于 MRL 中国国家标准的单种茶叶中非禁用农药残留风险系数分析

参照中华人民共和国国家标准 GB 2763—2016 中农药残留限量计算每种茶叶中每种非禁用农药的超标率，进而计算其风险系数，根据风险系数大小判断残留农药的预警风险程度，茶叶中非禁用农药残留风险程度分布情况如图 2-11 所示。

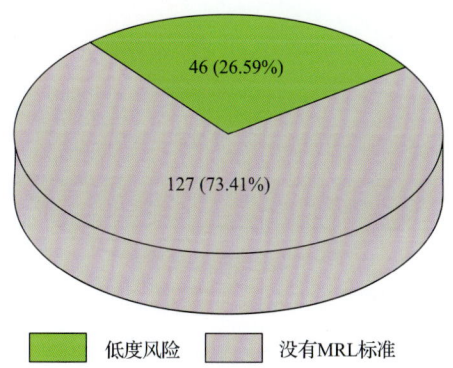

图 2-11　茶叶中非禁用农药残留的风险程度的分布图（MRL 中国国家标准）

本次分析中，发现在 5 种茶叶检出 88 种残留非禁用农药，涉及样本 173 个，在 173 个样本中，26.59%处于低度风险，此外发现有 127 个样本没有 MRL 中国国家标准值，无法判断其风险程度，有 MRL 中国国家标准值的 46 个样本涉及 5 种茶叶中的 13 种非禁用农药，其风险系数 R 值如图 2-12 所示。

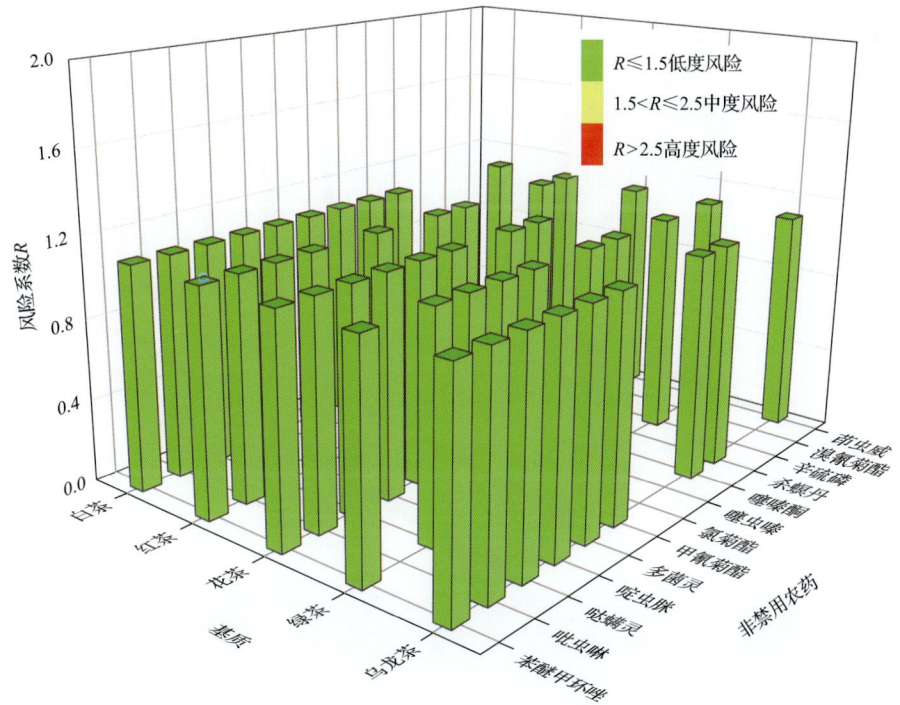

图 2-12　5 种茶叶中 13 种非禁用农药的风险系数分布图（MRL 中国国家标准）

2.3.1.3 基于 MRL 欧盟标准的单种茶叶中非禁用农药残留风险系数分析

参照 MRL 欧盟标准计算每种茶叶中每种非禁用农药的超标率,进而计算其风险系数,根据风险系数大小判断农药残留的预警风险程度,茶叶中非禁用农药残留风险程度分布情况如图 2-13 所示。

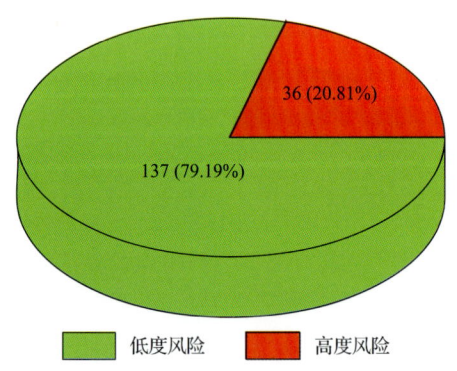

图 2-13 茶叶中非禁用农药的风险程度的频次分布图(MRL 欧盟标准)

本次分析中,发现在 5 种茶叶中共侦测出 88 种非禁用农药,涉及样本 173,其中,20.81%处于高度风险,涉及 5 种茶叶和 23 种农药;79.19%处于低度风险,涉及 5 种茶叶和 74 种农药。单种茶叶中的非禁用农药风险系数分布图如图 2-14 所示。单种茶叶中处于高度风险的非禁用农药风险系数如图 2-15 和表 2-7 所示。

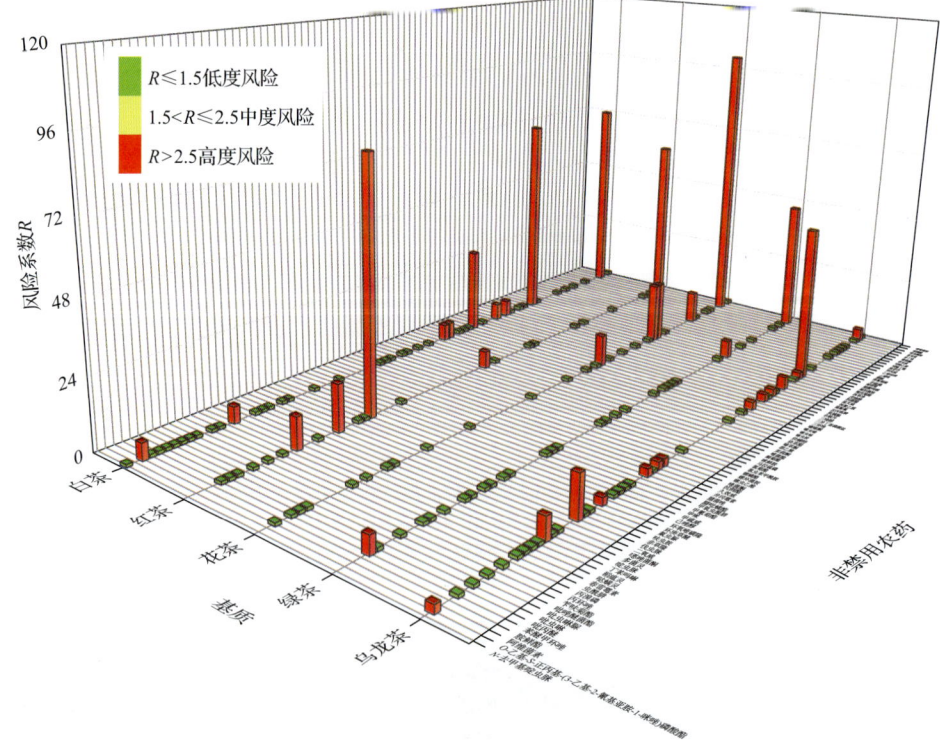

图 2-14 5 种茶叶中 88 种非禁用农药残留的风险系数(MRL 欧盟标准)

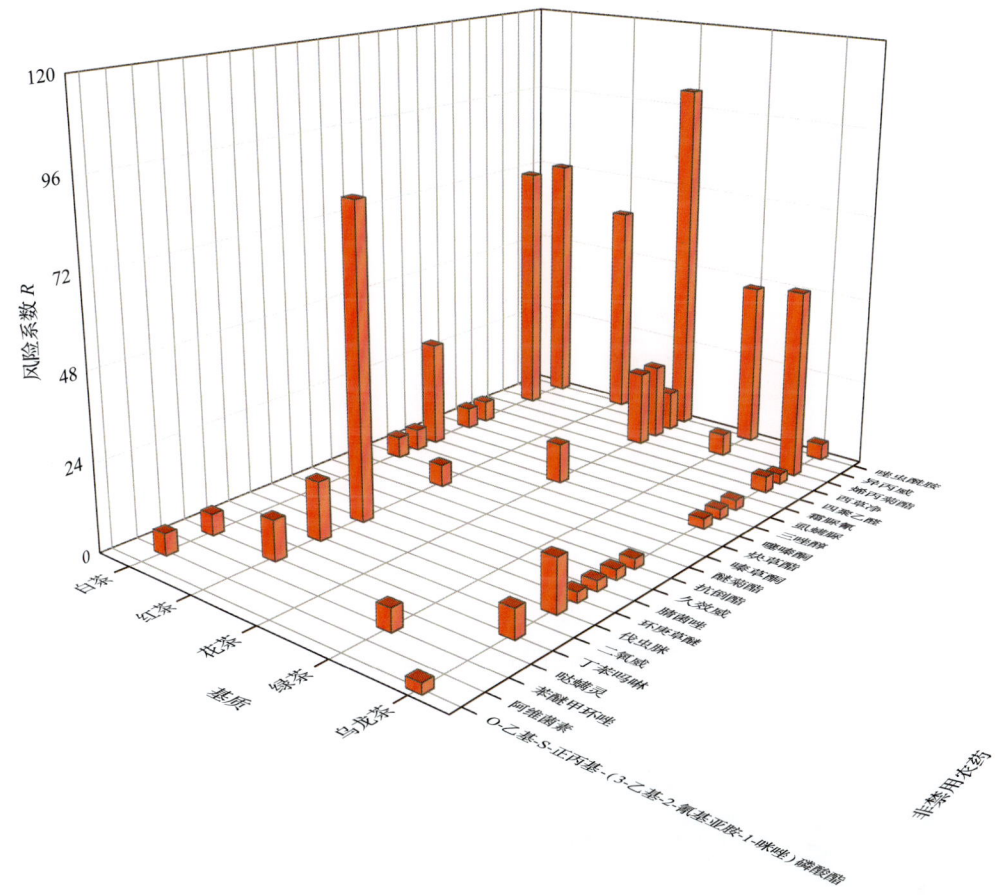

图 2-15 单种茶叶中处于高度风险的非禁用农药的风险系数(MRL 欧盟标准)

表 2-7 单种茶叶中处于高度风险的非禁用农药残留的风险系数表(MRL 欧盟标准)

序号	基质	农药	超标频次	超标率 P(%)	风险系数 R
1	花茶	唑虫酰胺	10	1.00	101.10
2	红茶	环庚草醚	17	0.85	86.10
3	白茶	唑虫酰胺	15	0.71	72.53
4	白茶	烯丙菊酯	15	0.71	72.53
5	红茶	唑虫酰胺	12	0.60	61.10
6	乌龙茶	烯丙菊酯	31	0.52	52.77
7	绿茶	唑虫酰胺	9	0.45	46.10
8	白茶	噻嗪酮	6	0.29	29.67
9	花茶	烯丙菊酯	2	0.20	21.10
10	花茶	西草净	2	0.20	21.10
11	红茶	二氧威	3	0.15	16.10
12	乌龙茶	伐虫脒	8	0.13	14.43

续表

序号	基质	农药	超标频次	超标率 $P(\%)$	风险系数 R
13	红茶	哒螨灵	2	0.10	11.10
14	花茶	噻嗪酮	1	0.10	11.10
15	花茶	异丙威	1	0.10	11.10
16	乌龙茶	丁苯吗啉	4	0.07	7.77
17	红茶	醚菊酯	1	0.05	6.10
18	绿茶	烯丙菊酯	1	0.05	6.10
19	绿茶	苯醚甲环唑	1	0.05	6.10
20	白茶	哒螨灵	1	0.05	5.86
21	白茶	嗪草酮	1	0.05	5.86
22	白茶	炔草酯	1	0.05	5.86
23	白茶	虱螨脲	1	0.05	5.86
24	白茶	阿维菌素	1	0.05	5.86
25	白茶	霜脲氰	1	0.05	5.86
26	乌龙茶	唑虫酰胺	2	0.03	4.43
27	乌龙茶	四聚乙醛	2	0.03	4.43
28	乌龙茶	O-乙基-S-正丙基-(3-乙基-2-氰基亚胺-1-咪唑)磷酸酯	1	0.02	2.77
29	乌龙茶	三唑醇	1	0.02	2.77
30	乌龙茶	久效威	1	0.02	2.77
31	乌龙茶	噻嗪酮	1	0.02	2.77
32	乌龙茶	抗倒酯	1	0.02	2.77
33	乌龙茶	环庚草醚	1	0.02	2.77
34	乌龙茶	腈菌唑	1	0.02	2.77
35	乌龙茶	虱螨脲	1	0.02	2.77
36	乌龙茶	西草净	1	0.02	2.77

2.3.2 所有茶叶中农药残留风险系数分析

2.3.2.1 所有茶叶中禁用农药残留风险系数分析

在侦测出的97种农药中有9种为禁用农药，计算所有茶叶中禁用农药的风险系数，结果如表2-8所示。在9种禁用农药中，5种农药残留处于高度风险，4种农药残留处于中度风险。

表 2-8　茶叶中 9 种禁用农药的风险系数表

序号	农药	检出频次	检出率(%)	风险系数 R	风险程度
1	三唑磷	21	0.16	17.13	高度风险
2	毒死蜱	13	0.10	11.02	高度风险
3	克百威	11	0.08	9.50	高度风险
4	氰戊菊酯	3	0.02	3.39	高度风险
5	灭多威	3	0.02	3.39	高度风险
6	乐果	1	0.01	1.86	中度风险
7	乙酰甲胺磷	1	0.01	1.86	中度风险
8	水胺硫磷	1	0.01	1.86	中度风险
9	甲基异柳磷	1	0.01	1.86	中度风险

2.3.2.2　所有茶叶中非禁用农药残留风险系数分析

参照 MRL 欧盟标准计算所有茶叶中每种非禁用农药残留的风险系数，如图 2-16 与表 2-9 所示。在侦测出的 88 种非禁用农药中，11 种农药(12.50%)残留处于高度风险，12 种农药(13.64%)残留处于中度风险，65 种农药(73.86%)残留处于低度风险。

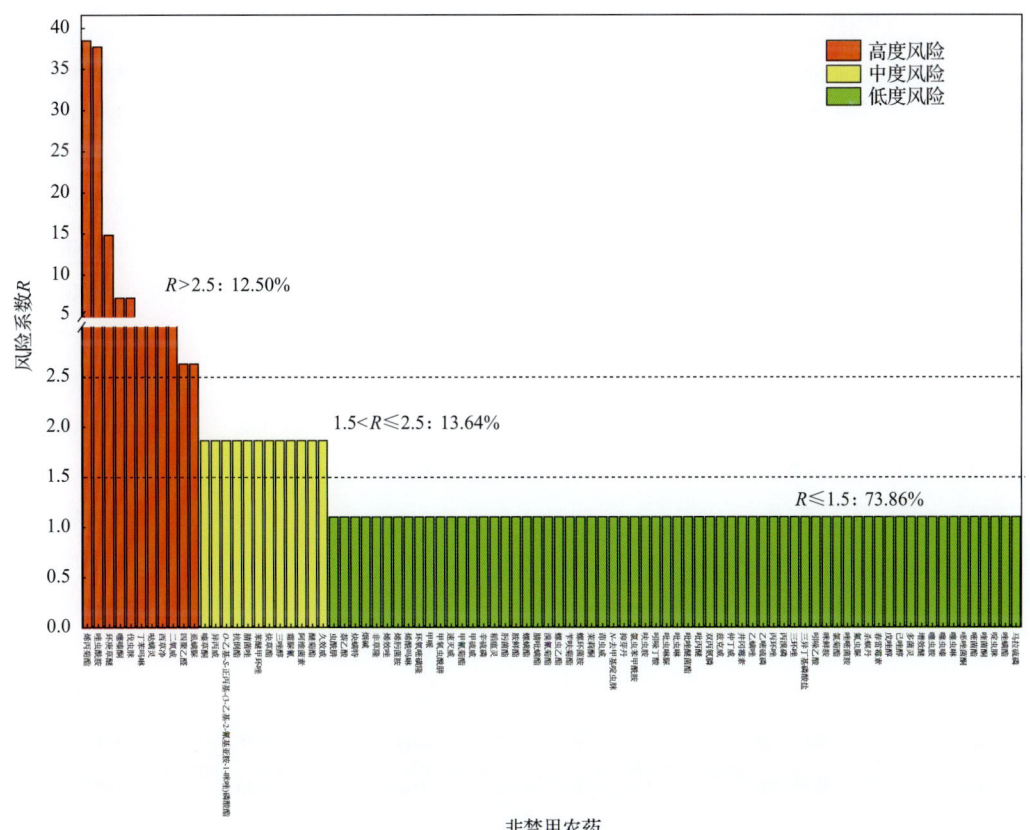

图 2-16　茶叶中 88 种非禁用农药的风险程度统计图

表 2-9　茶叶中 88 种非禁用农药的风险系数表

序号	农药	超标频次	超标率 $P(\%)$	风险系数 R	风险程度
1	烯丙菊酯	49	0.37	38.50	高度风险
2	唑虫酰胺	48	0.37	37.74	高度风险
3	环庚草醚	18	0.14	14.84	高度风险
4	噻嗪酮	8	0.06	7.21	高度风险
5	伐虫脒	8	0.06	7.21	高度风险
6	丁苯吗啉	4	0.03	4.15	高度风险
7	哒螨灵	3	0.02	3.39	高度风险
8	西草净	3	0.02	3.39	高度风险
9	二氧威	3	0.02	3.39	高度风险
10	四聚乙醛	2	0.02	2.63	高度风险
11	虱螨脲	2	0.02	2.63	高度风险
12	嗪草酮	1	0.01	1.86	中度风险
13	异丙威	1	0.01	1.86	中度风险
14	O-乙基-S-正丙基-(3-乙基-2-氰基亚胺-1-咪唑)磷酸酯	1	0.01	1.86	中度风险
15	抗倒酯	1	0.01	1.86	中度风险
16	腈菌唑	1	0.01	1.86	中度风险
17	苯醚甲环唑	1	0.01	1.86	中度风险
18	炔草酯	1	0.01	1.86	中度风险
19	三唑醇	1	0.01	1.86	中度风险
20	霜脲氰	1	0.01	1.86	中度风险
21	阿维菌素	1	0.01	1.86	中度风险
22	醚菊酯	1	0.01	1.86	中度风险
23	久效威	1	0.01	1.86	中度风险
24	虫酰肼	0	0.00	1.10	低度风险
25	萘乙酸	0	0.00	1.10	低度风险
26	炔螨特	0	0.00	1.10	低度风险
27	烟碱	0	0.00	1.10	低度风险
28	非草隆	0	0.00	1.10	低度风险
29	烯效唑	0	0.00	1.10	低度风险
30	烯肟菌胺	0	0.00	1.10	低度风险
31	烯酰吗啉	0	0.00	1.10	低度风险
32	环氧嘧磺隆	0	0.00	1.10	低度风险

续表

序号	农药	超标频次	超标率 $P(\%)$	风险系数 R	风险程度
33	甲哌	0	0.00	1.10	低度风险
34	甲氧虫酰肼	0	0.00	1.10	低度风险
35	速灭威	0	0.00	1.10	低度风险
36	甲氰菊酯	0	0.00	1.10	低度风险
37	甲硫威	0	0.00	1.10	低度风险
38	辛硫磷	0	0.00	1.10	低度风险
39	稻瘟灵	0	0.00	1.10	低度风险
40	肟菌酯	0	0.00	1.10	低度风险
41	胺鲜酯	0	0.00	1.10	低度风险
42	螺螨酯	0	0.00	1.10	低度风险
43	腈吡螨酯	0	0.00	1.10	低度风险
44	溴氰菊酯	0	0.00	1.10	低度风险
45	螺虫乙酯	0	0.00	1.10	低度风险
46	苄呋菊酯	0	0.00	1.10	低度风险
47	螺环菌胺	0	0.00	1.10	低度风险
48	茉莉酮	0	0.00	1.10	低度风险
49	茚虫威	0	0.00	1.10	低度风险
50	N-去甲基啶虫脒	0	0.00	1.10	低度风险
51	抑芽丹	0	0.00	1.10	低度风险
52	氯虫苯甲酰胺	0	0.00	1.10	低度风险
53	呋虫胺	0	0.00	1.10	低度风险
54	吲哚丁酸	0	0.00	1.10	低度风险
55	吡虫啉脲	0	0.00	1.10	低度风险
56	吡虫啉	0	0.00	1.10	低度风险
57	吡唑醚菌酯	0	0.00	1.10	低度风险
58	吡丙醚	0	0.00	1.10	低度风险
59	双丙氨膦	0	0.00	1.10	低度风险
60	兹克威	0	0.00	1.10	低度风险
61	仲丁威	0	0.00	1.10	低度风险
62	井冈霉素	0	0.00	1.10	低度风险
63	乙螨唑	0	0.00	1.10	低度风险
64	乙嘧硫磷	0	0.00	1.10	低度风险
65	丙环唑	0	0.00	1.10	低度风险
66	丙溴磷	0	0.00	1.10	低度风险

续表

序号	农药	超标频次	超标率 P(%)	风险系数 R	风险程度
67	三环唑	0	0.00	1.10	低度风险
68	三异丁基磷酸盐	0	0.00	1.10	低度风险
69	吲哚乙酸	0	0.00	1.10	低度风险
70	咪鲜胺	0	0.00	1.10	低度风险
71	氯菊酯	0	0.00	1.10	低度风险
72	唑嘧菌胺	0	0.00	1.10	低度风险
73	氟虫脲	0	0.00	1.10	低度风险
74	杀螟丹	0	0.00	1.10	低度风险
75	春雷霉素	0	0.00	1.10	低度风险
76	戊唑醇	0	0.00	1.10	低度风险
77	己唑醇	0	0.00	1.10	低度风险
78	多菌灵	0	0.00	1.10	低度风险
79	增效醚	0	0.00	1.10	低度风险
80	噻虫胺	0	0.00	1.10	低度风险
81	噻虫嗪	0	0.00	1.10	低度风险
82	噻虫啉	0	0.00	1.10	低度风险
83	噁唑菌酮	0	0.00	1.10	低度风险
84	嘧菌酯	0	0.00	1.10	低度风险
85	喹菌酮	0	0.00	1.10	低度风险
86	啶虫脒	0	0.00	1.10	低度风险
87	唑螨酯	0	0.00	1.10	低度风险
88	马拉硫磷	0	0.00	1.10	低度风险

2.4 LC-Q-TOF/MS 侦测福州市市售茶叶农药残留风险评估结论与建议

农药残留是影响茶叶安全和质量的主要因素，也是我国食品安全领域备受关注的敏感话题和亟待解决的重大问题之一[15,16]。各种茶叶均存在不同程度的农药残留现象，本研究主要针对福州市各类茶叶存在的农药残留问题，基于 2018 年 12 月至 2019 年 1 月期间对福州市 131 例茶叶样品中农药残留侦测得出的 835 个侦测结果，分别采用食品安全指数模型和风险系数模型，开展茶叶中农药残留的膳食暴露风险和预警风险评估。茶叶样品取自超市和茶叶专营店，符合大众的膳食来源，风险评价时更具有代表性和可信度。

本研究力求通用简单地反映食品安全中的主要问题，且为管理部门和大众容易接受，为政府及相关管理机构建立科学的食品安全信息发布和预警体系提供科学的规律与方法，加强对农药残留的预警和食品安全重大事件的预防，控制食品风险。

2.4.1 福州市茶叶中农药残留膳食暴露风险评价结论

1) 茶叶样品中农药残留安全状态评价结论

采用食品安全指数模型，对2018年12月至2019年1月期间福州市茶叶食品农药残留膳食暴露风险进行评价，根据 IFS_c 的计算结果发现，茶叶中农药的 $\overline{IFS}$ 为0.00002，说明福州市茶叶总体处于可以接受的安全状态，但部分禁用农药、高残留农药在茶叶中仍有侦测出，导致膳食暴露风险的存在，成为不安全因素。

2) 禁用农药膳食暴露风险评价

本次检测发现部分茶叶样品中有禁用农药侦测出，侦测出禁用农药9种，侦测出频次为55，茶叶样品中的禁用农药 IFS_c 计算结果表明，禁用农药残留膳食暴露风险没有影响的频次为55，占100.00%。

2.4.2 福州市茶叶中农药残留预警风险评价结论

1) 单种茶叶中禁用农药残留的预警风险评价结论

本次检测过程中，在5种茶叶中检测出9种禁用农药，禁用农药为：克百威、毒死蜱、氰戊菊酯、三唑磷、水胺硫磷、灭多威、乐果、乙酰甲胺磷、甲基异柳磷，茶叶为：乌龙茶、白茶、红茶、绿茶、花茶，茶叶中禁用农药的风险系数分析结果显示，9种禁用农药在5种茶叶中的残留均处于高度风险，说明在单种茶叶中禁用农药的残留会导致较高的预警风险。

2) 单种茶叶中非禁用农药残留的预警风险评价结论

以MRL中国国家标准为标准，计算茶叶中非禁用农药风险系数情况下，173个样本中，127个样本没有MRL中国国家标准(73.41%)。以MRL欧盟标准为标准，计算茶叶中非禁用农药风险系数情况下，发现有36个处于高度风险(20.81%)，137个处于低度风险(79.19%)。基于两种MRL标准，评价的结果差异显著，可以看出MRL欧盟标准比中国国家标准更加严格和完善，过于宽松的MRL中国国家标准值能否有效保障人体的健康有待研究。

2.4.3 加强福州市茶叶食品安全建议

我国食品安全风险评价体系仍不够健全，相关制度不够完善，多年来，由于农药用药次数多、用药量大或用药间隔时间短，产品残留量大，农药残留所造成的食品安全问题日益严峻，给人体健康带来了直接或间接的危害。据估计，美国与农药有关的癌症患者数约占全国癌症患者总数的50%，中国更高。同样，农药对其他生物也会形成直接杀伤和慢性危害，植物中的农药可经过食物链逐级传递并不断蓄积，对人和动物构成潜在威胁，并影响生态系统。

基于本次农药残留侦测数据的风险评价结果，提出以下几点建议：

1) 加快食品安全标准制定步伐

我国食品标准中对农药每日允许最大摄入量 ADI 的数据严重缺乏，在本次评价所涉及的 97 种农药中，仅有 75.3%的农药具有 ADI 值，而 24.7%的农药中国尚未规定相应的 ADI 值，亟待完善。

我国食品中农药最大残留限量值的规定严重缺乏，对评估涉及的不同茶叶中不同农药 194 个 MRL 限值进行统计来看，我国仅制定出 57 个标准，我国标准完整率仅为 29.4%，欧盟的完整率达到 100%（表 2-10）。因此，中国更应加快 MRL 的制定步伐。

表 2-10 我国国家食品标准农药的 ADI、MRL 值与欧盟标准的数量差异

分类		中国 ADI	MRL 中国国家标准	MRL 欧盟标准
标准限值（个）	有	73	57	194
	无	24	137	0
总数（个）		97	194	194
无标准限值比例（%）		24.7	70.6	0

此外，MRL 中国国家标准限值普遍高于欧盟标准限值，这些标准中共有 42 个高于欧盟。过高的 MRL 值难以保障人体健康，建议继续加强对限值基准和标准的科学研究，将农产品中的危险性减少到尽可能低的水平。

2) 加强农药的源头控制和分类监管

在福州市某些茶叶中仍有禁用农药残留，利用 LC-Q-TOF/MS 技术侦测出 9 种禁用农药，检出频次为 55 次，残留禁用农药均存在较大的膳食暴露风险和预警风险。早已列入黑名单的禁用农药在我国并未真正退出，有些药物由于价格便宜、工艺简单，此类高毒农药一直生产和使用。建议在我国采取严格有效的控制措施，从源头控制禁用农药。

对于非禁用农药，在我国作为"田间地头"最典型单位的县级茶叶产地中，农药残留的检测几乎缺失。建议根据农药的毒性，对高毒、剧毒、中毒农药实现分类管理，减少使用高毒和剧毒高残留农药，进行分类监管。

3) 加强农药生物基准和降解技术研究

市售茶叶中残留农药的品种多、频次高、禁用农药多次检出这一现状，说明了我国的田间土壤和水体因农药长期、频繁、不合理的使用而遭到严重污染。为此，建议中国相关部门出台相关政策，鼓励高校及科研院所积极开展分子生物学、酶学等研究，加强土壤、水体中残留农药的生物修复及降解新技术研究，切实加大农药监管力度，以控制农药的面源污染问题。

综上所述，在本工作基础上，根据茶叶残留危害，可进一步针对其成因提出和采取严格管理、大力推广无公害茶叶种植与生产、健全食品安全控制技术体系、加强茶叶质量检测体系建设和积极推行茶叶质量追溯制度等相应对策。建立和完善食品安全综合评价指数与风险监测预警系统，对食品安全进行实时、全面的监控与分析，为我国的食品安全科学监管与决策提供新的技术支持，可实现各类检验数据的信息化系统管理，降低食品安全事故的发生。

第 3 章　GC-Q-TOF/MS 侦测福州市 131 例市售茶叶样品农药残留报告

从福州市所属 2 个区，随机采集了 131 例茶叶样品，使用气相色谱-四极杆飞行时间质谱（GC-Q-TOF/MS）对 684 种农药化学污染物示范侦测。

3.1　样品种类、数量与来源

3.1.1　样品采集与检测

为了真实反映百姓日常饮用的茶叶中农药残留污染状况，本次所有检测样品均由检验人员于 2018 年 12 月至 2019 年 1 月期间，从福州市所属 12 个采样点，包括 8 个茶叶专营店 4 个超市，以随机购买方式采集，总计 12 批 131 例样品，从中检出农药 53 种，482 频次。采样及监测概况见图 3-1 及表 3-1，样品及采样点明细见表 3-2 及表 3-3（侦测原始数据见附表 1）。

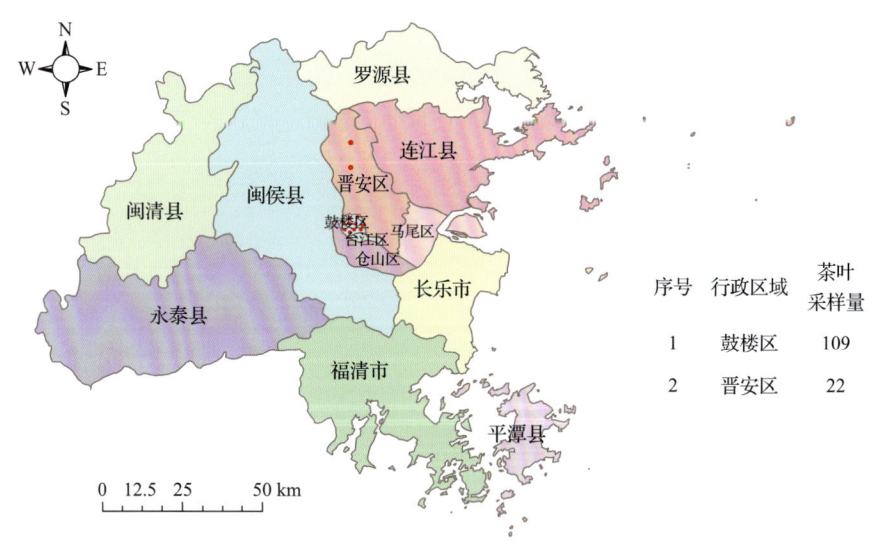

图 3-1　福州市所属 12 个采样点 131 例样品分布图

表 3-1　农药残留监测总体概况

采样地区	福州市所属 2 个区
采样点（茶叶专营店+超市）	12
样本总数	131
检出农药品种/频次	53/482
各采样点样本农药残留检出率范围	62.5%~100.0%

表 3-2 样品分类及数量

样品分类	样品名称(数量)	数量小计
1. 茶叶		131
1) 发酵类茶叶	白茶(21),红茶(20),乌龙茶(60)	101
2) 未发酵类茶叶	花茶(10),绿茶(20)	30
合计	1.茶叶 5 种	131

表 3-3 福州市采样点信息

采样点序号	行政区域	采样点
茶叶专营店(8)		
1	鼓楼区	***茶业店
2	鼓楼区	***茶庄(三坊七巷店)
3	鼓楼区	***茶业店
4	鼓楼区	***茶庄(三坊七巷店)
5	鼓楼区	***茶庄
6	鼓楼区	***茶庄(光禄坊店)
7	鼓楼区	***茶庄(三坊七巷店)
8	晋安区	***茶行
超市(4)		
1	鼓楼区	***超市(杨桥东路店)
2	鼓楼区	***超市(***购物广场店)
3	鼓楼区	***超市(西门店)
4	晋安区	***超市(长乐路店)

3.1.2 检测结果

这次使用的检测方法是庞国芳院士团队最新研发的无需使用标准品对照,而以高分辨精确质量数(0.0001 m/z)为基准的 GC-Q-TOF/MS 检测技术,对于 131 例样品,每个样品均侦测了 684 种农药化学污染物的残留现状。通过本次侦测,在 131 例样品中共计检出农药化学污染物 53 种,检出 482 频次。

3.1.2.1 各采样点样品检出情况

统计分析发现 12 个采样点中,被测样品的农药检出率范围为 62.5%~100.0%。其中,有 9 个采样点样品的检出率最高,达到了 100.0%,分别是:***茶庄(三坊七巷店)、***茶业店、***超市(杨桥东路店)、***茶庄、***超市(***购物广场店)、***超市(西门店)、***茶庄(三坊七巷店)、***超市(长乐路店)和***茶行。***茶庄(光禄坊店)的检出率最低,为 62.5%,见图 3-2。

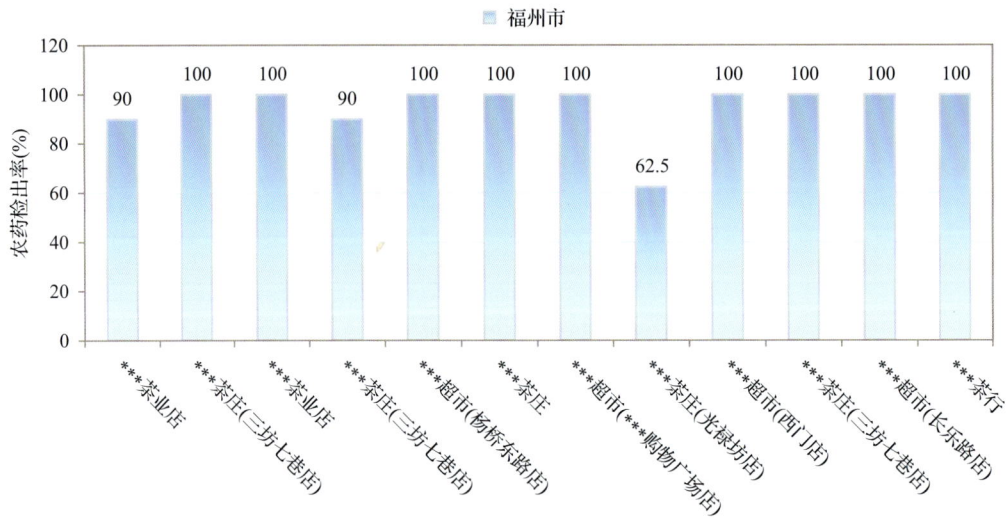

图 3-2　各采样点样品中的农药检出率

3.1.2.2　检出农药的品种总数与频次

统计分析发现，对于 131 例样品中 684 种农药化学污染物的侦测，共检出农药 482 频次，涉及农药 53 种，结果如图 3-3 所示。其中联苯菊酯检出频次最高，共检出 108 次。检出频次排名前 10 的农药如下：①联苯菊酯(108),②炔螨特(47),③醚菊酯(42),④氯氟氰菊酯(33),⑤噻嗪酮(31),⑥甲氰菊酯(29),⑦猛杀威(29),⑧虫螨腈(21),⑨邻苯二甲酰亚胺(20),⑩硫丹(20)。

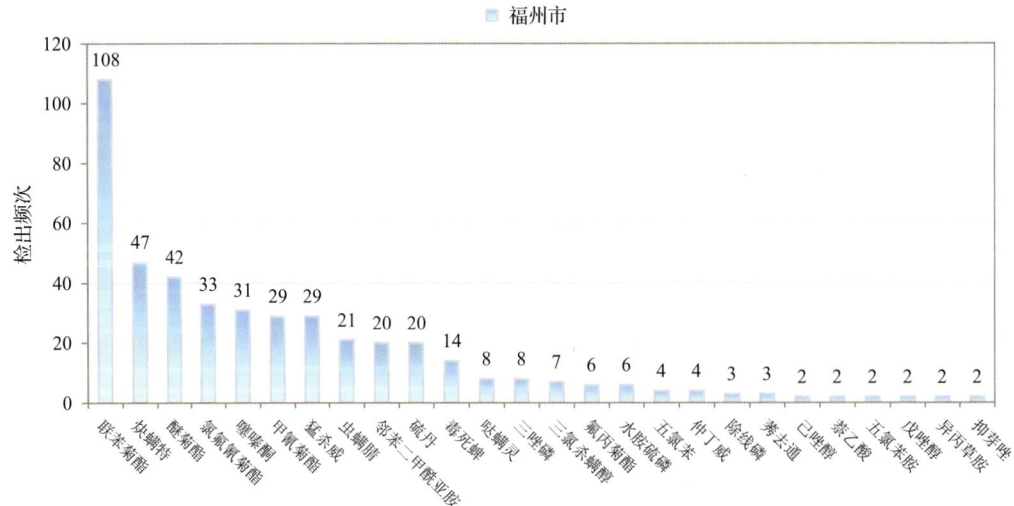

图 3-3　检出农药品种及频次(仅列出 2 频次及以上的数据)

由图 3-4 可见，乌龙茶、绿茶和白茶这 3 种茶叶样品中检出的农药品种数较高，均超过 20 种，其中，乌龙茶检出农药品种最多，为 36 种。由图 3-5 可见，乌龙茶、白茶和绿茶这 3 种茶叶样品中的农药检出频次较高，均超过 80 次，其中，乌龙茶检出农药频次最高,为 170 次。

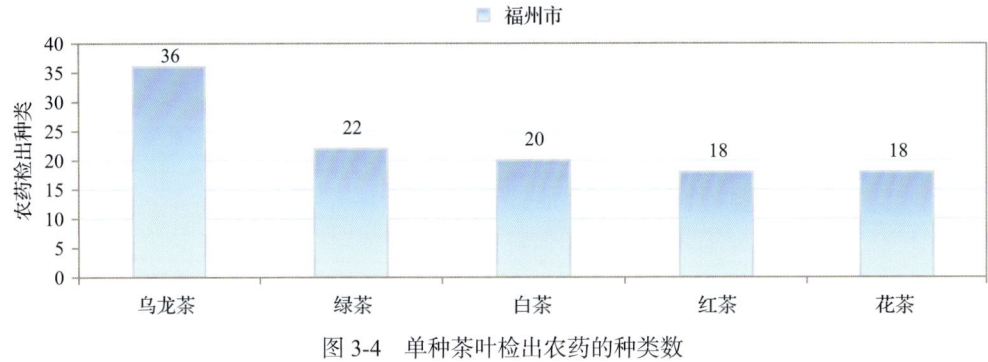

图 3-4　单种茶叶检出农药的种类数

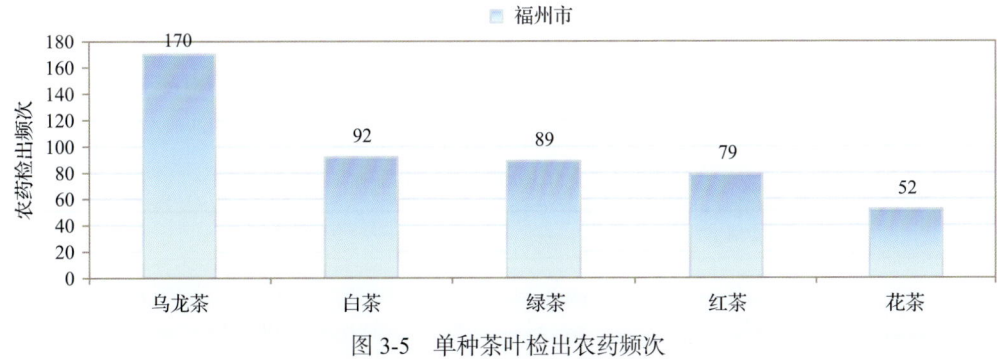

图 3-5　单种茶叶检出农药频次

3.1.2.3　单例样品农药检出种类与占比

对单例样品检出农药种类和频次进行统计发现,未检出农药的样品占总样品数的 3.8%,检出 1 种农药的样品占总样品数的 11.5%,检出 2~5 种农药的样品占总样品数的 63.4%,检出 6~10 种农药的样品占总样品数的 20.6%,检出大于 10 种农药的样品占总样品数的 0.8%。每例样品中平均检出农药为 3.7 种,数据见表 3-4 及图 3-6。

表 3-4　单例样品检出农药品种占比

检出农药品种数	样品数量/占比(%)
未检出	5/3.8
1 种	15/11.5
2~5 种	83/63.4
6~10 种	27/20.6
大于 10 种	1/0.8
单例样品平均检出农药品种	3.7 种

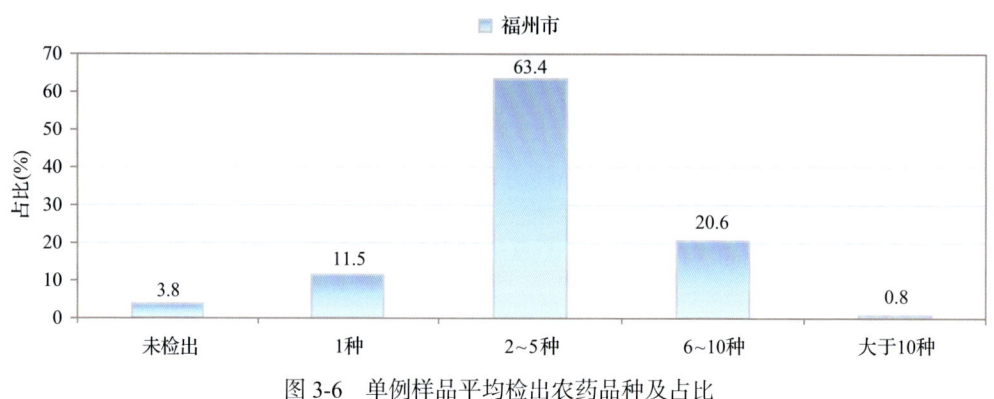

图 3-6 单例样品平均检出农药品种及占比

3.1.2.4 检出农药类别与占比

所有检出农药按功能分类，包括杀虫剂、杀菌剂、除草剂、杀螨剂、植物生长调节剂和其他共 6 类。其中杀虫剂与杀菌剂为主要检出的农药类别，分别占总数的 49.1%和 18.9%，见表 3-5 及图 3-7。

表 3-5 检出农药所属类别/占比

农药类别	数量/占比(%)
杀虫剂	26/49.1
杀菌剂	10/18.9
除草剂	9/17.0
杀螨剂	5/9.4
植物生长调节剂	2/3.8
其他	1/1.9

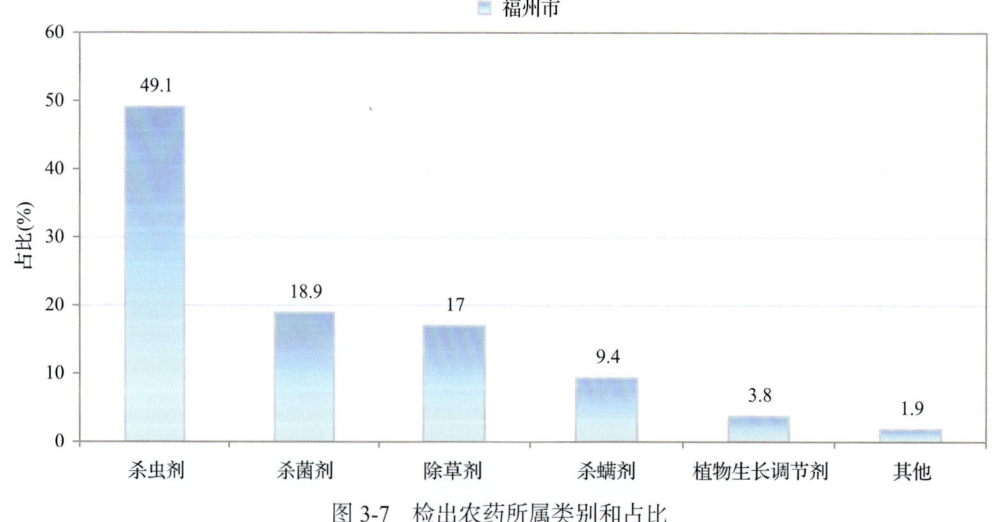

图 3-7 检出农药所属类别和占比

3.1.2.5 检出农药的残留水平

按检出农药残留水平进行统计,残留水平在 1~5 μg/kg(含)的农药占总数的 11.0%,在 5~10 μg/kg(含)的农药占总数的 14.5%,在 10~100 μg/kg(含)的农药占总数的 58.9%,在 100~1000 μg/kg(含)的农药占总数的 15.1%,在>1000 μg/kg 的农药占总数的 0.4%。

由此可见,这次检测的 12 批 131 例茶叶样品中农药多数处于中高残留水平。结果见表 3-6 及图 3-8,数据见附表 2。

表 3-6 农药残留水平/占比

残留水平(μg/kg)	检出频次数/占比(%)
1~5(含)	53/11.0
5~10(含)	70/14.5
10~100(含)	284/58.9
100~1000(含)	73/15.1
>1000	2/0.4

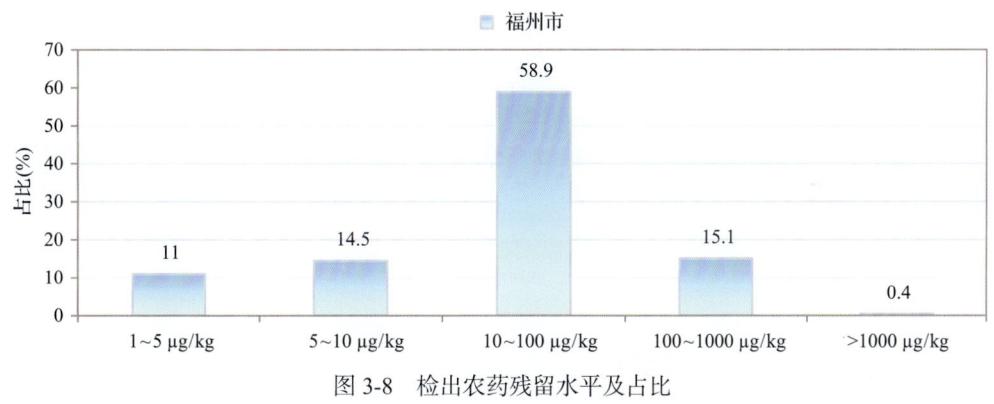

图 3-8 检出农药残留水平及占比

3.1.2.6 检出农药的毒性类别、检出频次和超标频次及占比

对这次检出的 53 种 482 频次的农药,按剧毒、高毒、中毒、低毒和微毒这五个毒性类别进行分类,从中可以看出,福州市目前普遍使用的农药为中低微毒农药,品种占 90.6%,频次占 96.5%。结果见表 3-7 及图 3-9。

表 3-7 检出农药毒性类别/占比

毒性分类	农药品种/占比(%)	检出频次/占比(%)	超标频次/超标率(%)
剧毒农药	1/1.9	1/0.2	0/0.0
高毒农药	4/7.5	16/3.3	5/31.3
中毒农药	23/43.4	261/54.1	0/0.0
低毒农药	18/34.0	151/31.3	0/0.0
微毒农药	7/13.2	53/11.0	0/0.0

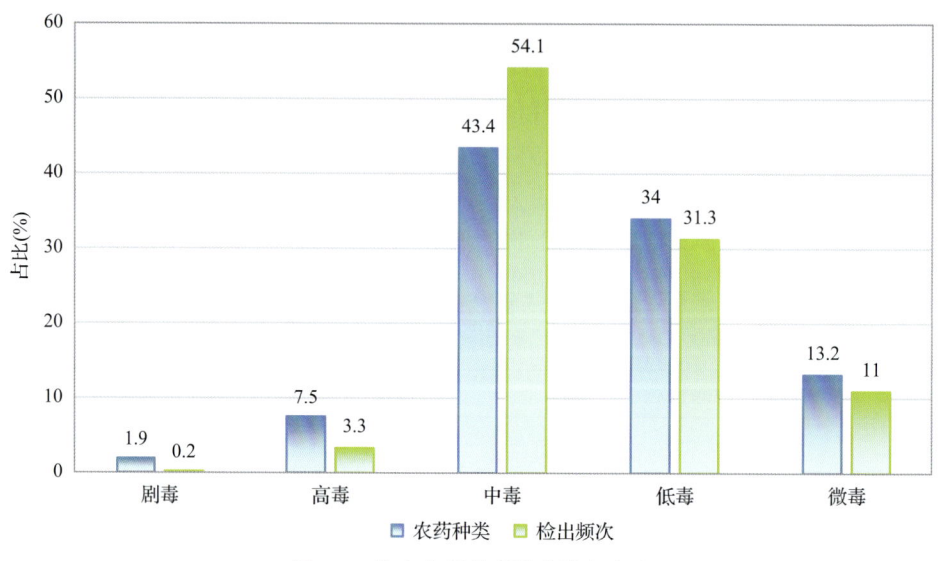

图 3-9　检出农药的毒性分类和占比

3.1.2.7　检出剧毒/高毒类农药的品种和频次

值得特别关注的是，在此次侦测的 131 例样品中有 5 种茶叶的 12 例样品检出了 5 种 17 频次的剧毒和高毒农药，占样品总量的 9.2%，详见图 3-10、表 3-8 及表 3-9。

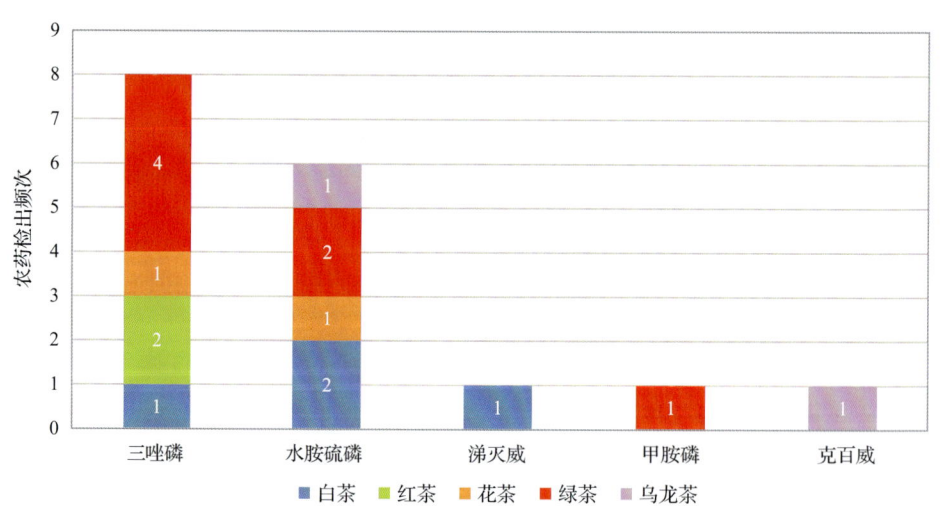

图 3-10　检出剧毒/高毒农药的样品情况

表 3-8　剧毒农药检出情况

序号	农药名称	检出频次	超标频次	超标率
	从 1 种茶叶中检出 1 种剧毒农药，共计检出 1 次			
1	涕灭威*	1	0	0.0%
	合计	1	0	超标率：0.0%

表 3-9　高毒农药检出情况

序号	农药名称	检出频次	超标频次	超标率
从 5 种茶叶中检出 4 种高毒农药，共计检出 16 次				
1	三唑磷	8	0	0.0%
2	水胺硫磷	6	4	66.7%
3	甲胺磷	1	0	0.0%
4	克百威	1	1	100.0%
	合计	16	5	超标率：31.3%

在检出的剧毒和高毒农药中，有 5 种是我国早已禁止在茶叶上使用的，分别是：克百威、三唑磷、水胺硫磷、涕灭威和甲胺磷。禁用农药的检出情况见表 3-10。

表 3-10　禁用农药检出情况

序号	农药名称	检出频次	超标频次	超标率
从 5 种茶叶中检出 10 种禁用农药，共计检出 60 次				
1	硫丹	20	0	0.0%
2	毒死蜱	14	0	0.0%
3	三唑磷	8	0	0.0%
4	三氯杀螨醇	7	0	0.0%
5	水胺硫磷	6	4	66.7%
6	甲胺磷	1	0	0.0%
7	克百威	1	1	100.0%
8	林丹	1	0	0.0%
9	六六六	1	0	0.0%
10	涕灭威*	1	0	0.0%
	合计	60	5	超标率：8.3%

注：超标结果参考 MRL 中国国家标准计算

此次抽检的茶叶样品中，有 1 种茶叶检出了剧毒农药，为白茶中检出涕灭威 1 次。

样品中检出剧毒和高毒农药残留水平超过 MRL 中国国家标准的频次为 5 次，其中：白茶检出水胺硫磷超标 2 次；绿茶检出水胺硫磷超标 1 次；乌龙茶检出克百威超标 1 次，检出水胺硫磷超标 1 次。本次检出结果表明，高毒、剧毒农药的使用现象依旧存在，详见表 3-11。

表 3-11　各样本中检出剧毒/高毒农药情况

样品名称	农药名称	检出频次	超标频次	检出浓度(μg/kg)
茶叶 5 种				
白茶	涕灭威*▲	1	0	882.6
白茶	水胺硫磷▲	2	2	60.7[a], 92.2[a]
白茶	三唑磷▲	1	0	11.6
红茶	三唑磷▲	2	0	289.8, 76.5
花茶	三唑磷▲	1	0	25.7
花茶	水胺硫磷▲	1	0	6.9
绿茶	三唑磷▲	4	0	30.5, 40.5, 23.2, 12.5
绿茶	水胺硫磷▲	2	1	137.9[a], 14.6
绿茶	甲胺磷▲	1	0	5.9
乌龙茶	克百威▲	1	1	63.4[a]
乌龙茶	水胺硫磷▲	1	1	105.7[a]
合计		17	5	超标率：29.4%

3.2　农药残留检出水平与最大残留限量标准对比分析

我国于 2016 年 12 月 18 日正式颁布并于 2017 年 6 月 18 日正式实施食品农药残留限量国家标准《食品中农药最大残留限量》(GB 2763—2016)。该标准包括 417 个农药条目，涉及最大残留限量(MRL)标准 4140 项。将 482 频次检出农药的浓度水平与 4140 项 MRL 中国国家标准进行核对，其中只有 267 频次的结果找到了对应的 MRL，占 55.4%，还有 215 频次的结果则无相关 MRL 标准供参考，占 44.6%。

将此次侦测结果与国际上现行 MRL 对比发现，在 482 频次的检出结果中有 482 频次的结果找到了对应的 MRL 欧盟标准，占 100.0%，其中，401 频次的结果有明确对应的 MRL，占 83.2%，其余 81 频次按照欧盟一律标准判定，占 16.8%；有 482 频次的结果找到了对应的 MRL 日本标准，占 100.0%，其中，377 频次的结果有明确对应的 MRL，占 78.2%，其余 104 频次按照日本一律标准判定，占 21.8%；有 261 频次的结果找到了对应的 MRL 中国香港标准，占 54.1%；有 263 频次的结果找到了对应的 MRL 美国标准，占 54.6%；有 233 频次的结果找到了对应的 MRL CAC 标准，占 48.3%(见图 3-11 和图 3-12，数据见附表 3 至附表 8)。

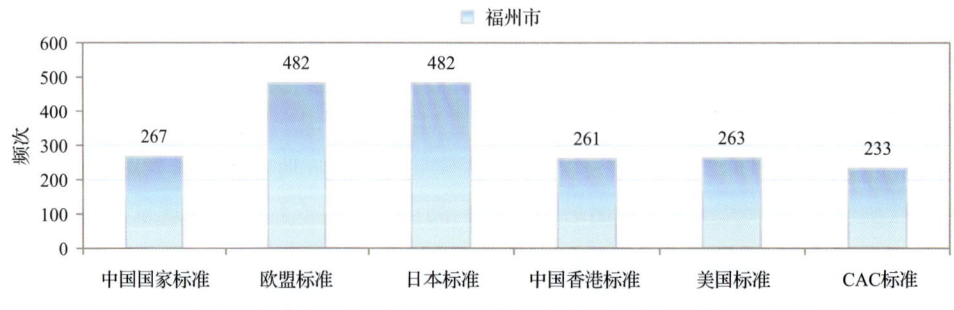

图 3-11　482 频次检出农药可用 MRL 中国国家标准、欧盟标准、日本标准、中国香港标准、美国标准、CAC 标准判定衡量的数量

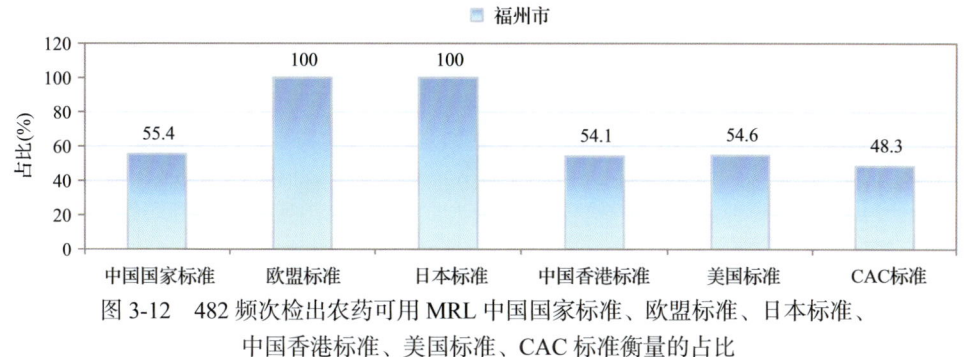

图 3-12　482 频次检出农药可用 MRL 中国国家标准、欧盟标准、日本标准、中国香港标准、美国标准、CAC 标准衡量的占比

3.2.1　超标农药样品分析

本次侦测的 131 例样品中，5 例样品未检出任何残留农药，占样品总量的 3.8%，126 例样品检出不同水平、不同种类的残留农药，占样品总量的 96.2%。在此，我们将本次侦测的农残检出情况与 MRL 中国国家标准、欧盟标准、日本标准、中国香港标准、美国标准、CAC 标准这 6 大国际主流 MRL 标准进行对比分析，样品农残检出与超标情况见表 3-12、图 3-13 和图 3-14，详细数据见附表 9-14。

表 3-12　各 MRL 标准下样本农残检出与超标数量及占比

	中国国家标准 数量/占比(%)	欧盟标准 数量/占比(%)	日本标准 数量/占比(%)	中国香港标准 数量/占比(%)	美国标准 数量/占比(%)	CAC 标准 数量/占比(%)
未检出	5/3.8	5/3.8	5/3.8	5/3.8	5/3.8	5/3.8
检出未超标	121/92.4	52/39.7	80/61.1	126/96.2	126/96.2	126/96.2
检出超标	5/3.8	74/56.5	46/35.1	0/0.0	0/0.0	0/0.0

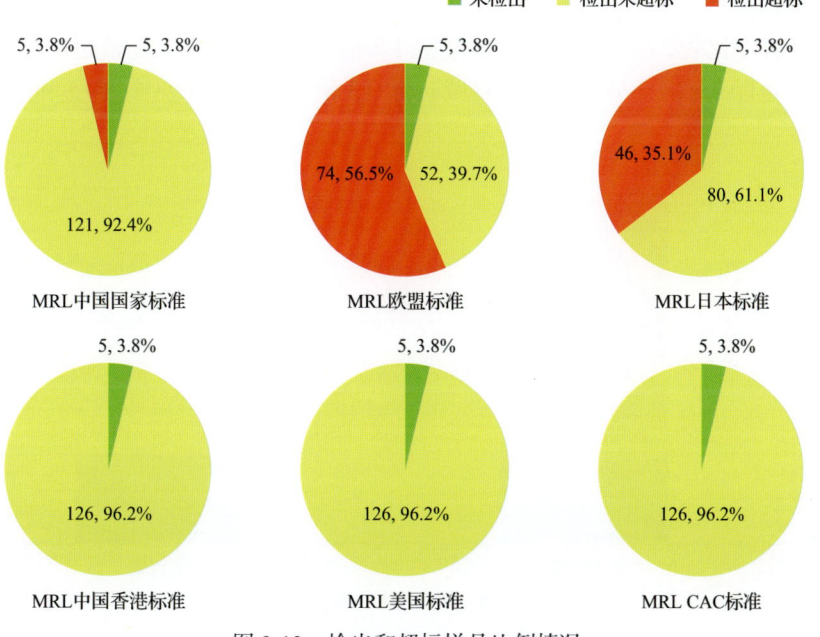

图 3-13　检出和超标样品比例情况

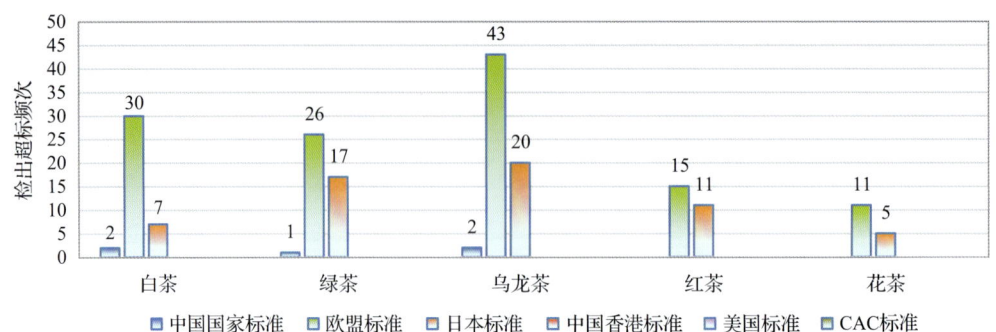

图 3-14 超过 MRL 中国国家标准、欧盟标准、日本标准、中国香港标准、
美国标准、CAC 标准结果在茶叶中的分布

3.2.2 超标农药种类分析

按照 MRL 中国国家标准、欧盟标准、日本标准、中国香港标准、美国标准和 CAC 标准这 6 大国际主流 MRL 标准衡量，本次侦测检出的农药超标品种及频次情况见表 3-13。

表 3-13 各 MRL 标准下超标农药品种及频次

	中国国家标准	欧盟标准	日本标准	中国香港标准	美国标准	CAC 标准
超标农药品种	2	27	21	0	0	0
超标农药频次	5	125	60	0	0	0

3.2.2.1 按 MRL 中国国家标准衡量

按 MRL 中国国家标准衡量，共有 2 种农药超标，检出 5 频次，分别为高毒农药克百威和水胺硫磷。

按超标程度比较，绿茶中水胺硫磷超标 1.8 倍，乌龙茶中水胺硫磷超标 1.1 倍，白茶中水胺硫磷超标 0.8 倍，乌龙茶中克百威超标 0.3 倍。检测结果见图 3-15 和附表 15。

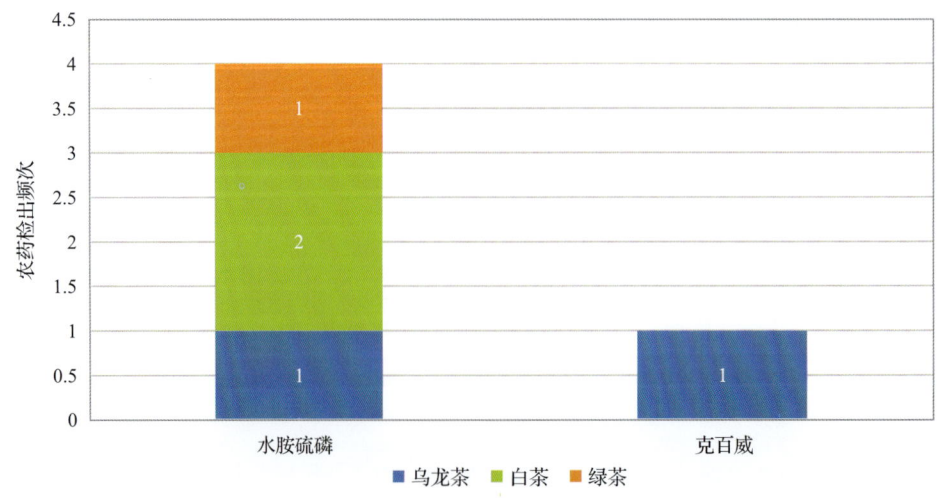

图 3-15 超过 MRL 中国国家标准农药品种及频次

3.2.2.2 按 MRL 欧盟标准衡量

按 MRL 欧盟标准衡量，共有 27 种农药超标，检出 125 频次，分别为剧毒农药涕灭威，高毒农药三唑磷、克百威和水胺硫磷，中毒农药稻瘟灵、氯菊酯、氯氟氰菊酯、林丹、腈菌唑、异丙威、六六六、甲草胺、仲丁威、灭除威、戊唑醇和哒螨灵，低毒农药邻苯二甲酰亚胺、猛杀威、噻嗪酮、威杀灵、丁羟茴香醚、苄呋菊酯和萘乙酸，微毒农药醚菊酯、绿麦隆、氟丙菊酯和解草嗪。

按超标程度比较，绿茶中仲丁威超标 102.9 倍，红茶中解草嗪超标 20.6 倍，白茶中涕灭威超标 16.7 倍，红茶中三唑磷超标 13.5 倍，绿茶中水胺硫磷超标 12.8 倍。检测结果见图 3-16 和附表 16。

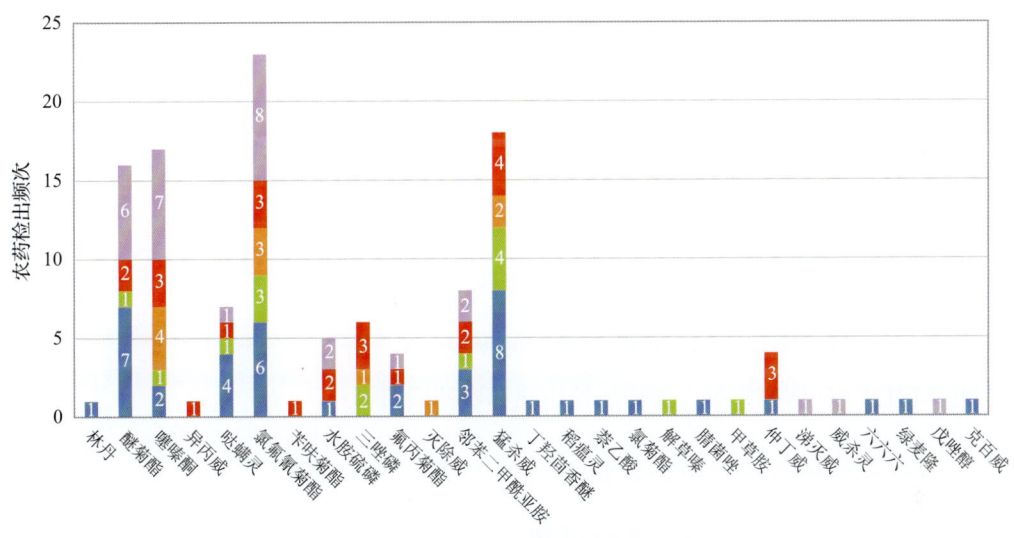

图 3-16　超过 MRL 欧盟标准农药品种及频次

3.2.2.3 按 MRL 日本标准衡量

按 MRL 日本标准衡量，共有 21 种农药超标，检出 60 频次，分别为剧毒农药涕灭威，高毒农药三唑磷和水胺硫磷，中毒农药稻瘟灵、异丙威、六六六、甲草胺、仲丁威、灭除威和烯唑醇，低毒农药异丙草胺、乙草胺、邻苯二甲酰亚胺、马拉硫磷、猛杀威、威杀灵、丁羟茴香醚和萘乙酸，微毒农药绿麦隆、苯胺灵和解草嗪。

按超标程度比较，绿茶中仲丁威超标 102.9 倍，白茶中涕灭威超标 87.3 倍，红茶中三唑磷超标 28.0 倍，红茶中解草嗪超标 20.6 倍，乌龙茶中萘乙酸超标 16.4 倍。检测结果见图 3-17 和附表 17。

3.2.2.4 按 MRL 中国香港标准衡量

按 MRL 中国香港标准衡量，无样品检出超标农药残留。

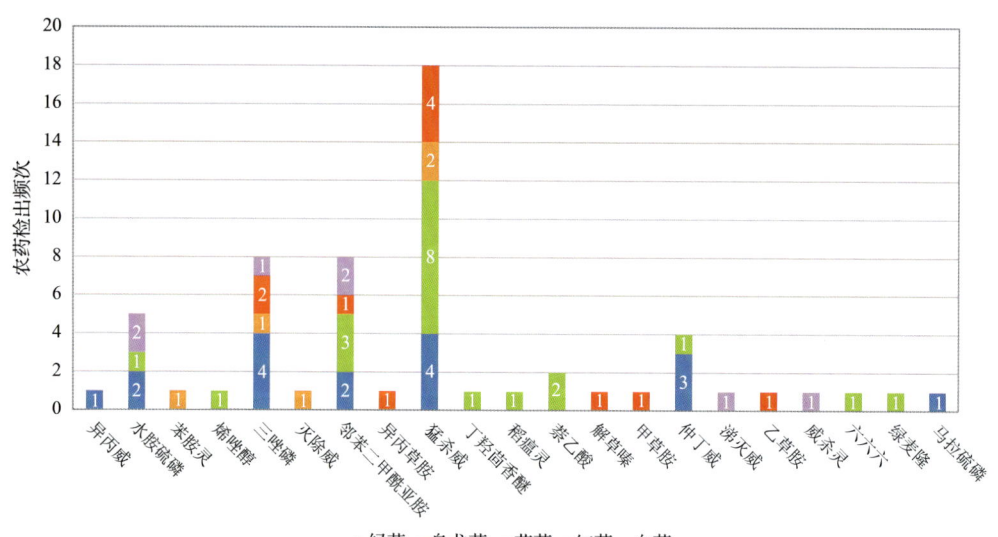

图 3-17　超过 MRL 日本标准农药品种及频次

3.2.2.5　按 MRL 美国标准衡量

按 MRL 美国标准衡量，无样品检出超标农药残留。

3.2.2.6　按 MRL CAC 标准衡量

按 MRL CAC 标准衡量，无样品检出超标农药残留。

3.2.3　12 个采样点超标情况分析

3.2.3.1　按 MRL 中国国家标准衡量

按 MRL 中国国家标准衡量，有 5 个采样点的样品存在不同程度的超标农药检出，其中***茶庄和***茶行的超标率最高，为 10.0%，如表 3-14 和图 3-18 所示。

表 3-14　超过 MRL 中国国家标准茶叶在不同采样点分布

序号	采样点	样品总数	超标数量	超标率(%)	行政区域
1	***茶业店	19	1	5.3	鼓楼区
2	***超市(***购物广场店)	13	1	7.7	鼓楼区
3	***超市(长乐路店)	12	1	8.3	晋安区
4	***茶庄	10	1	10.0	鼓楼区
5	***茶行	10	1	10.0	晋安区

3.2.3.2　按 MRL 欧盟标准衡量

按 MRL 欧盟标准衡量，所有采样点的样品存在不同程度的超标农药检出，其中***茶行和***茶庄(三坊七巷店)的超标率最高，为 80.0%，如表 3-15 和图 3-19 所示。

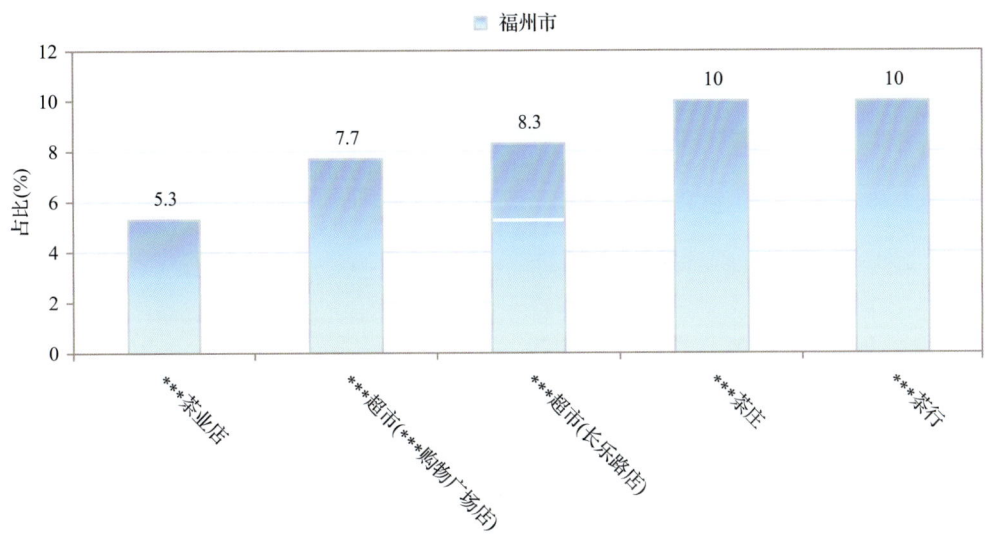

图 3-18 超过 MRL 中国国家标准茶叶在不同采样点分布

表 3-15 超过 MRL 欧盟标准茶叶在不同采样点分布

序号	采样点	样品总数	超标数量	超标率(%)	行政区域
1	***茶业店	19	13	68.4	鼓楼区
2	***超市(杨桥东路店)	14	11	78.6	鼓楼区
3	***超市(西门店)	13	7	53.8	鼓楼区
4	***超市(***购物广场店)	13	9	69.2	鼓楼区
5	***超市(长乐路店)	12	4	33.3	晋安区
6	***茶庄(三坊七巷店)	10	5	50.0	鼓楼区
7	***茶庄	10	4	40.0	鼓楼区
8	***茶行	10	8	80.0	晋安区
9	***茶业店	10	3	30.0	鼓楼区
10	***茶庄(光禄坊店)	8	1	12.5	鼓楼区
11	***茶庄(三坊七巷店)	7	5	71.4	鼓楼区
12	***茶庄(三坊七巷店)	5	4	80.0	鼓楼区

3.2.3.3 按 MRL 日本标准衡量

按 MRL 日本标准衡量,有 11 个采样点的样品存在不同程度的超标农药检出,其中 ***超市(杨桥东路店)的超标率最高,为 64.3%,如表 3-16 和图 3-20 所示。

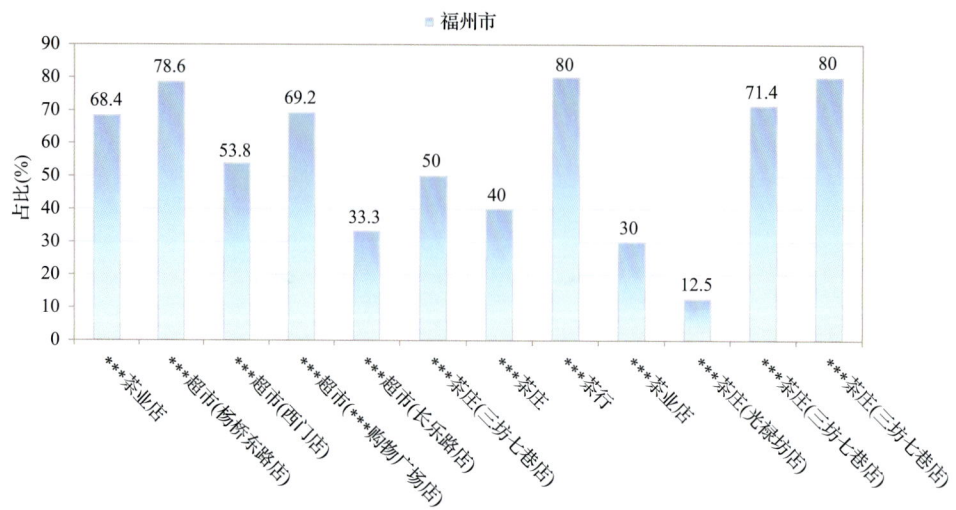

图 3-19 超过 MRL 欧盟标准茶叶在不同采样点分布

表 3-16 超过 MRL 日本标准茶叶在不同采样点分布

序号	采样点	样品总数	超标数量	超标率(%)	行政区域
1	***茶业店	19	9	47.4	鼓楼区
2	***超市(杨桥东路店)	14	9	64.3	鼓楼区
3	***超市(西门店)	13	5	38.5	鼓楼区
4	***超市(***购物广场店)	13	7	53.8	鼓楼区
5	***超市(长乐路店)	12	1	8.3	晋安区
6	***茶庄(三坊七巷店)	10	2	20.0	鼓楼区
7	***茶庄	10	1	10.0	鼓楼区
8	***茶行	10	3	30.0	晋安区
9	***茶业店	10	2	20.0	鼓楼区
10	***茶庄(三坊七巷店)	7	4	57.1	鼓楼区
11	***茶庄(三坊七巷店)	5	3	60.0	鼓楼区

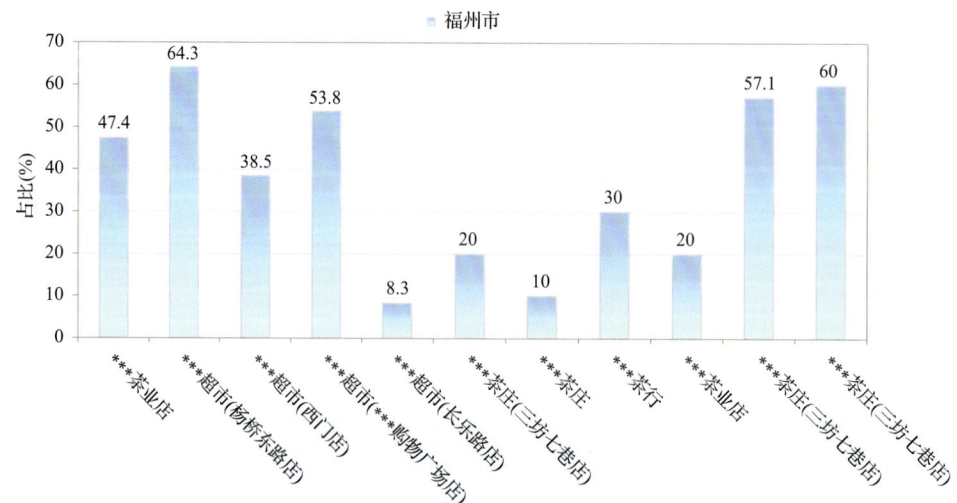

图 3-20 超过 MRL 日本标准茶叶在不同采样点分布

3.2.3.4 按 MRL 中国香港标准衡量

按 MRL 中国香港标准衡量，所有采样点的样品均未检出超标农药残留。

3.2.3.5 按 MRL 美国标准衡量

按 MRL 美国标准衡量，所有采样点的样品均未检出超标农药残留。

3.2.3.6 按 MRL CAC 标准衡量

按 MRL CAC 标准衡量，所有采样点的样品均未检出超标农药残留。

3.3 茶叶中农药残留分布

3.3.1 茶叶按检出农药品种和频次排名

本次残留侦测的茶叶共 5 种，包括白茶、红茶、乌龙茶、花茶和绿茶。

根据检出农药品种及频次进行排名，将各项排名茶叶样品检出情况列表说明，详见表 3-17。

表 3-17 茶叶按检出农药品种和频次排名

按检出农药品种排名(品种)	①乌龙茶(36),②绿茶(22),③白茶(20),④红茶(18),⑤花茶(18)
按检出农药频次排名(频次)	①乌龙茶(170),②白茶(92),③绿茶(89),④红茶(79),⑤花茶(52)
按检出禁用、高毒及剧毒农药品种排名(品种)	①乌龙茶(7),②白茶(5),③花茶(5),④绿茶(5),⑤红茶(4)
按检出禁用、高毒及剧毒农药频次排名(频次)	①绿茶(17),②白茶(12),③乌龙茶(12),④花茶(11),⑤红茶(8)

3.3.2 茶叶按超标农药品种和频次排名

鉴于 MRL 欧盟标准和 MRL 日本标准制定比较全面且覆盖率较高，我们参照 MRL 中国国家标准、欧盟标准和日本标准衡量茶叶样品中农残检出情况，将超标农药品种及频次排名茶叶列表说明，详见表 3-18。

表 3-18 茶叶按超标农药品种和频次排名

按超标农药品种排名 (农药品种数)	MRL 中国国家标准	①乌龙茶(2),②白茶(1),③绿茶(1)
	MRL 欧盟标准	①乌龙茶(18),②绿茶(12),③白茶(10),④红茶(9),⑤花茶(5)
	MRL 日本标准	①乌龙茶(10),②红茶(7),③绿茶(7),④白茶(5),⑤花茶(4)
按超标农药频次排名 (农药频次数)	MRL 中国国家标准	①白茶(2),②乌龙茶(2),③绿茶(1)
	MRL 欧盟标准	①乌龙茶(43),②白茶(30),③绿茶(26),④红茶(15),⑤花茶(11)
	MRL 日本标准	①乌龙茶(20),②绿茶(17),③红茶(11),④白茶(7),⑤花茶(5)

通过对各品种茶叶样本总数及检出率进行综合分析发现，乌龙茶、绿茶和红茶的残留污染最为严重，在此，我们参照 MRL 中国国家标准、欧盟标准和日本标准对这 3 种茶叶的农残检出情况进行进一步分析。

3.3.3 农药残留检出率较高的茶叶样品分析

3.3.3.1 乌龙茶

这次共检测 60 例乌龙茶样品，56 例样品中检出了农药残留，检出率为 93.3%，检出农药共计 36 种。其中联苯菊酯、炔螨特、醚菊酯、猛杀威和邻苯二甲酰亚胺检出频次较高，分别检出了 45、21、16、12 和 9 次。乌龙茶中农药检出品种和频次见图 3-21，超标农药见表 3-19 和图 3-22。

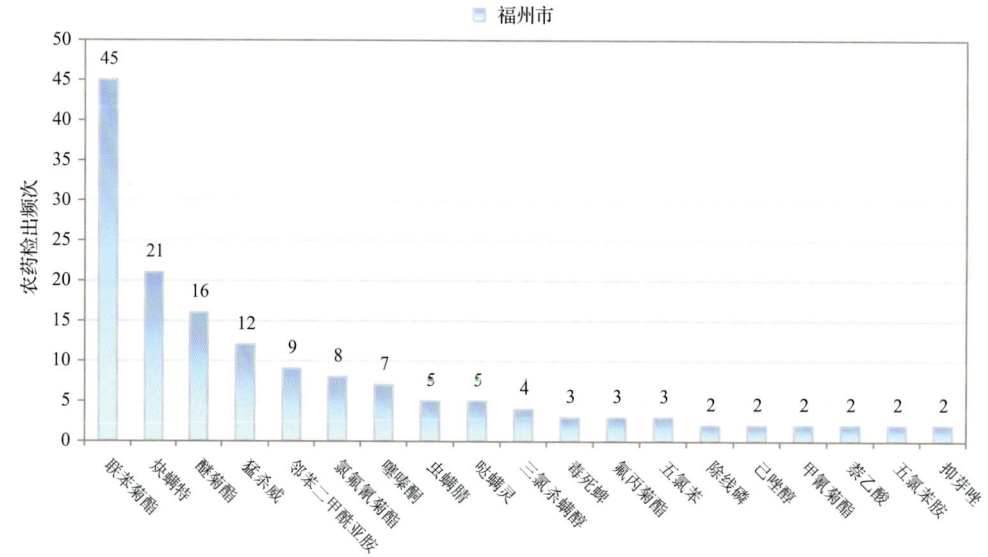

图 3-21 乌龙茶样品检出农药品种和频次分析(仅列出 2 频次及以上的数据)

表 3-19 乌龙茶中农药残留超标情况明细表

样品总数 60		检出农药样品数 56	样品检出率(%) 93.3	检出农药品种总数 36
超标农药品种	超标农药频次	按照 MRL 中国国家标准、欧盟标准和日本标准衡量超标农药名称及频次		
中国国家标准	2	2	克百威(1),水胺硫磷(1)	
欧盟标准	18	43	猛杀威(8),醚菊酯(7),氯氟氰菊酯(6),哒螨灵(4),邻苯二甲酰亚胺(3),氟丙菊酯(2),噻嗪酮(2),稻瘟灵(1),丁羟茴香醚(1),腈菌唑(1),克百威(1),林丹(1),六六六(1),绿麦隆(1),氯菊酯(1),萘乙酸(1),水胺硫磷(1),仲丁威(1)	
日本标准	10	20	猛杀威(8),邻苯二甲酰亚胺(3),萘乙酸(2),稻瘟灵(1),丁羟茴香醚(1),六六六(1),绿麦隆(1),水胺硫磷(1),烯唑醇(1),仲丁威(1)	

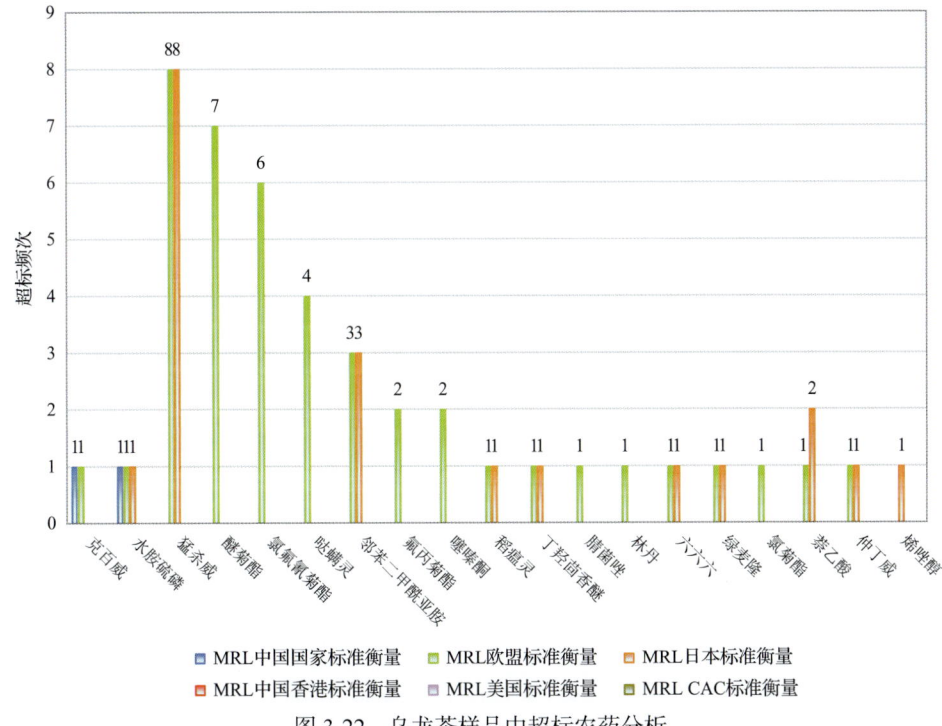

图 3-22 乌龙茶样品中超标农药分析

3.3.3.2 绿茶

这次共检测 20 例绿茶样品,全部检出了农药残留,检出率为 100.0%,检出农药共计 22 种。其中联苯菊酯、虫螨腈、甲氰菊酯、氯氟氰菊酯和炔螨特检出频次较高,分别检出了 15、7、7、6 和 6 次。绿茶中农药检出品种和频次见图 3-23,超标农药见图 3-24 和表 3-20。

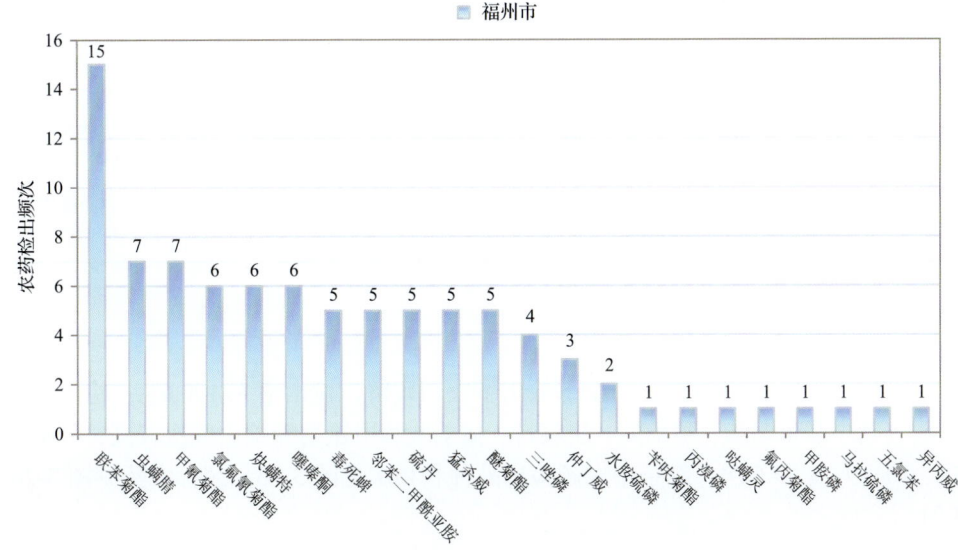

图 3-23 绿茶样品检出农药品种和频次分析

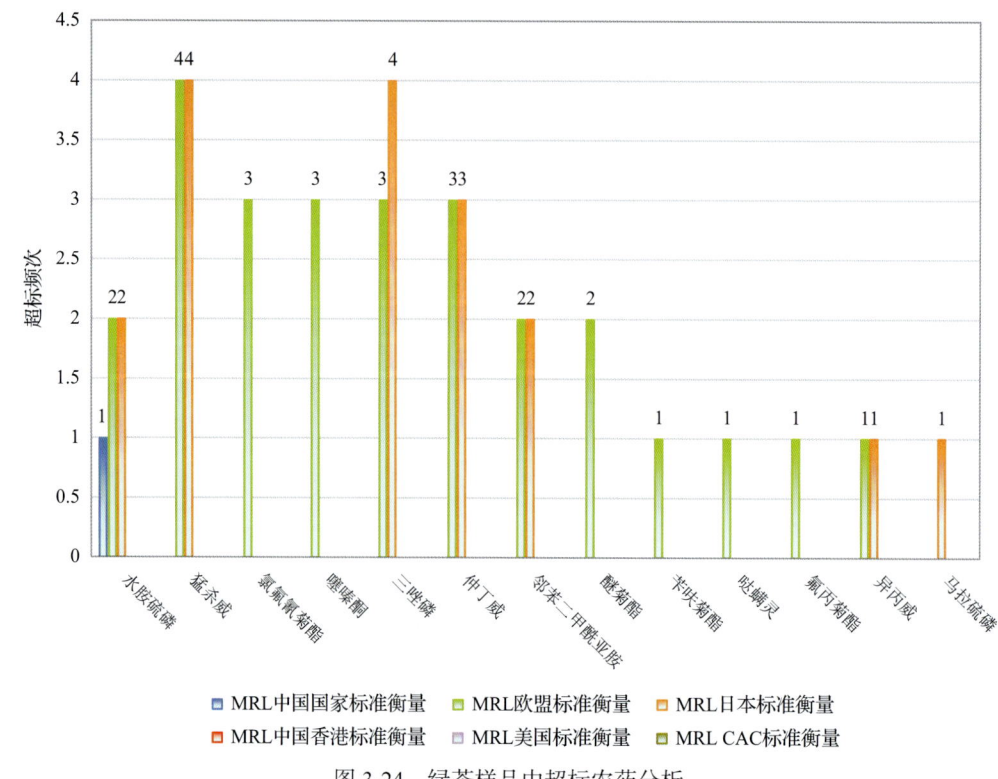

图 3-24 绿茶样品中超标农药分析

表 3-20 绿茶中农药残留超标情况明细表

	样品总数 20		检出农药样品数 20	样品检出率(%) 100	检出农药品种总数 22
	超标农药品种	超标农药频次	按照 MRL 中国国家标准、欧盟标准和日本标准衡量超标农药名称及频次		
中国国家标准	1	1	水胺硫磷(1)		
欧盟标准	12	26	猛杀威(4)、氯氟氰菊酯(3)、噻嗪酮(3)、三唑磷(3)、仲丁威(3)、邻苯二甲酰亚胺(2)、醚菊酯(2)、水胺硫磷(2)、苄呋菊酯(1)、哒螨灵(1)、氟丙菊酯(1)、异丙威(1)		
日本标准	7	17	猛杀威(4)、三唑磷(4)、仲丁威(3)、邻苯二甲酰亚胺(2)、水胺硫磷(2)、马拉硫磷(1)、异丙威(1)		

3.3.3.3 红茶

这次共检测 20 例红茶样品,全部检出了农药残留,检出率为 100.0%,检出农药共计 18 种。其中联苯菊酯、醚菊酯、炔螨特、猛杀威和甲氰菊酯检出频次较高,分别检出了 18、10、9、8 和 6 次。红茶中农药检出品种和频次见图 3-25,超标农药见图 3-26 和表 3-21。

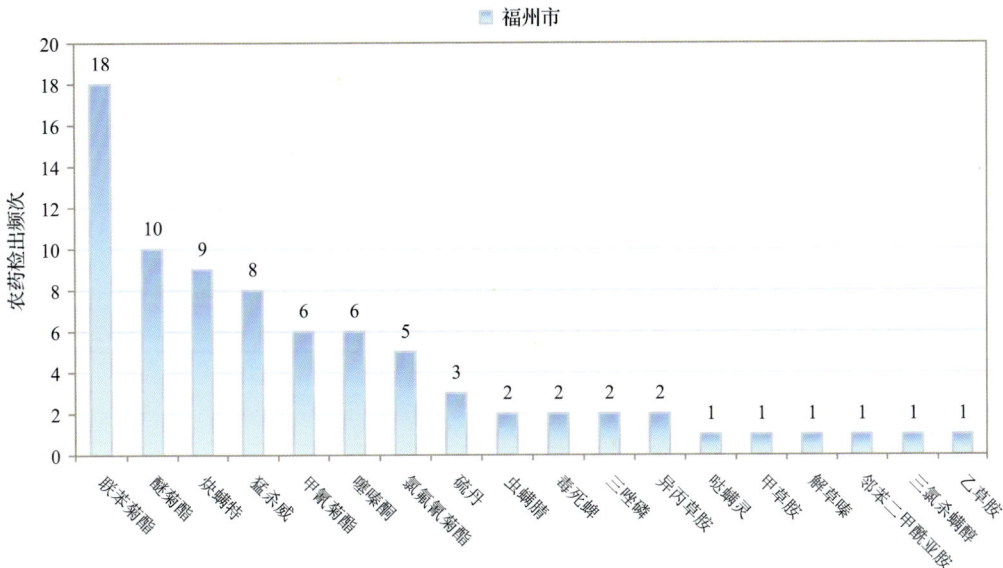

图 3-25 红茶样品检出农药品种和频次分析

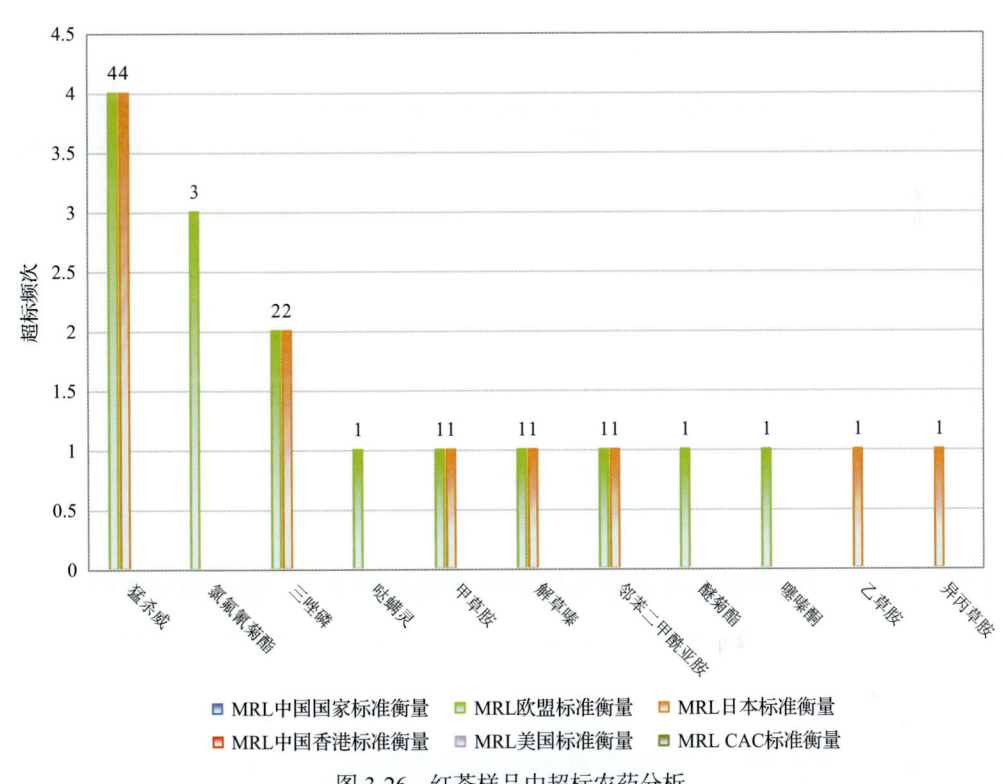

图 3-26 红茶样品中超标农药分析

表 3-21　红茶中农药残留超标情况明细表

样品总数 20		检出农药样品数 20	样品检出率(%) 100	检出农药品种总数 18
	超标农药品种	超标农药频次	按照 MRL 中国国家标准、欧盟标准和日本标准衡量超标农药名称及频次	
中国国家标准	0	0		
欧盟标准	9	15	猛杀威(4),氯氟氰菊酯(3),三唑磷(2),哒螨灵(1),甲草胺(1),解草嗪(1),邻苯二甲酰亚胺(1),醚菊酯(1),噻嗪酮(1)	
日本标准	7	11	猛杀威(4),三唑磷(2),甲草胺(1),解草嗪(1),邻苯二甲酰亚胺(1),乙草胺(1),异丙草胺(1)	

3.4　初步结论

3.4.1　福州市市售茶叶按 MRL 中国国家标准和国际主要 MRL 标准衡量的合格率

本次侦测的 131 例样品中，5 例样品未检出任何残留农药，占样品总量的 3.8%，126 例样品检出不同水平、不同种类的残留农药，占样品总量的 96.2%。

按 MRL 中国国家标准衡量，有 121 例样品检出残留农药但含量没有超标，占样品总数的 92.4%，有 5 例样品检出了超标农药，占样品总数的 3.8%。

按 MRL 欧盟标准衡量，有 52 例样品检出残留农药但含量没有超标，占样品总数的 39.7%，有 74 例样品检出了超标农药，占样品总数的 56.5%。

按 MRL 日本标准衡量，有 80 例样品检出残留农药但含量没有超标，占样品总数的 61.1%，有 46 例样品检出了超标农药，占样品总数的 35.1%。

按 MRL 中国香港标准衡量，有 126 例样品检出残留农药但含量没有超标，占样品总数的 96.2%，无检出残留农药超标的样品。

按 MRL 美国标准衡量，有 126 例样品检出残留农药但含量没有超标，占样品总数的 96.2%，无检出残留农药超标的样品。

按 MRL CAC 标准衡量，有 126 例样品检出残留农药但含量没有超标，占样品总数的 96.2%，无检出残留农药超标的样品。

3.4.2　福州市市售茶叶中检出农药以中低微毒农药为主，占市场主体的 90.6%

这次侦测的 131 例茶叶样品共检出了 53 种农药，检出农药的毒性以中低微毒为主，详见表 3-22。

3.4.3　检出剧毒、高毒和禁用农药现象应该警醒

在此次侦测的 131 例样品中有 5 种茶叶的 40 例样品检出了 10 种 60 频次的剧毒和高毒或禁用农药，占样品总量的 30.5%。其中剧毒农药涕灭威以及高毒农药三唑磷、水胺硫磷和甲胺磷检出频次较高。

表 3-22 市场主体农药毒性分布

毒性	检出品种	占比	检出频次	占比
剧毒农药	1	1.9%	1	0.2%
高毒农药	4	7.5%	16	3.3%
中毒农药	23	43.4%	261	54.1%
低毒农药	18	34.0%	151	31.3%
微毒农药	7	13.2%	53	11.0%

中低微毒农药，品种占比 90.6%，频次占比 96.5%

按 MRL 中国国家标准衡量，高毒农药水胺硫磷，检出 6 次，超标 4 次；按超标程度比较，绿茶中水胺硫磷超标 1.8 倍，乌龙茶中水胺硫磷超标 1.1 倍，白茶中水胺硫磷超标 0.8 倍，乌龙茶中克百威超标 0.3 倍。

剧毒、高毒或禁用农药的检出情况及按照 MRL 中国国家标准衡量的超标情况见表 3-23。

表 3-23 剧毒、高毒或禁用农药的检出及超标明细

序号	农药名称	样品名称	检出频次	超标频次	最大超标倍数	超标率
1.1	涕灭威*▲	白茶	1	0	0	0.0%
2.1	甲胺磷◦▲	绿茶	1	0	0	0.0%
3.1	克百威◦▲	乌龙茶	1	1	0.3	100.0%
4.1	三唑磷◦▲	绿茶	4	0	0	0.0%
4.2	三唑磷◦▲	红茶	2	0	0	0.0%
4.3	三唑磷◦▲	白茶	1	0	0	0.0%
4.4	三唑磷◦▲	花茶	1	0	0	0.0%
5.1	水胺硫磷◦▲	白茶	2	2	0.8	100.0%
5.2	水胺硫磷◦▲	绿茶	2	1	1.8	50.0%
5.3	水胺硫磷◦▲	乌龙茶	1	1	1.1	100.0%
5.4	水胺硫磷◦▲	花茶	1	0	0	0.0%
6.1	毒死蜱▲	绿茶	5	0	0	0.0%
6.2	毒死蜱▲	花茶	3	0	0	0.0%
6.3	毒死蜱▲	乌龙茶	3	0	0	0.0%
6.4	毒死蜱▲	红茶	2	0	0	0.0%
6.5	毒死蜱▲	白茶	1	0	0	0.0%

续表

序号	农药名称	样品名称	检出频次	超标频次	最大超标倍数	超标率
7.1	林丹▲	乌龙茶	1	0	0	0.0%
8.1	硫丹▲	白茶	7	0	0	0.0%
8.2	硫丹▲	绿茶	5	0	0	0.0%
8.3	硫丹▲	花茶	4	0	0	0.0%
8.4	硫丹▲	红茶	3	0	0	0.0%
8.5	硫丹▲	乌龙茶	1	0	0	0.0%
9.1	六六六▲	乌龙茶	1	0	0	0.0%
10.1	三氯杀螨醇▲	乌龙茶	4	0	0	0.0%
10.2	三氯杀螨醇▲	花茶	2	0	0	0.0%
10.3	三氯杀螨醇▲	红茶	1	0	0	0.0%
合计			60	5		8.3%

注：超标倍数参照 MRL 中国国家标准衡量

这些剧毒和高毒农药都是中国政府早有规定禁止在茶叶中使用的，为什么还屡次被检出，应该引起警惕。

3.4.4 残留限量标准与先进国家或地区差距较大

482 频次的检出结果与我国公布的《食品中农药最大残留限量》(GB 2763—2016)对比，有 267 频次能找到对应的 MRL 中国国家标准，占 55.4%；还有 215 频次的侦测数据无相关 MRL 标准供参考，占 44.6%。

与国际上现行 MRL 对比发现：

有 482 频次能找到对应的 MRL 欧盟标准，占 100.0%；

有 482 频次能找到对应的 MRL 日本标准，占 100.0%；

有 261 频次能找到对应的 MRL 中国香港标准，占 54.1%；

有 263 频次能找到对应的 MRL 美国标准，占 54.6%；

有 233 频次能找到对应的 MRL CAC 标准，占 48.3%。

由上可见，MRL 中国国家标准与先进国家或地区标准还有很大差距，我们无标准，境外有标准，这就会导致我们在国际贸易中，处于受制于人的被动地位。

3.4.5 茶叶单种样品检出 20~36 种农药残留，拷问农药使用的科学性

通过此次监测发现，乌龙茶、绿茶和白茶是检出农药品种最多的 3 种茶叶，从中检出农药品种及频次详见表 3-24。

表 3-24 单种样品检出农药品种及频次

样品名称	样品总数	检出农药样品数	检出率	检出农药品种数	检出农药(频次)
乌龙茶	60	56	93.3%	36	联苯菊酯(45),炔螨特(21),醚菊酯(16),猛杀威(12),邻苯二甲酰亚胺(9),氯氟氰菊酯(8),噻嗪酮(7),虫螨腈(5),哒螨灵(5),三氯杀螨醇(4),毒死蜱(3),氟丙菊酯(3),五氯苯(3),除线磷(2),己唑醇(2),甲氰菊酯(2),萘乙酸(2),五氯苯胺(2),抑芽唑(2),稻瘟灵(1),丁羟茴香醚(1),腈菌唑(1),克百威(1),林丹(1),硫丹(1),六六六(1),绿麦隆(1),氯菊酯(1),三唑醇(1),水胺硫磷(1),五氯硝基苯(1),戊唑醇(1),西玛津(1),西玛通(1),烯唑醇(1),仲丁威(1)
绿茶	20	20	100.0%	22	联苯菊酯(15),虫螨腈(7),甲氰菊酯(7),氯氟氰菊酯(6),炔螨特(6),噻嗪酮(6),毒死蜱(5),邻苯二甲酰亚胺(5),硫丹(5),猛杀威(5),醚菊酯(5),三唑醇(4),仲丁威(3),水胺硫磷(2),苄呋菊酯(1),丙溴磷(1),哒螨灵(1),氟丙菊酯(1),甲胺磷(1),马拉硫磷(1),五氯苯(1),异丙威(1)
白茶	21	20	95.2%	20	联苯菊酯(20),甲氰菊酯(10),炔螨特(10),醚菊酯(9),氯氟氰菊酯(8),硫丹(7),噻嗪酮(7),虫螨腈(5),氟丙菊酯(2),邻苯二甲酰亚胺(2),猛杀威(2),水胺硫磷(2),除线磷(1),哒螨灵(1),毒死蜱(1),三唑磷(1),涕灭威(1),威杀灵(1),戊唑醇(1),乙滴滴(1)

上述3种茶叶，检出农药20~36种，是多种农药综合防治，还是未严格实施农业良好管理规范(GAP)，抑或根本就是乱施药，值得我们思考。

第 4 章　GC-Q-TOF/MS 侦测福州市市售茶叶农药残留膳食暴露风险与预警风险评估

4.1　农药残留风险评估方法

4.1.1　福州市农药残留侦测数据分析与统计

庞国芳院士科研团队建立的农药残留高通量侦测技术以高分辨精确质量数（0.0001 m/z 为基准）为识别标准，采用 GC-Q-TOF/MS 技术对 684 种农药化学污染物进行侦测。

科研团队于 2018 年 12 月至 2019 年 1 月期间在福州市 12 个采样点，随机采集了 131 例茶叶样品，具体位置如图 4-1 所示。

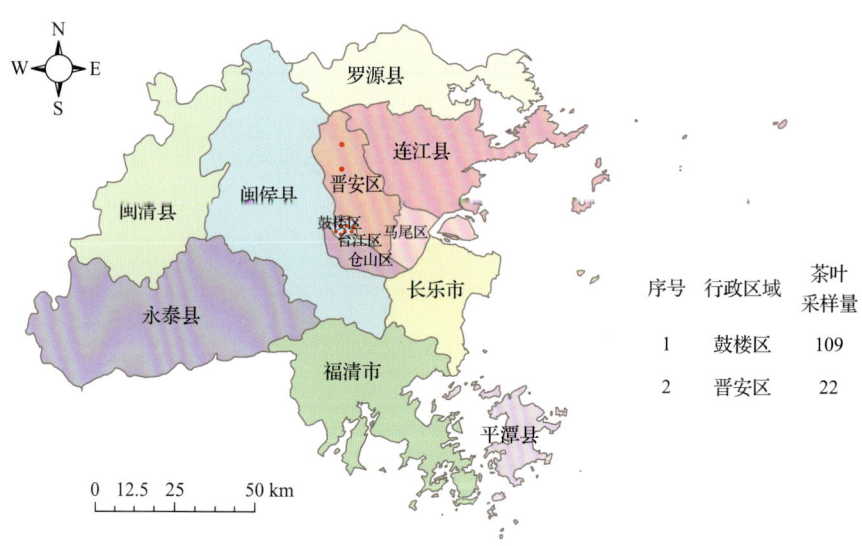

图 4-1　GC-Q-TOF/MS 侦测福州市 12 个采样点 131 例样品分布示意图

利用 GC-Q-TOF/MS 技术对 131 例样品中的农药进行侦测，侦测出残留农药 53 种，482 频次。侦测出农药残留水平如表 4-1 和图 4-2 所示。检出频次最高的前 10 种农药如表 4-2 所示。从检测结果中可以看出，在茶叶中农药残留普遍存在，且有些茶叶存在高浓度的农药残留，这些可能存在膳食暴露风险，对人体健康产生危害，因此，为了定量地评价茶叶中农药残留的风险程度，有必要对其进行风险评价。

表 4-1　侦测出农药的不同残留水平及其所占比例列表

残留水平(μg/kg)	检出频次	占比(%)
1~5(含)	53	11.0
5~10(含)	70	14.5
10~100(含)	284	58.9
100~1000(含)	73	15.1
>1000	2	0.4
合计	482	99.9

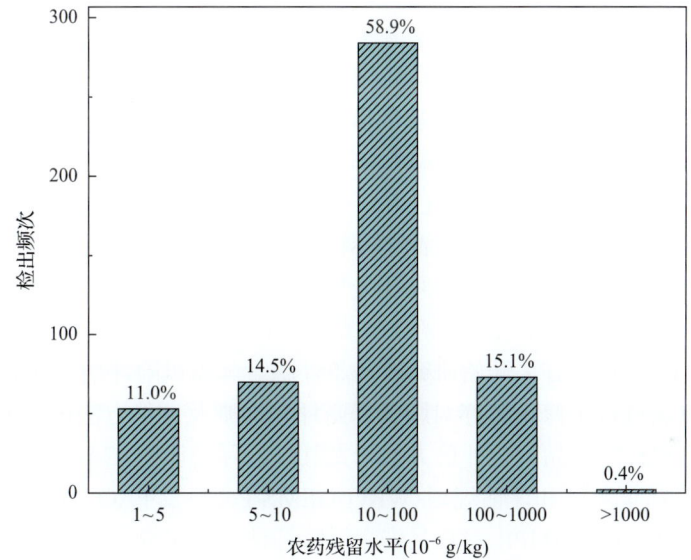

图 4-2　残留农药检出浓度频数分布图

表 4-2　检出频次最高的前 10 种农药列表

序号	农药	检出频次(次)
1	联苯菊酯	108
2	炔螨特	47
3	炔螨特	42
4	氯氟氰菊酯	33
5	噻嗪酮	31
6	甲氰菊酯	29
7	猛杀威	29
8	虫螨腈	21
9	邻苯二甲酰亚胺	20
10	硫丹	20

4.1.2 农药残留风险评价模型

对福州市茶叶中农药残留分别开展暴露风险评估和预警风险评估。膳食暴露风险评估利用食品安全指数模型对茶叶中的残留农药对人体可能产生的危害程度进行评价，该模型结合残留监测和膳食暴露评估评价化学污染物的危害；预警风险评价模型运用风险系数（risk index，R），风险系数综合考虑了危害物的超标率、施检频率及其本身敏感性的影响，能直观而全面地反映出危害物在一段时间内的风险程度。

4.1.2.1 食品安全指数模型

为了加强食品安全管理，《中华人民共和国食品安全法》第二章第十七条规定"国家建立食品安全风险评估制度，运用科学方法，根据食品安全风险监测信息、科学数据以及有关信息，对食品、食品添加剂、食品相关产品中生物性、化学性和物理性危害因素进行风险评估"[1]，膳食暴露评估是食品危险度评估的重要组成部分，也是膳食安全性的衡量标准[2]。国际上最早研究膳食暴露风险评估的机构主要是 JMPR（FAO、WHO 农药残留联合会议），该组织自 1995 年就已制定了急性毒性物质的风险评估急性毒性农药残留摄入量的预测。1960 年美国规定食品中不得加入致癌物质进而提出零阈值理论，渐渐零阈值理论发展成在一定概率条件下可接受风险的概念[3]，后衍变为食品中每日允许最大摄入量（ADI），而国际食品农药残留法典委员会（CCPR）认为 ADI 不是独立风险评估的唯一标准[4]，1995 年 JMPR 开始研究农药急性膳食暴露风险评估，并对食品国际短期摄入量的计算方法进行了修正，亦对膳食暴露评估准则及评估方法进行了修正[5]，2002 年，在对世界上现行的食品安全评价方法，尤其是国际公认的 CAC 评价方法、全球环境监测系统/食品污染监测和评估规划（WHO GEMS/Food）及 FAO、WHO 食品添加剂联合专家委员会（JECFA）和 JMPR 对食品安全风险评估工作研究的基础之上，检验检疫食品安全管理的研究人员提出了结合残留监控和膳食暴露评估，以食品安全指数 IFS 计算食品中各种化学污染物对消费者的健康危害程度[6]。IFS 是表示食品安全状态的新方法，可有效地评价某种农药的安全性，进而评价食品中各种农药化学污染物对消费者健康的整体危害程度[7, 8]。从理论上分析，IFS_c 可指出食品中的污染物 c 对消费者健康是否存在危害及危害的程度[9]。其优点在于操作简单且结果容易被接受和理解，不需要大量的数据来对结果进行验证，使用默认的标准假设或者模型即可[10, 11]。

1) IFS_c 的计算

IFS_c 计算公式如下：

$$IFS_c = \frac{EDI_c \times f}{SI_c \times bw} \tag{4-1}$$

式中，c 为所研究的农药；EDI_c 为农药 c 的实际日摄入量估算值，等于 $\Sigma(R_i \times F_i \times E_i \times P_i)$（$i$ 为食品种类；R_i 为食品 i 中农药 c 的残留水平，mg/kg；F_i 为食品 i 的估计日消费量，g/（人·天）；E_i 为食品 i 的可食用部分因子；P_i 为食品 i 的加工处理因子）；SI_c 为安全摄入量，可采用每日允许最大摄入量 ADI；bw 为人平均体重，kg；f 为校正因子，如果安全摄入量采用 ADI，则 f 取 1。

$IFS_c \ll 1$，农药 c 对食品安全没有影响；$IFS_c \leq 1$，农药 c 对食品安全的影响可以接受；$IFS_c > 1$，农药 c 对食品安全的影响不可接受。

本次评价中：

$IFS_c \leq 0.1$，农药 c 对茶叶安全没有影响；

$0.1 < IFS_c \leq 1$，农药 c 对茶叶安全的影响可以接受；

$IFS_c > 1$，农药 c 对茶叶安全的影响不可接受。

本次评价中残留水平 R_i 取值为中国检验检疫科学研究院庞国芳院士课题组利用以高分辨精确质量数(0.0001 m/z)为基准的 GC-Q-TOF/MS 侦测技术于 2018 年 12 月到 2019 年 1 月期间对福州市茶叶农药残留的侦测结果，估计日消费量 F_i 取值 0.0047 kg/(人·天)，$E_i=1$，$P_i=1$，$f=1$，SI_c 采用《食品安全国家标准 食品中农药最大残留限量》(GB 2763—2016)中 ADI 值(具体数值见表 4-3)，人平均体重(bw)取值 60 kg。

表 4-3 福州市茶叶中侦测出农药的 ADI 值

序号	农药	ADI	序号	农药	ADI	序号	农药	ADI
1	马拉硫磷	0.3	19	哒螨灵	0.01	37	o,p'-滴滴滴	—
2	萘乙酸	0.15	20	毒死蜱	0.01	38	丁羟茴香醚	—
3	仲丁威	0.06	21	炔螨特	0.01	39	乙滴滴	—
4	氯菊酯	0.05	22	甲草胺	0.01	40	五氯苯	—
5	绿麦隆	0.04	23	联苯菊酯	0.01	41	五氯苯胺	—
6	三唑醇	0.03	24	噻嗪酮	0.009	42	威杀灵	—
7	丙溴磷	0.03	25	硫丹	0.006	43	抑芽唑	—
8	戊唑醇	0.03	26	六六六	0.005	44	氟丙菊酯	—
9	甲氰菊酯	0.03	27	己唑醇	0.005	45	灭除威	—
10	腈菌唑	0.03	28	林丹	0.005	46	猛杀威	—
11	虫螨腈	0.03	29	烯唑醇	0.005	47	苄呋菊酯	—
12	醚菊酯	0.03	30	甲胺磷	0.004	48	苯胺灵	—
13	乙草胺	0.02	31	水胺硫磷	0.003	49	莠去通	—
14	氯氟氰菊酯	0.02	32	涕灭威	0.003	50	西玛通	—
15	西玛津	0.018	33	三氯杀螨醇	0.002	51	解草嗪	—
16	稻瘟灵	0.016	34	异丙威	0.002	52	邻苯二甲酰亚胺	—
17	异丙草胺	0.013	35	三唑磷	0.001	53	除线磷	—
18	五氯硝基苯	0.01	36	克百威	0.001			

注："—"表示为国家标准中无 ADI 值规定；ADI 值单位为 mg/kg bw。

2) 计算 IFS_c 的平均值 $\overline{IFS}$，评价农药对食品安全的影响程度

以 $\overline{IFS}$ 评价各种农药对人体健康危害的总程度，评价模型见公式(4-2)。

$$\overline{\mathrm{IFS}} = \frac{\sum_{i=1}^{n} \mathrm{IFS}_c}{n} \tag{4-2}$$

$\overline{\mathrm{IFS}} \ll 1$，所研究消费者人群的食品安全状态很好；$\overline{\mathrm{IFS}} \leqslant 1$，所研究消费者人群的食品安全状态可以接受；$\overline{\mathrm{IFS}} > 1$，所研究消费者人群的食品安全状态不可接受。

本次评价中：

$\overline{\mathrm{IFS}} \leqslant 0.1$，所研究消费者人群的茶叶安全状态很好；

$0.1 < \overline{\mathrm{IFS}} \leqslant 1$，所研究消费者人群的茶叶安全状态可以接受；

$\overline{\mathrm{IFS}} > 1$，所研究消费者人群的茶叶安全状态不可接受。

4.1.2.2 预警风险评估模型

2003年，我国检验检疫食品安全管理的研究人员根据WTO的有关原则和我国的具体规定，结合危害物本身的敏感性、风险程度及其相应的施检频率，首次提出了食品中危害物风险系数R的概念[12]。R是衡量一个危害物的风险程度大小最直观的参数，即在一定时期内其超标率或阳性检出率的高低，但受其施检频率的高低及其本身的敏感性（受关注程度）影响。该模型综合考察了农药在茶叶中的超标率、施检频率及其本身敏感性，能直观而全面地反映出农药在一段时间内的风险程度[13]。

1) R 计算方法

危害物的风险系数综合考虑了危害物的超标率或阳性检出率、施检频率和其本身的敏感性影响，并能直观而全面地反映出危害物在一段时间内的风险程度。风险系数R的计算公式如式(4-3)：

$$R = aP + \frac{b}{F} + S \tag{4-3}$$

式中，P为该种危害物的超标率；F为危害物的施检频率；S为危害物的敏感因子；a, b分别为相应的权重系数。

本次评价中$F=1$；$S=1$；$a=100$；$b=0.1$，对参数P进行计算，计算时首先判断是否为禁用农药，如果为非禁用农药，P=超标的样品数（侦测出的含量高于食品最大残留限量标准值，即MRL）除以总样品数（包括超标、不超标、未侦测出）；如果为禁用农药，则侦测出即为超标，P=能侦测出的样品数除以总样品数。判断福州市茶叶农药残留是否超标的标准限值MRL分别以MRL中国国家标准[14]和MRL欧盟标准作为对照，具体值列于本报告附表一中。

2) 评价风险程度

$R \leqslant 1.5$，受检农药处于低度风险；

$1.5 < R \leqslant 2.5$，受检农药处于中度风险；

$R > 2.5$，受检农药处于高度风险。

4.1.2.3 食品膳食暴露风险和预警风险评估应用程序的开发

1) 应用程序开发的步骤

为成功开发膳食暴露风险和预警风险评估应用程序,与软件工程师多次沟通讨论,逐步提出并描述清楚计算需求,开发了初步应用程序。为明确出不同茶叶、不同农药、不同地域的风险水平,向软件工程师提出不同的计算需求,软件工程师对计算需求进行逐一分析,经过反复的细节沟通,需求分析得到明确后,开始进行解决方案的设计,在保证需求的完整性、一致性的前提下,编写出程序代码,最后设计出满足需求的风险评估专用计算软件,并通过一系列的软件测试和改进,完成专用程序的开发。软件开发基本步骤见图 4-3。

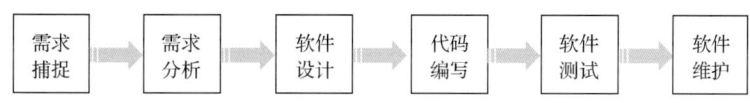

图 4-3　专用程序开发总体步骤

2) 膳食暴露风险评估专业程序开发的基本要求

首先直接利用公式(4-1),分别计算 LC-Q-TOF/MS 和 GC-Q-TOF/MS 仪器侦测出的各茶叶样品中每种农药 IFS_c,将结果列出。为考察超标农药和禁用农药的使用安全性,分别以我国《食品安全国家标准 食品中农药最大残留限量》(GB 2763—2016)和欧盟食品中农药最大残留限量(以下简称 MRL 中国国家标准和 MRL 欧盟标准)为标准,对侦测出的禁用农药和超标的非禁用农药 IFS_c 单独进行评价;按 IFS_c 大小列表,并找出 IFS_c 值排名前 20 的样本重点关注。

对不同茶叶 i 中每一种侦测出的农药 c 的安全指数进行计算,多个样品时求平均值。按农药种类,计算整个监测时间段内每种农药的 IFS_c,不区分茶叶。

3) 预警风险评估专业程序开发的基本要求

分别以 MRL 中国国家标准和 MRL 欧盟标准,按公式(4-3)逐个计算不同茶叶、不同农药的风险系数,禁用农药和非禁用农药分别列表。

为清楚了解各种农药的预警风险,不分时间,不分茶叶,按禁用农药和非禁用农药分类,分别计算各种侦测出农药全部检测时段内风险系数。由于有 MRL 中国国家标准的农药种类太少,无法计算超标数,非禁用农药的风险系数只以 MRL 欧盟标准为标准,进行计算。

4) 风险程度评价专业应用程序的开发方法

采用 Python 计算机程序设计语言,Python 是一个高层次地结合了解释性、编译性、互动性和面向对象的脚本语言。风险评价专用程序主要功能包括:分别读入每例样品 LC-Q-TOF/MS 和 GC-Q-TOF/MS 农药残留检测数据,根据风险评价工作要求,依次对不同农药、不同食品、不同时间、不同采样点的 IFS_c 值和 R 值分别进行数据计算,筛选出禁用农药、超标农药(分别与 MRL 中国国家标准、MRL 欧盟标准限值进行对比)单独重点分析，再分别对各农药、各茶叶种类分类处理，设计出计算和排序程序，编写计算机代码，最后将生成的膳食暴露风险评估和超标风险评估定量计算结果列入设计好的各个表格中，并定性判断风险对目标的影响程度，直接用文字描述风险发生的高低，如"不可接受"、"可以接受"、"没有影响"、"高度风险"、"中度风险"、"低度风险"。

4.2 GC-Q-TOF/MS 侦测福州市市售茶叶农药残留膳食暴露风险评估

4.2.1 每例茶叶样品中农药残留安全指数分析

基于 2018 年 12 月至 2019 年 1 月的农药残留侦测数据，发现在 131 例样品中侦测出农药 482 频次，计算样品中每种残留农药的安全指数 IFS_c，并分析农药对样品安全的影响程度，结果详见附表二，农药残留对茶叶样品安全的影响程度频次分布情况如图 4-4 所示。

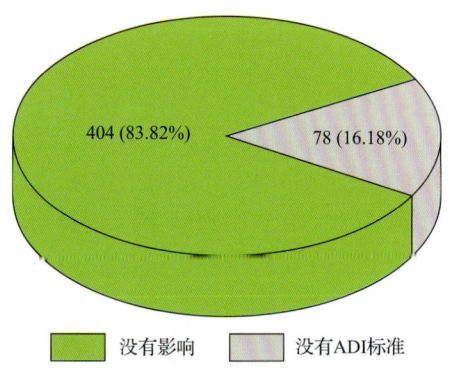

图 4-4　农药残留对茶叶样品安全的影响程度频次分布图

由图 4-4 可以看出，农药残留对样品安全没有影响的频次为 404，占 83.82%。

部分样品侦测出禁用农药 10 种 60 频次，为了明确残留的禁用农药对样品安全的影响，分析侦测出禁用农药残留的样品安全指数，禁用农药残留对茶叶样品安全的影响程度频次分布情况如图 4-5 所示，农药残留对样品安全没有影响的频次为 60，占 100.00%。

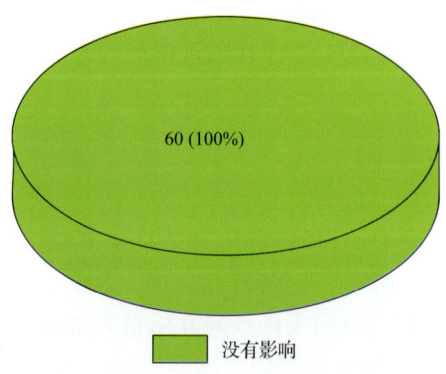

图 4-5　禁用农药对茶叶样品安全影响程度的频次分布图

残留量超过 MRL 欧盟标准的非禁用农药对茶叶样品安全的影响程度频次分布情况如图 4-6 所示。可以看出超过 MRL 欧盟标准的非禁用农药共 110 频次,其中农药没有 ADI 的频次为 35,占 31.82%;农药残留对样品安全没有影响的频次为 75,占 68.18%。表 4-4 为茶叶样品中安全指数排名前 10 的残留超标非禁用农药列表。

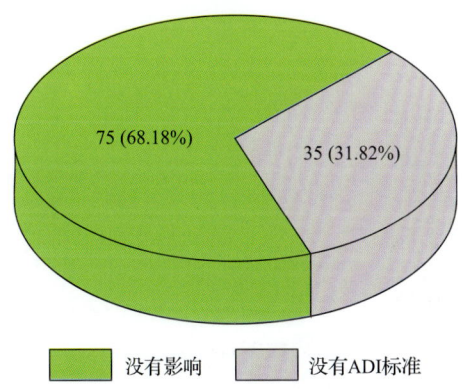

图 4-6 残留超标的非禁用农药对茶叶样品安全的影响程度频次分布图(MRL 欧盟标准)

表 4-4 茶叶样品中安全指数排名前 10 的残留超标非禁用农药列表(MRL 欧盟标准)

序号	样品编号	采样点	基质	农药	含量(mg/kg)	欧盟标准	IFS。	影响程度
1	20190107-350100-FJCIQ-OT-11D	***超市(长乐路店)	乌龙茶	噻嗪酮	0.4171	0.05	3.63×10^{-3}	没有影响
2	20181231-350100-FJCIQ-OT-04D	***超市(长乐路店)	乌龙茶	哒螨灵	0.4048	0.05	3.17×10^{-3}	没有影响
3	20181231-350100-FJCIQ-GT-04B	***超市(长乐路店)	绿茶	哒螨灵	0.3239	0.05	2.54×10^{-3}	没有影响
4	20181231-350100-FJCIQ-OT-06B	***超市(长乐路店)	乌龙茶	哒螨灵	0.3147	0.05	2.47×10^{-3}	没有影响
5	20190104-350100-FJCIQ-WT-09E	***茶业店	白茶	哒螨灵	0.2534	0.05	1.98×10^{-3}	没有影响
6	20190107-350100-FJCIQ-WT-12D	***茶业店	白茶	噻嗪酮	0.1913	0.05	1.67×10^{-3}	没有影响
7	20190107-350100-FJCIQ-BT-11A	***超市(长乐路店)	红茶	哒螨灵	0.2031	0.05	1.59×10^{-3}	没有影响
8	20181231-350100-FJCIQ-WT-03A	***茶庄	白茶	噻嗪酮	0.1805	0.05	1.57×10^{-3}	没有影响
9	20181231-350100-FJCIQ-GT-06B	***超市(西门店)	绿茶	仲丁威	1.0386	0.01	1.36×10^{-3}	没有影响
10	20190101-350100-FJCIQ-FT-02A	***超市(西门店)	花茶	噻嗪酮	0.1471	0.05	1.28×10^{-3}	没有影响

4.2.2 单种茶叶中农药残留安全指数分析

本次 5 种茶叶侦测 53 种农药,检出频次为 482 次,其中 17 种农药没有 ADI,36 种农药存在 ADI 标准。5 种茶叶按不同种类分别计算侦测出的具有 ADI 标准的各种农药的

IFS$_c$ 值,农药残留对茶叶的安全指数分布图如图 4-7 所示。

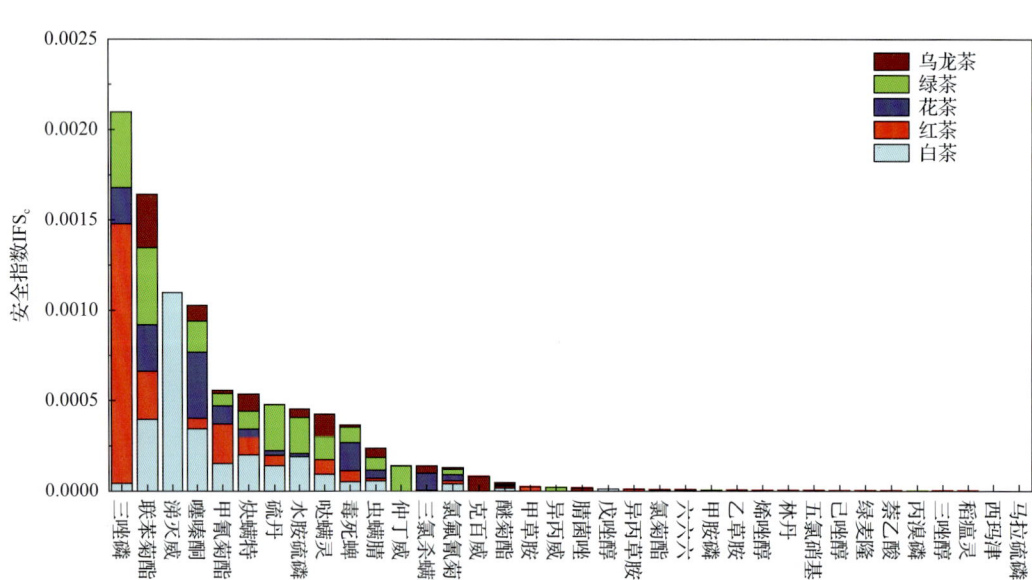

图 4-7　5 种茶叶中 36 种残留农药的安全指数分布图

本次侦测中,5 种茶叶和 53 种残留农药(包括没有 ADI)共涉 114 个分析样本,农药对单种茶叶安全的影响程度分布情况如图 4-8 所示。可以看出,74.56%的样本中农药对茶叶安全没有影响。

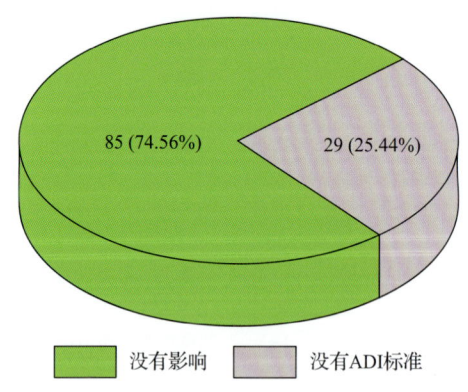

图 4-8　114 个分析样本的影响程度频次分布图

4.2.3　所有茶叶中农药残留安全指数分析

计算所有茶叶中 36 种农药的 IFS$_c$ 值,结果如图 4-9 及表 4-5 所示。

分析发现,所有农药对茶叶安全的影响均在没有影响和可接受的范围内,所以茶叶中残留的农药对健康没有影响。

第 4 章　GC-Q-TOF/MS 侦测福州市市售茶叶农药残留膳食暴露风险与预警风险评估

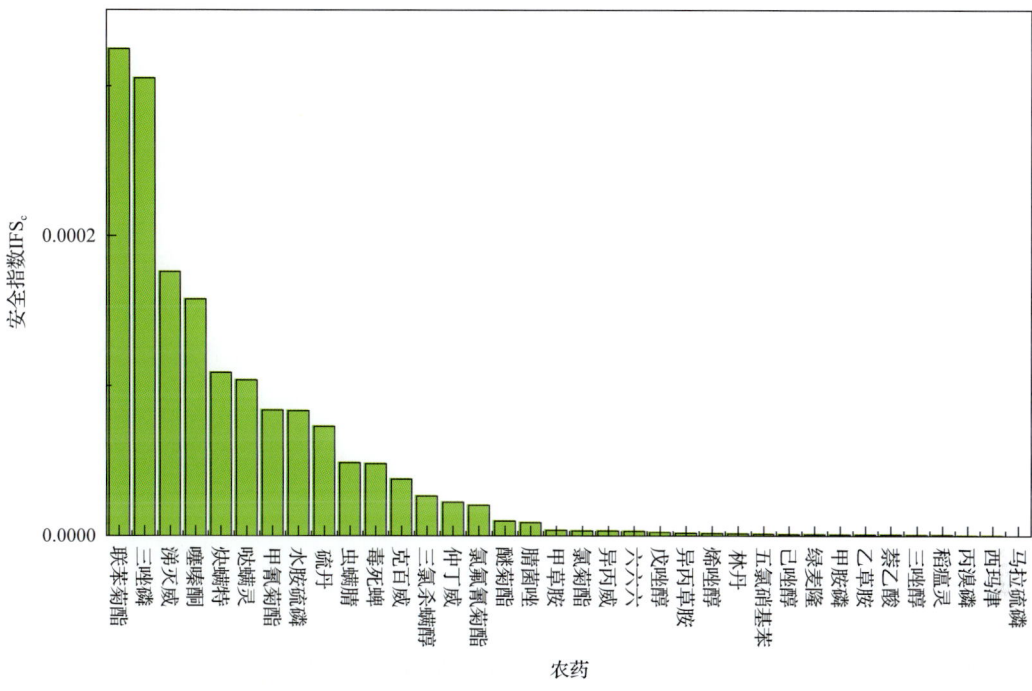

图 4-9　36 种残留农药对茶叶的安全影响程度统计图

表 4-5　茶叶中 36 种农药残留的安全指数表

序号	农药	检出频次	检出率(%)	IFS_c	影响程度	序号	农药	检出频次	检出率(%)	IFS_c	影响程度
1	联苯菊酯	108	82.44	3.25×10^{-4}	没有影响	19	氯菊酯	1	0.76	3.42×10^{-6}	没有影响
2	三唑磷	8	6.11	3.05×10^{-4}	没有影响	20	异丙威	1	0.76	3.41×10^{-6}	没有影响
3	涕灭威	1	0.76	1.76×10^{-4}	没有影响	21	六六六	1	0.76	3.32×10^{-6}	没有影响
4	噻嗪酮	31	23.66	1.58×10^{-4}	没有影响	22	戊唑醇	2	1.53	2.43×10^{-6}	没有影响
5	炔螨特	47	35.88	1.09×10^{-4}	没有影响	23	异丙草胺	2	1.53	1.86×10^{-6}	没有影响
6	哒螨灵	8	6.11	1.04×10^{-4}	没有影响	24	烯唑醇	1	0.76	1.61×10^{-6}	没有影响
7	甲氰菊酯	29	22.14	8.38×10^{-5}	没有影响	25	林丹	1	0.76	1.36×10^{-6}	没有影响
8	水胺硫磷	6	4.58	8.33×10^{-5}	没有影响	26	五氯硝基苯	1	0.76	1.30×10^{-6}	没有影响
9	硫丹	20	15.27	7.29×10^{-5}	没有影响	27	己唑醇	2	1.53	1.11×10^{-6}	没有影响
10	虫螨腈	21	16.03	4.88×10^{-5}	没有影响	28	绿麦隆	1	0.76	9.76×10^{-7}	没有影响
11	毒死蜱	14	10.69	4.81×10^{-5}	没有影响	29	甲胺磷	1	0.76	8.82×10^{-7}	没有影响
12	克百威	1	0.76	3.79×10^{-5}	没有影响	30	乙草胺	1	0.76	8.73×10^{-7}	没有影响
13	三氯杀螨醇	7	5.34	2.65×10^{-5}	没有影响	31	萘乙酸	2	1.53	7.65×10^{-7}	没有影响
14	仲丁威	4	3.05	2.24×10^{-5}	没有影响	32	三唑醇	1	0.76	6.18×10^{-7}	没有影响
15	氯氟氰菊酯	33	25.19	2.05×10^{-5}	没有影响	33	稻瘟灵	1	0.76	6.05×10^{-7}	没有影响
16	醚菊酯	42	32.06	1.00×10^{-5}	没有影响	34	丙溴磷	1	0.76	2.47×10^{-7}	没有影响
17	腈菌唑	1	0.76	9.03×10^{-6}	没有影响	35	西玛津	1	0.76	1.30×10^{-7}	没有影响
18	甲草胺	1	0.76	3.91×10^{-6}	没有影响	36	马拉硫磷	1	0.76	3.55×10^{-8}	没有影响

4.3 GC-Q-TOF/MS 侦测福州市市售茶叶农药残留预警风险评估

基于福州市茶叶样品中农药残留 GC-Q-TOF/MS 侦测数据，分析禁用农药的检出率，同时参照中华人民共和国国家标准 GB 2763—2016 和欧盟农药最大残留限量（MRL）标准分析非禁用农药残留的超标率，并计算农药残留风险系数。分析单种茶叶中农药残留以及所有茶叶中农药残留的风险程度。

4.3.1 单种茶叶中农药残留风险系数分析

4.3.1.1 单种茶叶中禁用农药残留风险系数分析

侦测出的 53 种残留农药中有 10 种为禁用农药，且它们分布在 5 种茶叶中，计算 5 种茶叶中禁用农药的检出率，根据检出率计算风险系数 R，进而分析茶叶中禁用农药的风险程度，结果如图 4-10 与表 4-6 所示。分析发现 10 种禁用农药在 5 种茶叶中的残留处均于高度风险。

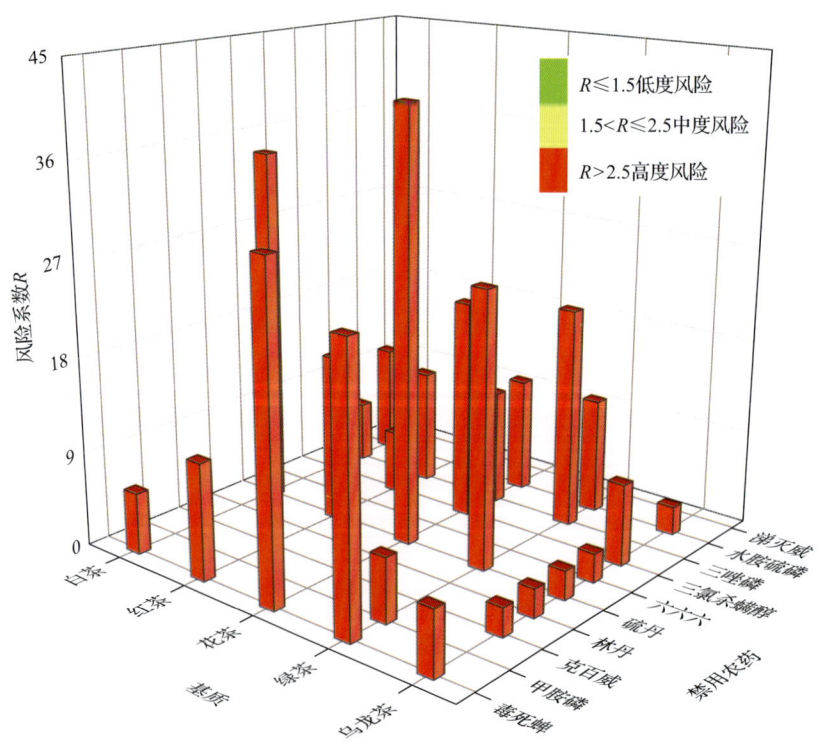

图 4-10　5 种茶叶中 10 种禁用农药残留的风险系数

表 4-6 5 种茶叶中 10 种禁用农药残留的风险系数表

序号	基质	农药	检出频次	检出率(%)	风险系数 R	风险程度
1	乌龙茶	三氯杀螨醇	4	0.07	7.77	高度风险
2	乌龙茶	克百威	1	0.02	2.77	高度风险
3	乌龙茶	六六六	1	0.02	2.77	高度风险
4	乌龙茶	林丹	1	0.02	2.77	高度风险
5	乌龙茶	毒死蜱	3	0.05	6.10	高度风险
6	乌龙茶	水胺硫磷	1	0.02	2.77	高度风险
7	乌龙茶	硫丹	1	0.02	2.77	高度风险
8	白茶	三唑磷	1	0.05	5.86	高度风险
9	白茶	毒死蜱	1	0.05	5.86	高度风险
10	白茶	水胺硫磷	2	0.10	10.62	高度风险
11	白茶	涕灭威	1	0.05	5.86	高度风险
12	白茶	硫丹	7	0.33	34.43	高度风险
13	红茶	三唑磷	2	0.10	11.10	高度风险
14	红茶	三氯杀螨醇	1	0.05	6.10	高度风险
15	红茶	毒死蜱	2	0.10	11.10	高度风险
16	红茶	硫丹	3	0.15	16.10	高度风险
17	绿茶	三唑磷	4	0.20	21.10	高度风险
18	绿茶	毒死蜱	5	0.25	26.10	高度风险
19	绿茶	水胺硫磷	2	0.10	11.10	高度风险
20	绿茶	甲胺磷	1	0.05	6.10	高度风险
21	绿茶	硫丹	5	0.25	26.10	高度风险
22	花茶	三唑磷	1	0.10	11.10	高度风险
23	花茶	三氯杀螨醇	2	0.20	21.10	高度风险
24	花茶	毒死蜱	3	0.30	31.10	高度风险
25	花茶	水胺硫磷	1	0.10	11.10	高度风险
26	花茶	硫丹	4	0.40	41.10	高度风险

4.3.1.2 基于 MRL 中国国家标准的单种茶叶中非禁用农药残留风险系数分析

参照中华人民共和国国家标准 GB 2763—2016 中农药残留限量计算每种茶叶中每种

非禁用农药的超标率,进而计算其风险系数,根据风险系数大小判断残留农药的预警风险程度,茶叶中非禁用农药残留风险程度分布情况如图 4-11 所示。

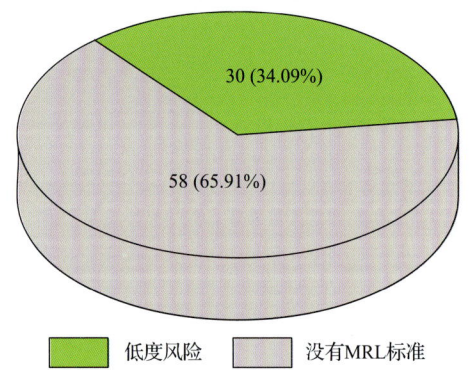

图 4-11　茶叶中非禁用农药残留的风险程度分布图(MRL 中国国家标准)

本次分析中,发现在 5 种茶叶检出 43 种残留非禁用农药,涉及样本 88 个,在 88 个样本中,34.09%处于低度风险,此外发现有 58 个样本没有 MRL 中国国家标准值,无法判断其风险程度,有 MRL 中国国家标准值的 30 个样本涉及 5 种茶叶中的 7 种非禁用农药,其风险系数 R 值如图 4-12 所示。

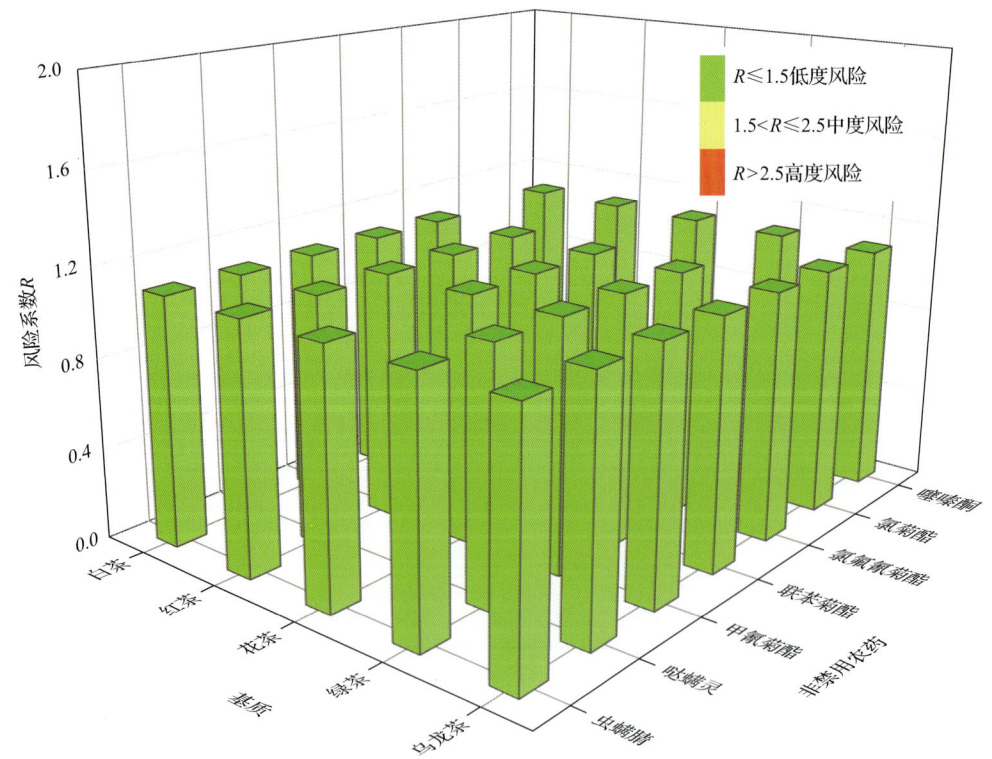

图 4-12　5 种茶叶中 7 种非禁用农药的风险系数分布图(MRL 中国国家标准)

4.3.1.3 基于 MRL 欧盟标准的单种茶叶中非禁用农药残留风险系数分析

参照 MRL 欧盟标准计算每种茶叶中每种非禁用农药的超标率,进而计算其风险系数,根据风险系数大小判断农药残留的预警风险程度,茶叶中非禁用农药残留风险程度分布情况如图 4-13 所示。

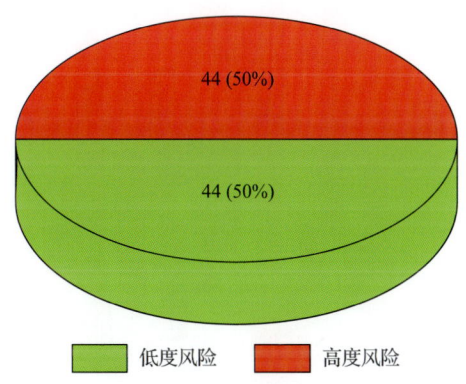

图 4-13 茶叶中非禁用农药残留的风险程度分布图(MRL 欧盟标准)

本次分析中,发现在 5 种茶叶中共侦测出 43 种非禁用农药,涉及样本 88 个,其中,50.00%处于高度风险,涉及 5 种茶叶和 21 种农药;50.00%处于低度风险,涉及 5 种茶叶和 25 种农药。单种茶叶中的非禁用农药风险系数分布图如图 4-14 所示。单种茶叶中处于高度风险的非禁用农药风险系数如图 4-15 和表 4-7 所示。

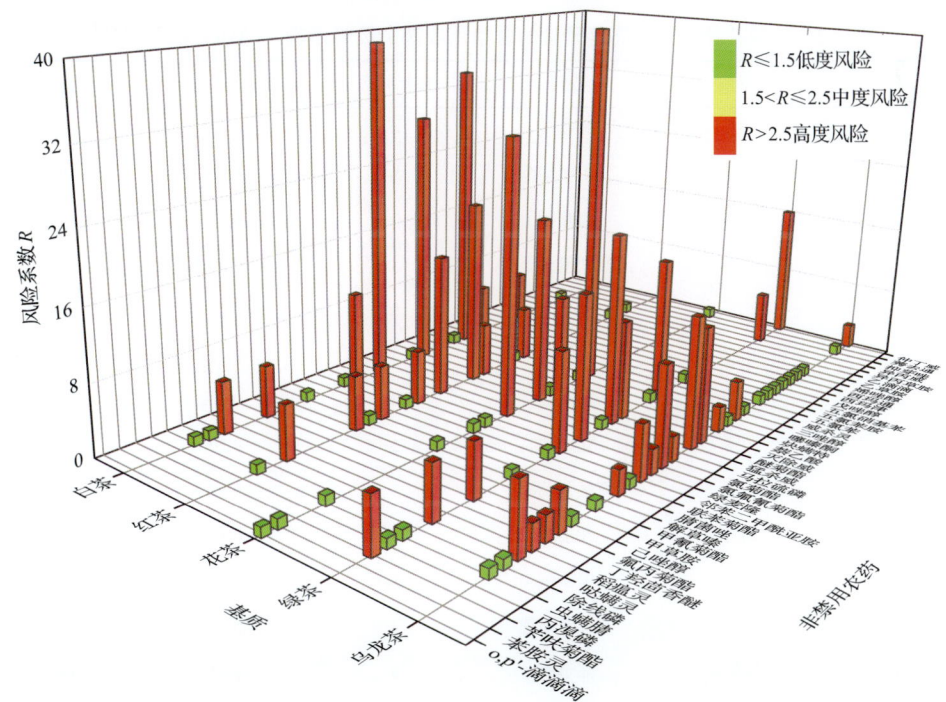

图 4-14 5 种茶叶中 43 种非禁用农药的风险系数分布图(MRL 欧盟标准)

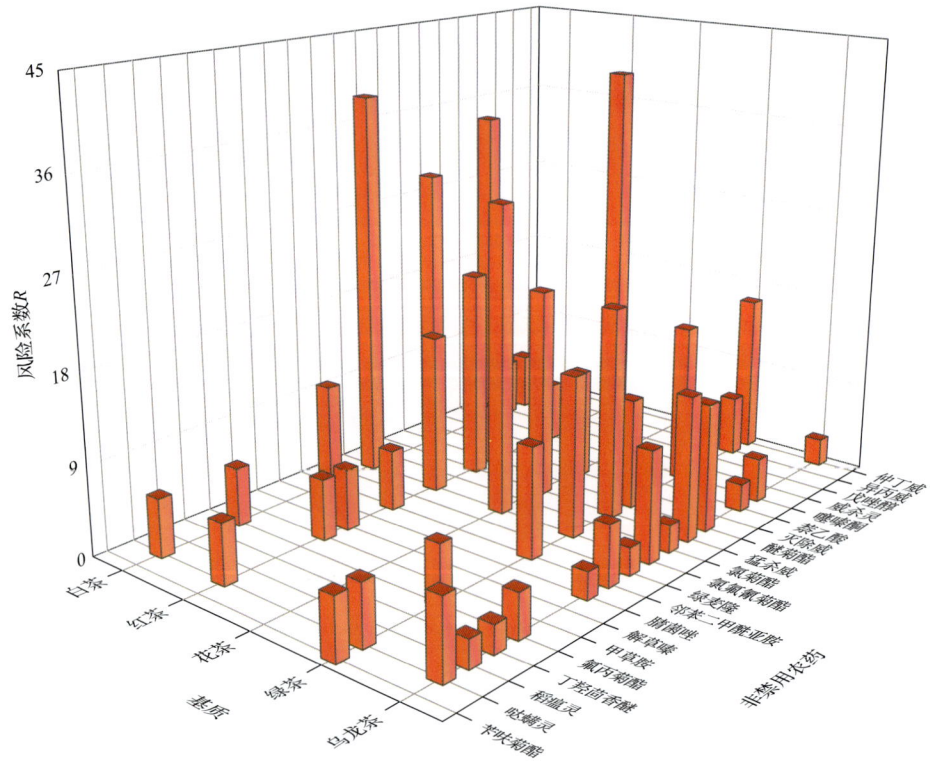

图 4-15　单种茶叶中处于高度风险的非禁用农药的风险系数分布图（MRL 欧盟标准）

表 4-7　单种茶叶中处于高度风险的非禁用农药的风险系数表（**MRL** 欧盟标准）

序号	基质	农药	超标频次	超标率 P(%)	风险系数 R
1	花茶	噻嗪酮	4	0.40	41.10
2	白茶	氯氟氰菊酯	8	0.38	39.20
3	白茶	噻嗪酮	7	0.33	34.43
4	花茶	氯氟氰菊酯	3	0.30	31.10
5	白茶	醚菊酯	6	0.29	29.67
6	红茶	猛杀威	4	0.20	21.10
7	绿茶	猛杀威	4	0.20	21.10
8	花茶	猛杀威	2	0.20	21.10
9	红茶	氯氟氰菊酯	3	0.15	16.10
10	绿茶	仲丁威	3	0.15	16.10
11	绿茶	噻嗪酮	3	0.15	16.10
12	绿茶	氯氟氰菊酯	3	0.15	16.10
13	乌龙茶	猛杀威	8	0.13	14.43
14	乌龙茶	醚菊酯	7	0.12	12.77
15	乌龙茶	氯氟氰菊酯	6	0.10	11.10

续表

序号	基质	农药	超标频次	超标率 P(%)	风险系数 R
16	绿茶	邻苯二甲酰亚胺	2	0.10	11.10
17	绿茶	醚菊酯	2	0.10	11.10
18	花茶	灭除威	1	0.10	11.10
19	白茶	邻苯二甲酰亚胺	2	0.10	10.62
20	乌龙茶	哒螨灵	4	0.07	7.77
21	乌龙茶	邻苯二甲酰亚胺	3	0.05	6.10
22	红茶	哒螨灵	1	0.05	6.10
23	红茶	噻嗪酮	1	0.05	6.10
24	红茶	甲草胺	1	0.05	6.10
25	红茶	解草嗪	1	0.05	6.10
26	红茶	邻苯二甲酰亚胺	1	0.05	6.10
27	红茶	醚菊酯	1	0.05	6.10
28	绿茶	哒螨灵	1	0.05	6.10
29	绿茶	异丙威	1	0.05	6.10
30	绿茶	氟丙菊酯	1	0.05	6.10
31	绿茶	苄呋菊酯	1	0.05	6.10
32	白茶	哒螨灵	1	0.05	5.86
33	白茶	威杀灵	1	0.05	5.86
34	白茶	戊唑醇	1	0.05	5.86
35	白茶	氟丙菊酯	1	0.05	5.86
36	乌龙茶	噻嗪酮	2	0.03	4.43
37	乌龙茶	氟丙菊酯	2	0.03	4.43
38	乌龙茶	丁羟茴香醚	1	0.02	2.77
39	乌龙茶	仲丁威	1	0.02	2.77
40	乌龙茶	氯菊酯	1	0.02	2.77
41	乌龙茶	稻瘟灵	1	0.02	2.77
42	乌龙茶	绿麦隆	1	0.02	2.77
43	乌龙茶	腈菌唑	1	0.02	2.77
44	乌龙茶	萘乙酸	1	0.02	2.77

4.3.2 所有茶叶中农药残留风险系数分析

4.3.2.1 所有茶叶中禁用农药残留风险系数分析

在侦测出的53种农药中有10种为禁用农药,计算所有茶叶中禁用农药的风险系数,结果如表 4-8 所示。在 10 种禁用农药中，5 种农药残留处于高度风险，5 种农药残留处于中度风险。

表 4-8 茶叶中 10 种禁用农药的风险系数表

序号	农药	检出频次	检出率(%)	风险系数 R	风险程度
1	硫丹	20	0.15	16.37	高度风险
2	毒死蜱	14	0.11	11.79	高度风险
3	三唑磷	8	0.06	7.21	高度风险
4	三氯杀螨醇	7	0.05	6.44	高度风险
5	水胺硫磷	6	0.05	5.68	高度风险
6	克百威	1	0.01	1.86	中度风险
7	六六六	1	0.01	1.86	中度风险
8	林丹	1	0.01	1.86	中度风险
9	涕灭威	1	0.01	1.86	中度风险
10	甲胺磷	1	0.01	1.86	中度风险

4.3.2.2 所有茶叶中非禁用农药残留风险系数分析

参照 MRL 欧盟标准计算所有茶叶中每种非禁用农药残留的风险系数，如图 4-16 与表 4-9 所示。在侦测出的 43 种非禁用农药中，8 种农药(18.60%)残留处于高度风险，13 种农药(30.23%)残留处于中度风险，22 种农药(51.16%)残留处于低度风险。

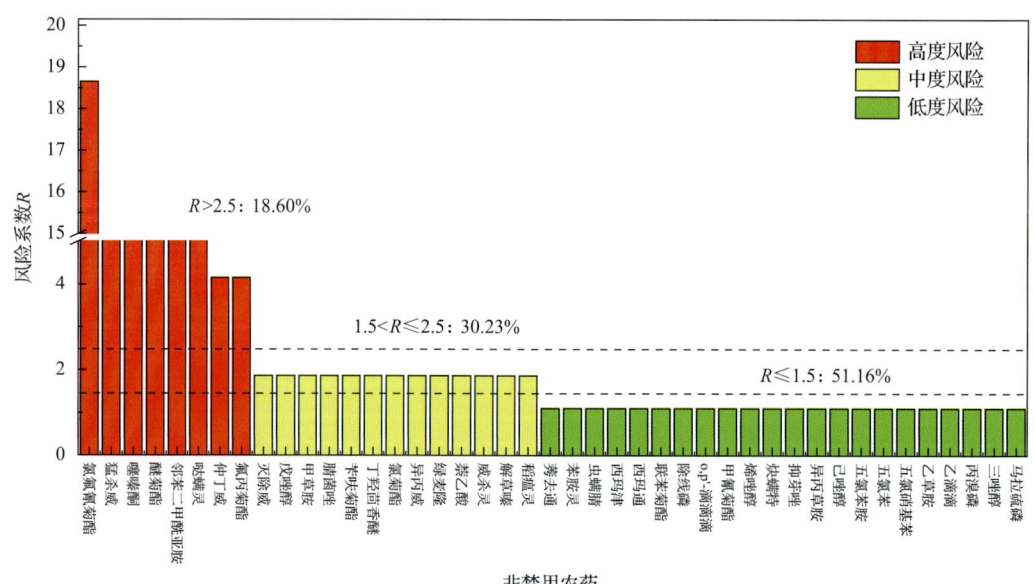

图 4-16 茶叶中 43 种非禁用农药的风险程度统计图

表 4-9 茶叶中 43 种非禁用农药的风险系数表

序号	农药	超标频次	超标率 P(%)	风险系数 R	风险程度
1	氯氟氰菊酯	23	0.18	18.66	高度风险
2	猛杀威	18	0.14	14.84	高度风险
3	噻嗪酮	17	0.13	14.08	高度风险
4	醚菊酯	16	0.12	13.31	高度风险
5	邻苯二甲酰亚胺	8	0.06	7.21	高度风险
6	哒螨灵	7	0.05	6.44	高度风险
7	仲丁威	4	0.03	4.15	高度风险
8	氟丙菊酯	4	0.03	4.15	高度风险
9	灭除威	1	0.01	1.86	中度风险
10	戊唑醇	1	0.01	1.86	中度风险
11	甲草胺	1	0.01	1.86	中度风险
12	腈菌唑	1	0.01	1.86	中度风险
13	苄呋菊酯	1	0.01	1.86	中度风险
14	丁羟茴香醚	1	0.01	1.86	中度风险
15	氯菊酯	1	0.01	1.86	中度风险
16	异丙威	1	0.01	1.86	中度风险
17	绿麦隆	1	0.01	1.86	中度风险
18	萘乙酸	1	0.01	1.86	中度风险
19	威杀灵	1	0.01	1.86	中度风险
20	解草嗪	1	0.01	1.86	中度风险
21	稻瘟灵	1	0.01	1.86	中度风险
22	莠去通	0	0.00	1.10	低度风险
23	苯胺灵	0	0.00	1.10	低度风险
24	虫螨腈	0	0.00	1.10	低度风险
25	西玛津	0	0.00	1.10	低度风险
26	西玛通	0	0.00	1.10	低度风险
27	联苯菊酯	0	0.00	1.10	低度风险
28	除线磷	0	0.00	1.10	低度风险
29	o,p'-滴滴滴	0	0.00	1.10	低度风险
30	甲氰菊酯	0	0.00	1.10	低度风险
31	烯唑醇	0	0.00	1.10	低度风险
32	炔螨特	0	0.00	1.10	低度风险
33	抑芽唑	0	0.00	1.10	低度风险

续表

序号	农药	超标频次	超标率 P(%)	风险系数 R	风险程度
34	异丙草胺	0	0.00	1.10	低度风险
35	己唑醇	0	0.00	1.10	低度风险
36	五氯苯胺	0	0.00	1.10	低度风险
37	五氯苯	0	0.00	1.10	低度风险
38	五氯硝基苯	0	0.00	1.10	低度风险
39	乙草胺	0	0.00	1.10	低度风险
40	乙滴滴	0	0.00	1.10	低度风险
41	丙溴磷	0	0.00	1.10	低度风险
42	三唑醇	0	0.00	1.10	低度风险
43	马拉硫磷	0	0.00	1.10	低度风险

4.4 GC-Q-TOF/MS 侦测福州市市售茶叶农药残留风险评估结论与建议

农药残留是影响茶叶安全和质量的主要因素，也是我国食品安全领域备受关注的敏感话题和亟待解决的重大问题之一[15,16]。各种茶叶均存在不同程度的农药残留现象，本研究主要针对福州市各类茶叶存在的农药残留问题，基于 2018 年 12 月至 2019 年 1 月期间对福州市 131 例茶叶样品中农药残留侦测得出的 482 个侦测结果，分别采用食品安全指数模型和风险系数模型，开展茶叶中农药残留的膳食暴露风险和预警风险评估。茶叶样品取自超市和茶叶专营店，符合大众的膳食来源，风险评价时更具有代表性和可信度。

本研究力求通用简单地反映食品安全中的主要问题，且为管理部门和大众容易接受，为政府及相关管理机构建立科学的食品安全信息发布和预警体系提供科学的规律与方法，加强对农药残留的预警和食品安全重大事件的预防，控制食品风险。

4.4.1 福州市茶叶中农药残留膳食暴露风险评价结论

1) 茶叶样品中农药残留安全状态评价结论

采用食品安全指数模型，对 2018 年 12 月至 2019 年 1 月期间福州市茶叶食品农药残留膳食暴露风险进行评价，根据 IFS_c 的计算结果发现，茶叶中农药的 $\overline{IFS}$ 为 0.0003，说明福州市茶叶总体处于可以接受的安全状态，但部分禁用农药、高残留农药在茶叶中仍有侦测出，导致膳食暴露风险的存在，成为不安全因素。

2) 禁用农药膳食暴露风险评价

本次检测发现部分茶叶样品中有禁用农药侦测出，侦测出禁用农药 10 种，侦测出频次为 60，茶叶样品中的禁用农药 IFS_c 计算结果表明，禁用农药残留膳食暴露风险没有影响的频次为 60，占 100.00%。

4.4.2 福州市茶叶中农药残留预警风险评价结论

1) 单种茶叶中禁用农药残留的预警风险评价结论

本次检测过程中,在 5 种茶叶中检测出 10 种禁用农药,禁用农药为:三氯杀螨醇、克百威、六六六、林丹、毒死蜱、水胺硫磷、硫丹、三唑磷、涕灭威、甲胺磷,茶叶为:乌龙茶、白茶、红茶、绿茶、花茶,茶叶中禁用农药的风险系数分析结果显示,10 种禁用农药在 5 种茶叶中的残留均处于高度风险,说明在单种茶叶中禁用农药的残留会导致较高的预警风险。

2) 单种茶叶中非禁用农药残留的预警风险评价结论

以 MRL 中国国家标准为标准,计算茶叶中非禁用农药风险系数情况下,88 个样本中,30 个处于低度风险(34.09%),58 个样本没有 MRL 中国国家标准(65.91%)。以 MRL 欧盟标准为标准,计算茶叶中非禁用农药风险系数情况下,发现有 44 个处于高度风险(50.00%),44 个处于低度风险(50.00%)。基于两种 MRL 标准,评价的结果差异显著,可以看出 MRL 欧盟标准比中国国家标准更加严格和完善,过于宽松的 MRL 中国国家标准值能否有效保障人体的健康有待研究。

4.4.3 加强福州市茶叶食品安全建议

我国食品安全风险评价体系仍不够健全,相关制度不够完善,多年来,由于农药用药次数多、用药量大或用药间隔时间短,产品残留量大,农药残留所造成的食品安全问题日益严峻,给人体健康带来了直接或间接的危害。据估计,美国与农药有关的癌症患者数约占全国癌症患者总数的 50%,中国更高。同样,农药对其他生物也会形成直接杀伤和慢性危害,植物中的农药可经过食物链逐级传递并不断蓄积,对人和动物构成潜在威胁,并影响生态系统。

基于本次农药残留侦测数据的风险评价结果,提出以下几点建议:

1) 加快食品安全标准制定步伐

我国食品标准中对农药每日允许最大摄入量 ADI 的数据严重缺乏,在本次评价所涉及的 53 种农药中,仅有 67.9% 的农药具有 ADI 值,而 32.1% 的农药中国尚未规定相应的 ADI 值,亟待完善。

我国食品中农药最大残留限量值的规定严重缺乏,对评估涉及的不同茶叶中不同农药 114 个 MRL 限值进行统计来看,我国仅制定出 45 个标准,我国标准完整率仅为 39.5%,欧盟的完整率达到 100%(表 4-10)。因此,中国更应加快 MRL 的制定步伐。

表 4-10 我国国家食品标准农药的 ADI、MRL 值与欧盟标准的数量差异

分类		中国 ADI	MRL 中国国家标准	MRL 欧盟标准
标准限值(个)	有	36	45	114
	无	17	69	0
总数(个)		53	114	114
无标准限值比例(%)		32.1	60.5	0

此外，MRL 中国国家标准限值普遍高于欧盟标准限值，这些标准中共有 25 个高于欧盟。过高的 MRL 值难以保障人体健康，建议继续加强对限值基准和标准的科学研究，将农产品中的危险性减少到尽可能低的水平。

2) 加强农药的源头控制和分类监管

在福州市某些茶叶中仍有禁用农药残留，利用 GC-Q-TOF/MS 技术侦测出 10 种禁用农药，检出频次为 60 次，残留禁用农药均存在较大的膳食暴露风险和预警风险。早已列入黑名单的禁用农药在我国并未真正退出，有些药物由于价格便宜、工艺简单，此类高毒农药一直生产和使用。建议在我国采取严格有效的控制措施，从源头控制禁用农药。

对于非禁用农药，在我国作为"田间地头"最典型单位的县级茶叶产地中，农药残留的检测几乎缺失。建议根据农药的毒性，对高毒、剧毒、中毒农药实现分类管理，减少使用高毒和剧毒高残留农药，进行分类监管。

3) 加强农药生物基准和降解技术研究

市售茶叶中残留农药的品种多、频次高、禁用农药多次检出这一现状，说明了我国的田间土壤和水体因农药长期、频繁、不合理的使用而遭到严重污染。为此，建议中国相关部门出台相关政策，鼓励高校及科研院所积极开展分子生物学、酶学等研究，加强土壤、水体中残留农药的生物修复及降解新技术研究，切实加大农药监管力度，以控制农药的面源污染问题。

综上所述，在本工作基础上，根据茶叶残留危害，可进一步针对其成因提出和采取严格管理、大力推广无公害茶叶种植与生产、健全食品安全控制技术体系、加强茶叶质量检测体系建设和积极推行茶叶质量追溯制度等相应对策。建立和完善食品安全综合评价指数与风险监测预警系统，对食品安全进行实时、全面的监控与分析，为我国的食品安全科学监管与决策提供新的技术支持，可实现各类检验数据的信息化系统管理，降低食品安全事故的发生。

南 昌 市

第5章 LC-Q-TOF/MS侦测南昌市60例市售茶叶样品农药残留报告

从南昌市所属4个区，随机采集了60例茶叶样品，使用液相色谱-四极杆飞行时间质谱(LC-Q-TOF/MS)对825种农药化学污染物示范侦测(7种负离子模式ESI未涉及)。

5.1 样品种类、数量与来源

5.1.1 样品采集与检测

为了真实反映百姓日常饮用的茶叶中农药残留污染状况，本次所有检测样品均由检验人员于2019年3月期间，从南昌市所属6个采样点，包括3个茶叶专营店3个超市，以随机购买方式采集，总计6批60例样品，从中检出农药25种，147频次。采样及监测概况见图5-1及表5-1，样品及采样点明细见表5-2及表5-3(侦测原始数据见附表1)。

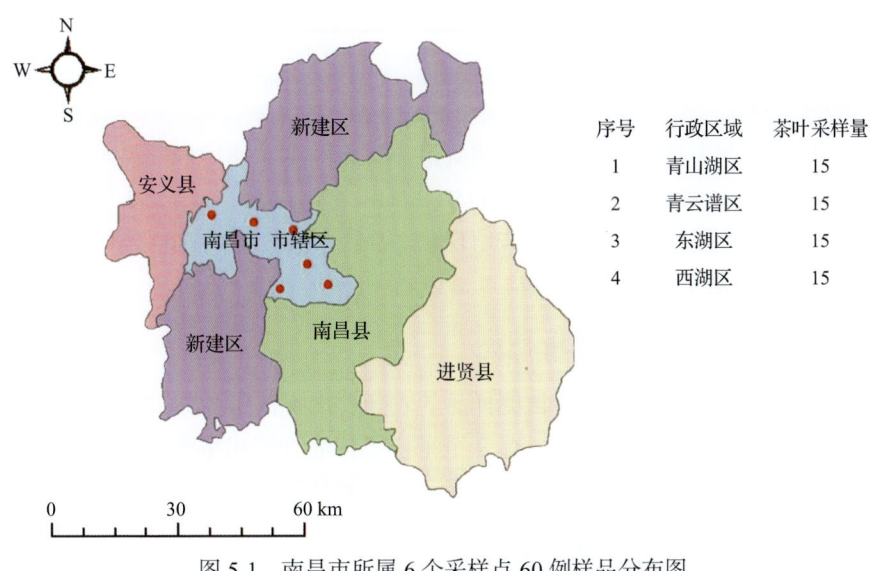

图5-1 南昌市所属6个采样点60例样品分布图

表5-1 农药残留监测总体概况

行政区域	南昌市所属4个区
采样点(茶叶专营店+超市)	6
样本总数	60
检出农药品种/频次	25/147
各采样点样本农药残留检出率范围	66.7%~100.0%

表 5-2　样品分类及数量

样品分类	样品名称(数量)	数量小计
1. 茶叶		60
1)发酵类茶叶	红茶(10)	10
2)未发酵类茶叶	绿茶(50)	50
合计	1. 茶叶 2 种	60

表 5-3　南昌市采样点信息

采样点序号	行政区域	采样点
茶叶专营店(3)		
1	青山湖区	***茶庄
2	青云谱区	***茶业店
3	青云谱区	***茶业店
超市(3)		
1	东湖区	***超市(八一店)
2	东湖区	***超市(八一广场店)
3	西湖区	***超市(八一店)

5.1.2　检测结果

这次使用的检测方法是庞国芳院士团队最新研发的不需使用标准品对照,而以高分辨精确质量数(0.0001 m/z)为基准的 LC-Q-TOF/MS 检测技术,对于 60 例样品,每个样品均侦测了 825 种农药化学污染物的残留现状。通过本次侦测,在 60 例样品中共计检出农药化学污染物 25 种,检出 147 频次。

5.1.2.1　各采样点样品检出情况

统计分析发现 6 个采样点中,被测样品的农药检出率范围为 66.7%~100.0%。其中,***茶庄的检出率最高,为 100.0%。有 3 个采样点样品的检出率最低,达到了 66.7%,分别是:***超市(八一店)、***超市(八一广场店)和***茶业店,见图 5-2。

5.1.2.2　检出农药的品种总数与频次

统计分析发现,对于 60 例样品中 825 种农药化学污染物的侦测,共检出农药 147 频次,涉及农药 25 种,结果如图 5-3 所示。其中噻嗪酮检出频次最高,共检出 29 次。检出频次排名前 10 的农药如下:①噻嗪酮(29),②唑虫酰胺(27),③哒螨灵(24),④啶虫脒(18),⑤特草灵(9),⑥克百威(5),⑦三唑磷(5),⑧吡丙醚(3),⑨残杀威(3),⑩稻瘟灵(3)。

由图 5-4 可见,绿茶和红茶这 2 种茶叶样品中检出的农药品种数较高,均超过 10 种,其中,绿茶检出农药品种最多,为 17 种。由图 5-5 可见,绿茶和红茶这 2 种茶叶样品中的农药检出频次较高,均超过 20 次,其中,绿茶检出农药频次最高,为 122 次。

第 5 章　LC-Q-TOF/MS 侦测南昌市 60 例市售茶叶样品农药残留报告

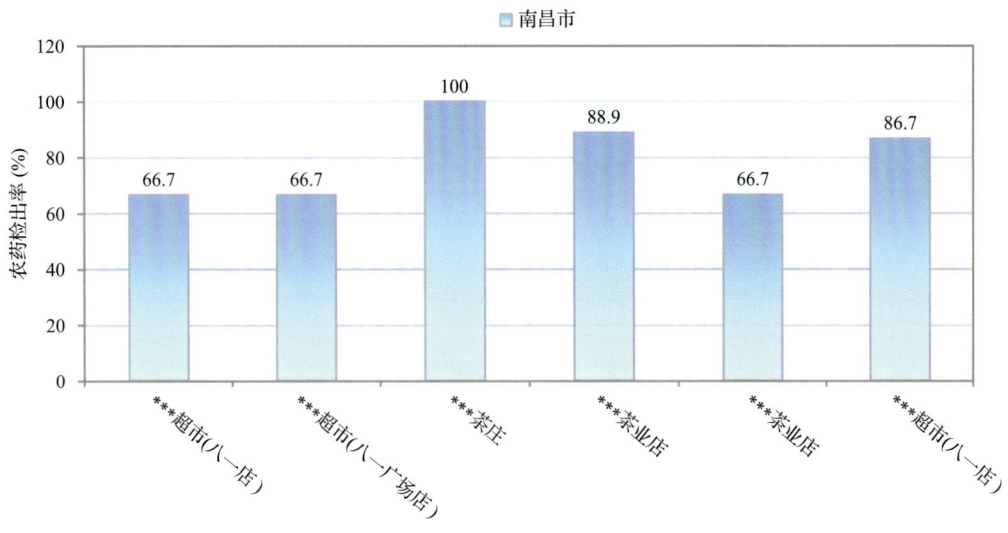

图 5-2　各采样点样品中的农药检出率

图 5-3　检出农药品种及频次

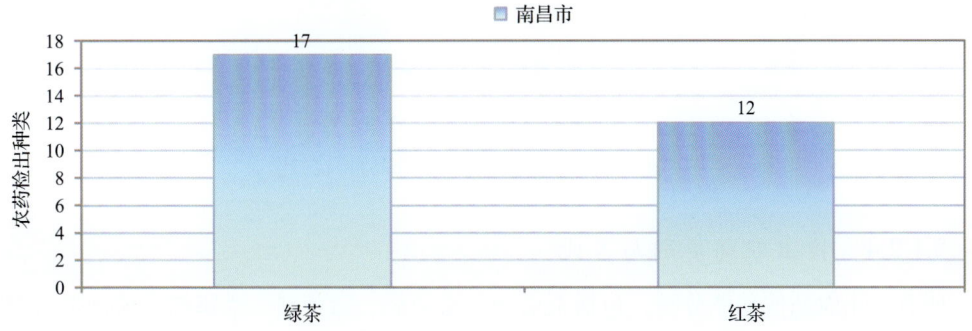

图 5-4　单种茶叶检出农药的种类数

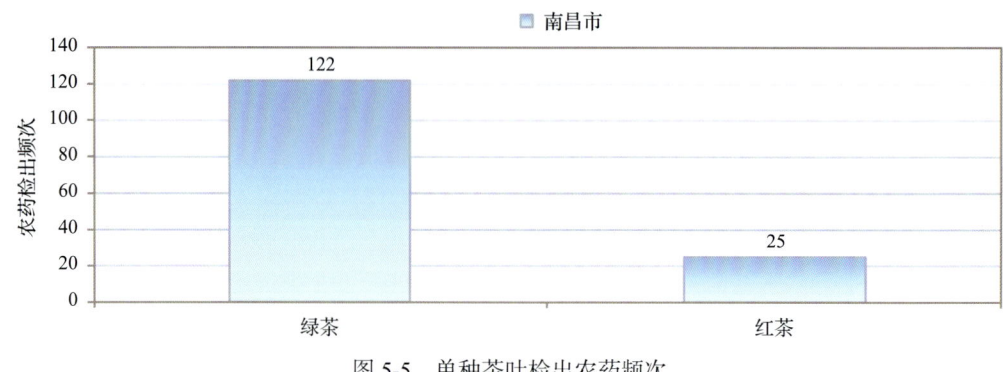

图 5-5 单种茶叶检出农药频次

5.1.2.3 单例样品农药检出种类与占比

对单例样品检出农药种类和频次进行统计发现，未检出农药的样品占总样品数的 16.7%，检出 1 种农药的样品占总样品数的 15.0%，检出 2~5 种农药的样品占总样品数的 63.3%，检出 6~10 种农药的样品占总样品数的 5.0%。每例样品中平均检出农药为 2.5 种，数据见表 5-4 及图 5-6。

表 5-4 单例样品检出农药品种占比

检出农药品种数	样品数量/占比（%）
未检出	10/16.7
1 种	9/15.0
2~5 种	38/63.3
6~10 种	3/5.0
单例样品平均检出农药品种	2.5 种

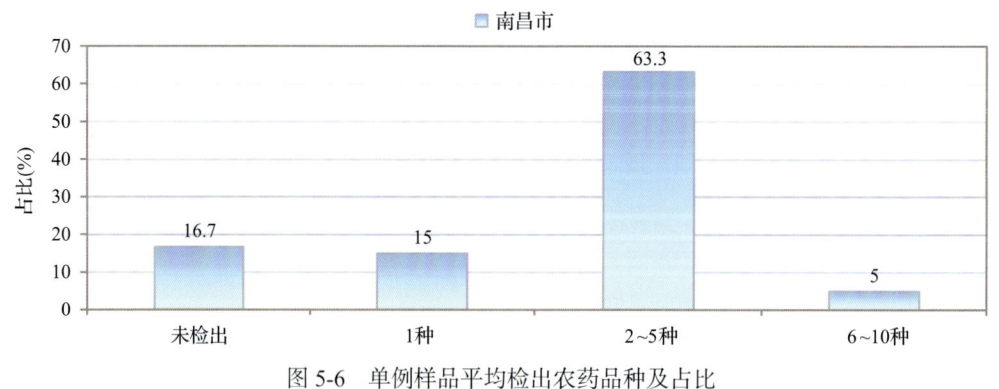

图 5-6 单例样品平均检出农药品种及占比

5.1.2.4 检出农药类别与占比

所有检出农药按功能分类，包括杀虫剂、杀菌剂、除草剂、杀螨剂、植物生长调节剂共 5 类。其中杀虫剂与杀菌剂为主要检出的农药类别，分别占总数的 44.0%和 32.0%，见表 5-5 及图 5-7。

表 5-5 检出农药所属类别/占比

农药类别	数量/占比(%)
杀虫剂	11/44.0
杀菌剂	8/32.0
除草剂	3/12.0
杀螨剂	2/8.0
植物生长调节剂	1/4.0

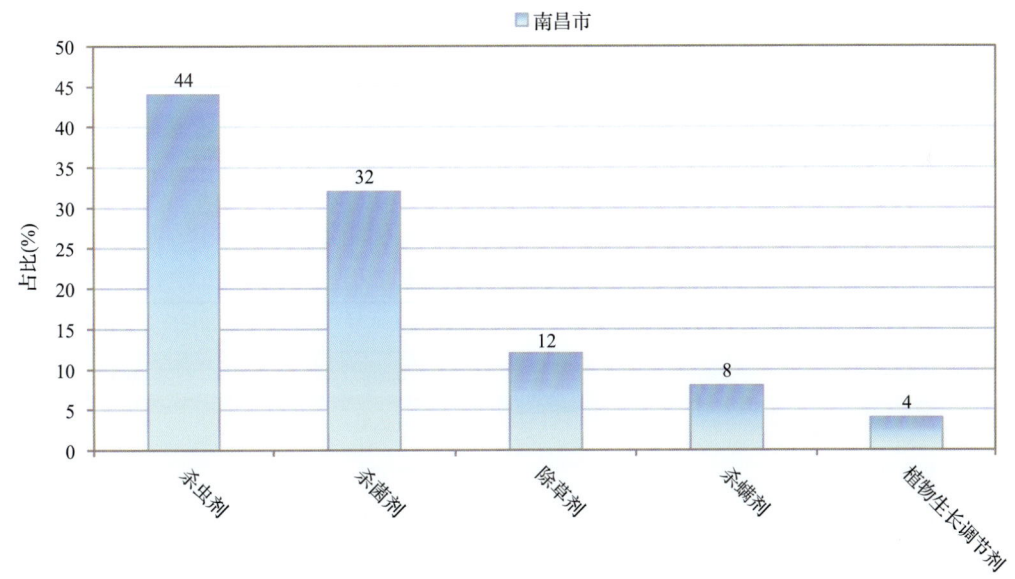

图 5-7 检出农药所属类别和占比

5.1.2.5 检出农药的残留水平

按检出农药残留水平进行统计，残留水平在 1~5 μg/kg(含)的农药占总数的 34.7%，在 5~10 μg/kg(含)的农药占总数的 12.9%，在 10~100 μg/kg(含)的农药占总数的 49.0%，在 100~1000 μg/kg 的农药占总数的 3.4%。

由此可见，这次检测的 6 批 60 例茶叶样品中农药多数处于中高残留水平。结果见表 5-6 及图 5-8，数据见附表 2。

表 5-6 农药残留水平/占比

残留水平(μg/kg)	检出频次数/占比%
1~5(含)	51/34.7
5~10(含)	19/12.9
10~100(含)	72/49.0
100~1000	5/3.4

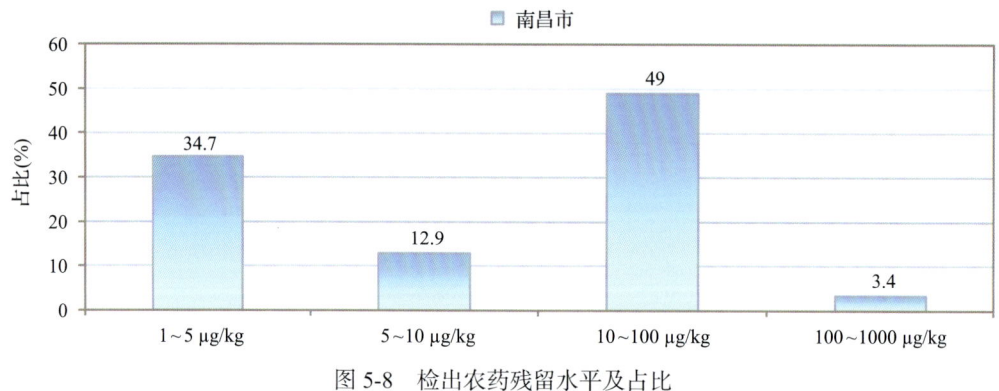

图 5-8　检出农药残留水平及占比

5.1.2.6　检出农药的毒性类别、检出频次和超标频次及占比

对这次检出的 25 种 147 频次的农药，按剧毒、高毒、中毒、低毒和微毒这五个毒性类别进行分类，从中可以看出，南昌市目前普遍使用的农药为中低微毒农药，品种占92.0%，频次占 93.2%。结果见表 5-7 及图 5-9。

表 5-7　检出农药毒性类别/占比

毒性分类	农药品种/占比(%)	检出频次/占比(%)	超标频次/超标率(%)
剧毒农药	0/0	0/0.0	0/0.0
高毒农药	2/8.0	10/6.8	0/0.0
中毒农药	15/60.0	87/59.2	0/0.0
低毒农药	3/12.0	41/27.9	0/0.0
微毒农药	5/20.0	9/6.1	0/0.0

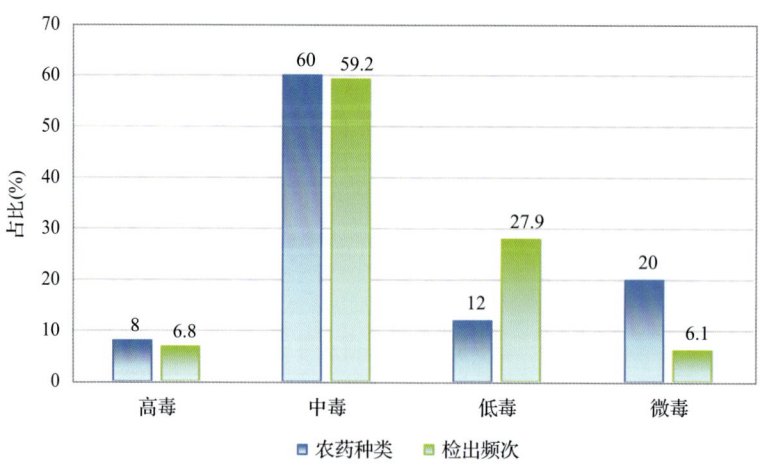

图 5-9　检出农药的毒性分类和占比

5.1.2.7 检出剧毒/高毒类农药的品种和频次

值得特别关注的是，在此次侦测的 60 例样品中有 1 种茶叶的 9 例样品检出了 2 种 10 频次的剧毒和高毒农药，占样品总量的 15.0%，详见图 5-10、表 5-8 及表 5-9。

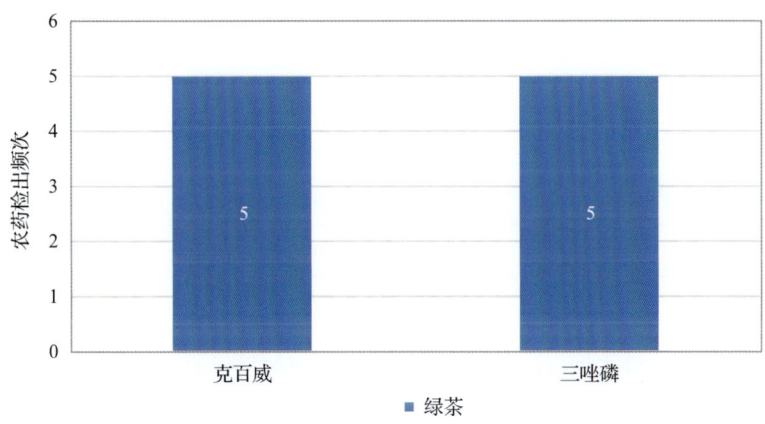

图 5-10　检出剧毒/高毒农药的样品情况

表 5-8　剧毒农药检出情况

序号	农药名称	检出频次	超标频次	超标率
	茶叶中未检出剧毒农药			
	合计	0	0	超标率：0.0%

表 5-9　高毒农药检出情况

序号	农药名称	检出频次	超标频次	超标率
	从 1 种茶叶中检出 2 种高毒农药，共计检出 10 次			
1	克百威	5	0	0.0%
2	三唑磷	5	0	0.0%
	合计	10	0	超标率：0.0%

在检出的剧毒和高毒农药中，有 2 种是我国早已禁止在茶叶上使用的，分别是：克百威和三唑磷。禁用农药的检出情况见表 5-10。

表 5-10　禁用农药检出情况

序号	农药名称	检出频次	超标频次	超标率
	从 1 种茶叶中检出 2 种禁用农药，共计检出 10 次			
1	克百威	5	0	0.0%
2	三唑磷	5	0	0.0%
	合计	10	0	超标率：0.0%

注：超标结果参考 MRL 中国国家标准计算

此次抽检的茶叶样品中，没有检出剧毒农药。

样品中检出剧毒和高毒农药残留水平没有超过 MRL 中国国家标准，但本次检出结果表明，高毒、剧毒农药的使用现象依旧存在，详见表 5-11。

表 5-11　各样本中检出剧毒/高毒农药情况

样品名称	农药名称	检出频次	超标频次	检出浓度(μg/kg)
茶叶 1 种				
绿茶	克百威▲	5	0	4.2, 5.3, 24.7, 7.9, 7.9
绿茶	三唑磷▲	5	0	23.8, 27.7, 44.4, 34.1, 27.9
合计		10	0	超标率：0.0%

5.2　农药残留检出水平与最大残留限量标准对比分析

我国于 2016 年 12 月 18 日正式颁布并于 2017 年 6 月 18 日正式实施食品农药残留限量国家标准《食品中农药最大残留限量》（GB 2763—2016）。该标准包括 417 个农药条目，涉及最大残留限量(MRL)标准 4140 项。将 147 频次检出农药的浓度水平与 4140 项 MRL 中国国家标准进行核对，其中只有 81 频次的结果找到了对应的 MRL，占 55.1%，还有 66 频次的结果则无相关 MRL 标准供参考，占 44.9%。

将此次侦测结果与国际上现行 MRL 对比发现，在 147 频次的检出结果中有 147 频次的结果找到了对应的 MRL 欧盟标准，占 100.0%，其中，106 频次的结果有明确对应的 MRL，占 72.1%，其余 41 频次按照欧盟一律标准判定，占 27.9%；有 147 频次的结果找到了对应的 MRL 日本标准，占 100.0%，其中，118 频次的结果有明确对应的 MRL，占 80.3%，其余 29 频次按照日本一律标准判定，占 19.7%；有 56 频次的结果找到了对应的 MRL 中国香港标准，占 38.1%；有 79 频次的结果找到了对应的 MRL 美国标准，占 53.7%；有 59 频次的结果找到了对应的 MRL CAC 标准，占 40.1%（见图 5-11 和图 5-12，数据见附表 3 至附表 8）。

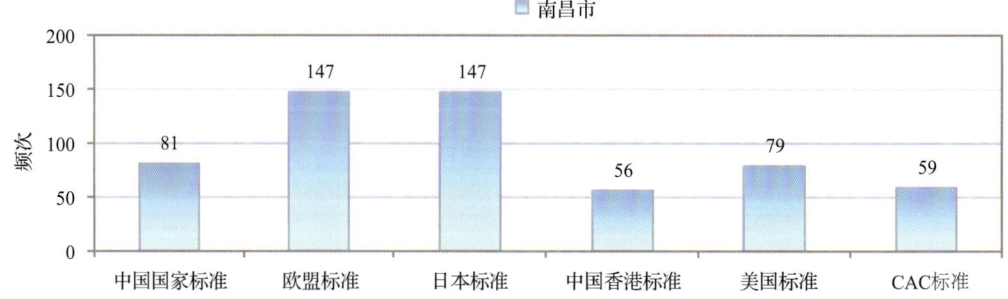

图 5-11　147 频次检出农药可用 MRL 中国国家标准、欧盟标准、日本标准、中国香港标准、美国标准、CAC 标准判定衡量的数量

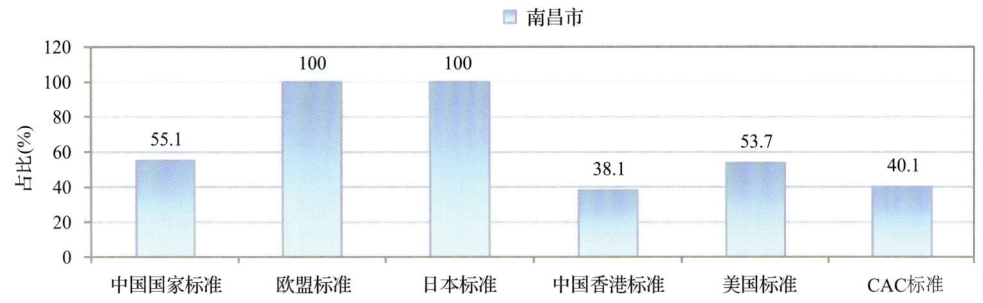

图 5-12　147 频次检出农药可用 MRL 中国国家标准、欧盟标准、日本标准、中国香港标准、美国标准、CAC 标准衡量的占比

5.2.1　超标农药样品分析

本次侦测的 60 例样品中，10 例样品未检出任何残留农药，占样品总量的 16.7%，50 例样品检出不同水平、不同种类的残留农药，占样品总量的 83.3%。在此，我们将本次侦测的农残检出情况与 MRL 中国国家标准、欧盟标准、日本标准、中国香港标准、美国标准、CAC 标准这 6 大国际主流 MRL 标准进行对比分析，样品农残检出与超标情况见表 5-12、图 5-13 和图 5-14，详细数据见附表 9 至附表 14。

表 5-12　各 MRL 标准下样本农残检出与超标数量及占比

	中国国家标准 数量/占比(%)	欧盟标准 数量/占比(%)	日本标准 数量/占比(%)	中国香港标准 数量/占比(%)	美国标准 数量/占比(%)	CAC 标准 数量/占比(%)
未检出	10/16.7	10/16.7	10/16.7	10/16.7	10/16.7	10/16.7
检出未超标	50/83.3	19/31.7	34/56.7	50/83.3	50/83.3	50/83.3
检出超标	0/0.0	31/51.7	16/26.7	0/0.0	0/0.0	0/0.0

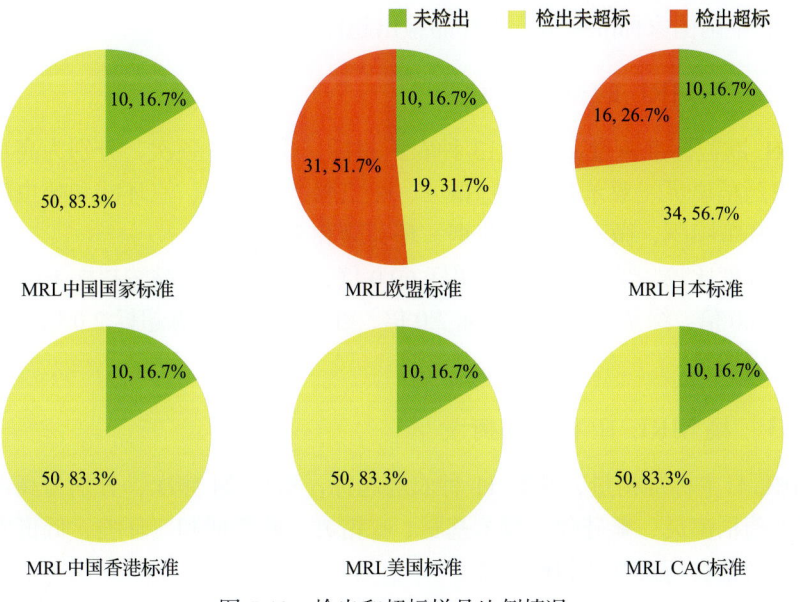

图 5-13　检出和超标样品比例情况

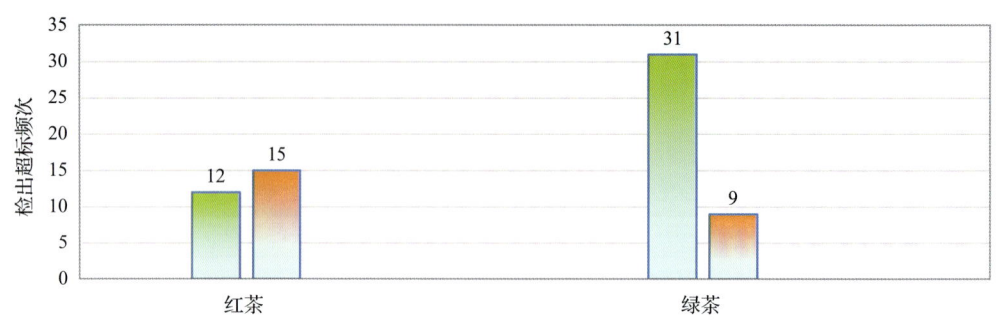

图 5-14 超过 MRL 中国国家标准、欧盟标准、日本标准、中国香港标准、美国标准、CAC 标准结果在茶叶中的分布

5.2.2 超标农药种类分析

按照 MRL 中国国家标准、欧盟标准、日本标准、中国香港标准、美国标准和 CAC 标准这 6 大国际主流 MRL 标准衡量，本次侦测检出的农药超标品种及频次情况见表 5-13。

表 5-13 各 MRL 标准下超标农药品种及频次

	中国国家标准	欧盟标准	日本标准	中国香港标准	美国标准	CAC 标准
超标农药品种	0	13	11	0	0	0
超标农药频次	0	43	24	0	0	0

5.2.2.1 按 MRL 中国国家标准衡量

按 MRL 中国国家标准衡量，无样品检出超标农药残留。

5.2.2.2 按 MRL 欧盟标准衡量

按 MRL 欧盟标准衡量，共有 13 种农药超标，检出 43 频次，分别为高毒农药三唑磷，中毒农药稻瘟灵、双苯基脲、噁霜灵、啶虫脒、残杀威、三环唑和唑虫酰胺，低毒农药特草灵和噻嗪酮，微毒农药灭草烟、环莠隆和多菌灵。

按超标程度比较，红茶中灭草烟超标 69.0 倍，绿茶中唑虫酰胺超标 10.0 倍，红茶中特草灵超标 3.0 倍，绿茶中残杀威超标 2.0 倍，红茶中双苯基脲超标 2.0 倍。检测结果见图 5-15 和附表 16。

5.2.2.3 按 MRL 日本标准衡量

按 MRL 日本标准衡量，共有 11 种农药超标，检出 24 频次，分别为高毒农药三唑磷，中毒农药稻瘟灵、氟硅唑、双苯基脲、噁霜灵、残杀威和三环唑，低毒农药嘧霉胺和特草灵，微毒农药灭草烟和环莠隆。

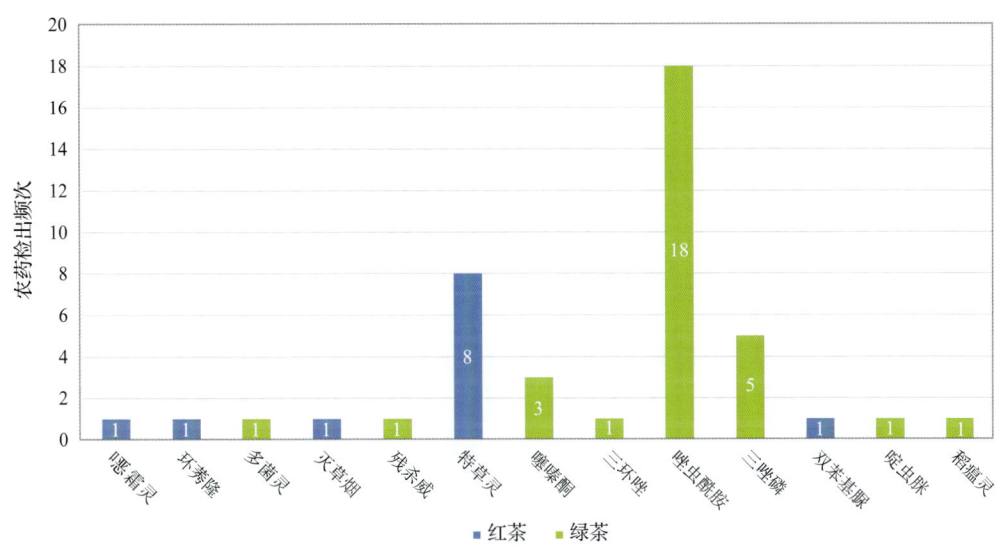

图 5-15 超过 MRL 欧盟标准农药品种及频次

按超标程度比较，红茶中灭草烟超标 69.0 倍，绿茶中三环唑超标 9.0 倍，绿茶中三唑磷超标 3.4 倍，红茶中特草灵超标 3.0 倍，绿茶中残杀威超标 2.0 倍。检测结果见图 5-16 和附表 17。

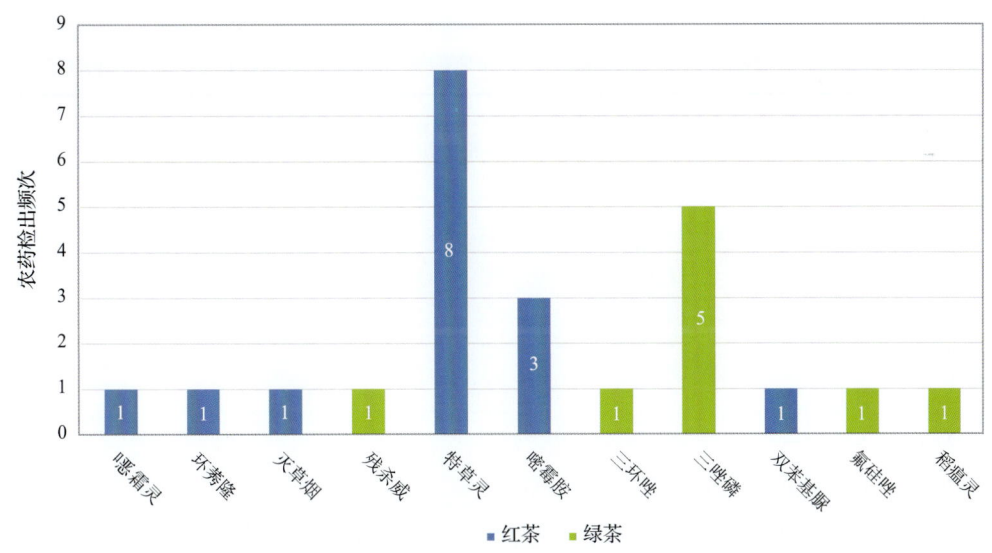

图 5-16 超过 MRL 日本标准农药品种及频次

5.2.2.4 按 MRL 中国香港标准衡量

按 MRL 中国香港标准衡量，无样品检出超标农药残留。

5.2.2.5 按 MRL 美国标准衡量

按 MRL 美国标准衡量，无样品检出超标农药残留。

5.2.2.6 按 MRL CAC 标准衡量

按 MRL CAC 标准衡量,无样品检出超标农药残留。

5.2.3 6 个采样点超标情况分析

5.2.3.1 按 MRL 中国国家标准衡量

按 MRL 中国国家标准衡量,所有采样点的样品均未检出超标农药残留。

5.2.3.2 按 MRL 欧盟标准衡量

按 MRL 欧盟标准衡量,有 5 个采样点的样品存在不同程度的超标农药检出,其中***超市(八一店)的超标率最高,为 66.7%,如表 5-14 和图 5-17 所示。

表 5-14 超过 MRL 欧盟标准茶叶在不同采样点分布

序号	采样点	样品总数	超标数量	超标率(%)	行政区域
1	***茶庄	15	8	53.3	青山湖区
2	***超市(八一店)	15	9	60.0	西湖区
3	***超市(八一店)	12	8	66.7	东湖区
4	***茶业店	9	4	44.4	青云谱区
5	***茶业店	6	2	33.3	青云谱区

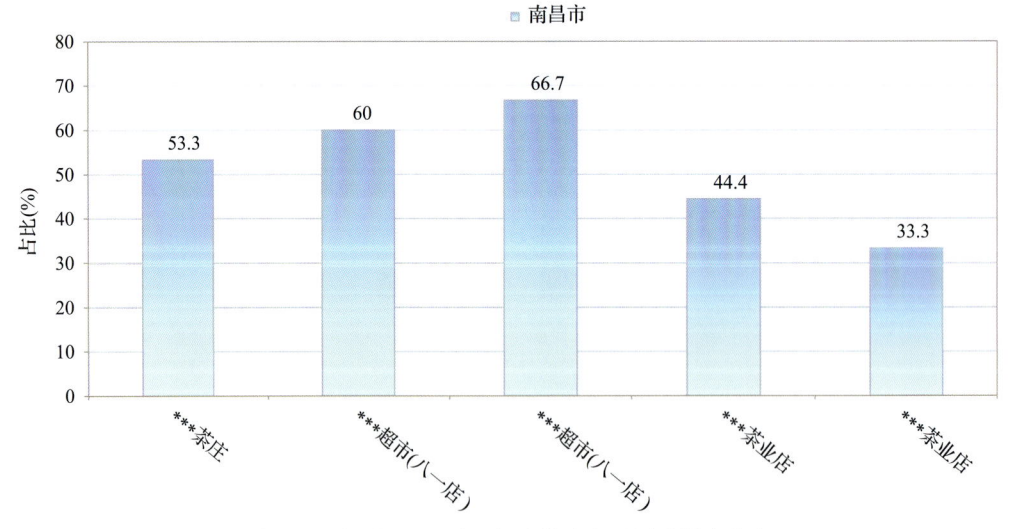

图 5-17 超过 MRL 欧盟标准茶叶在不同采样点分布

5.2.3.3 按 MRL 日本标准衡量

按 MRL 日本标准衡量,有 4 个采样点的样品存在不同程度的超标农药检出,其中

***超市(八一店)的超标率最高，为 41.7%，如表 5-15 和图 5-18 所示。

表 5-15　超过 MRL 日本标准茶叶在不同采样点分布

序号	采样点	样品总数	超标数量	超标率(%)	行政区域
1	***茶庄	15	4	26.7	青山湖区
2	***超市(八一店)	15	4	26.7	西湖区
3	***超市(八一店)	12	5	41.7	东湖区
4	***茶业店	9	3	33.3	青云谱区

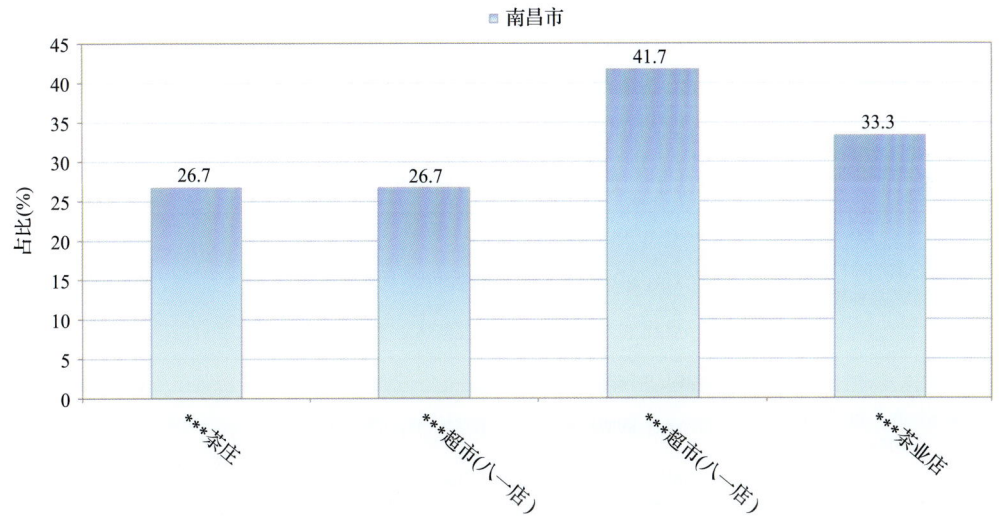

图 5-18　超过 MRL 日本标准茶叶在不同采样点分布

5.2.3.4　按 MRL 中国香港标准衡量

按 MRL 中国香港标准衡量，所有采样点的样品均未检出超标农药残留。

5.2.3.5　按 MRL 美国标准衡量

按 MRL 美国标准衡量，所有采样点的样品均未检出超标农药残留。

5.2.3.6　按 MRL CAC 标准衡量

按 MRL CAC 标准衡量，所有采样点的样品均未检出超标农药残留。

5.3　茶叶中农药残留分布

5.3.1　茶叶按检出农药品种和频次排名

本次残留侦测的茶叶共 2 种，包括红茶和绿茶。

根据检出农药品种及频次进行排名，将各项排名茶叶样品检出情况列表说明，详见

表 5-16。

表 5-16 茶叶按检出农药品种和频次排名

按检出农药品种排名(品种)	①绿茶(17),②红茶(12)
按检出农药频次排名(频次)	①绿茶(122),②红茶(25)
按检出禁用、高毒及剧毒农药品种排名(品种)	①绿茶(2)
按检出禁用、高毒及剧毒农药频次排名(频次)	①绿茶(10)

5.3.2 茶叶按超标农药品种和频次排名

鉴于 MRL 欧盟标准和 MRL 日本标准制定比较全面且覆盖率较高,我们参照 MRL 中国国家标准、欧盟标准和日本标准衡量茶叶样品中农残检出情况,将超标农药品种及频次排名茶叶列表说明,详见表 5-17。

表 5-17 茶叶按超标农药品种和频次排名

按超标农药品种排名 (农药品种数)	MRL 中国国家标准	
	MRL 欧盟标准	①绿茶(8),②红茶(5)
	MRL 日本标准	①红茶(6),②绿茶(5)
按超标农药频次排名 (农药频次数)	MRL 中国国家标准	
	MRL 欧盟标准	①绿茶(31),②红茶(12)
	MRL 日本标准	①红茶(15),②绿茶(9)

通过对各品种茶叶样本总数及检出率进行综合分析发现,绿茶、红茶的残留污染最为严重,在此,我们参照 MRL 中国国家标准、欧盟标准和日本标准对这 2 种茶叶的农残检出情况进行进一步分析。

5.3.3 农药残留检出率较高的茶叶样品分析

5.3.3.1 绿茶

这次共检测 50 例绿茶样品,40 例样品中检出了农药残留,检出率为 80.0%,检出农药共计 17 种。其中噻嗪酮、唑虫酰胺、哒螨灵、啶虫脒和克百威检出频次较高,分别检出了 28、27、23、17 和 5 次。绿茶中农药检出品种和频次见图 5-19,超标农药见图 5-20 和表 5-18。

5.3.3.2 红茶

这次共检测 10 例红茶样品,全部检出了农药残留,检出率为 100.0%,检出农药共计 12 种。其中特草灵、嘧霉胺、残杀威、噁霜灵和异丙威检出频次较高,分别检出了 9、3、2、2 和 2 次。红茶中农药检出品种和频次见图 5-21,超标农药见图 5-22 和表 5-19。

第5章 LC-Q-TOF/MS 侦测南昌市60例市售茶叶样品农药残留报告

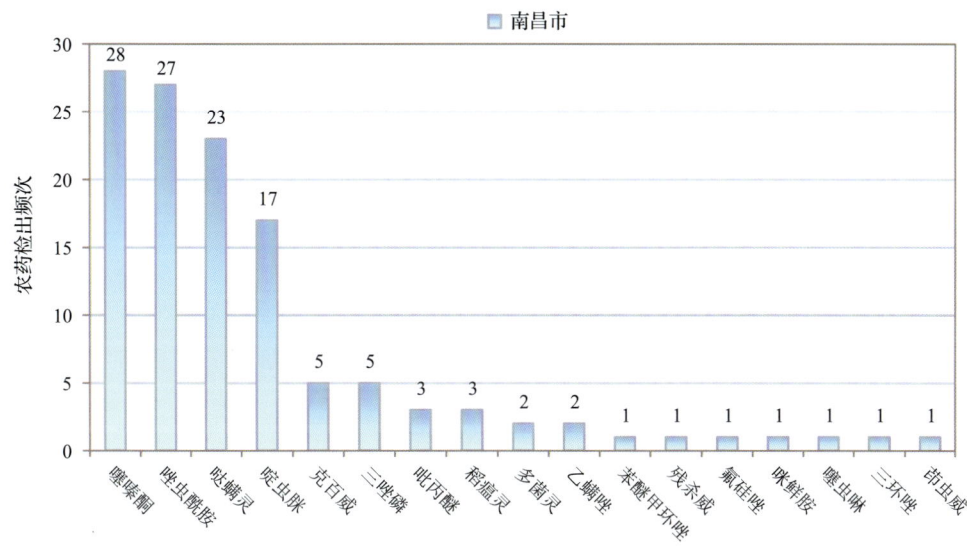

图 5-19 绿茶样品检出农药品种和频次分析

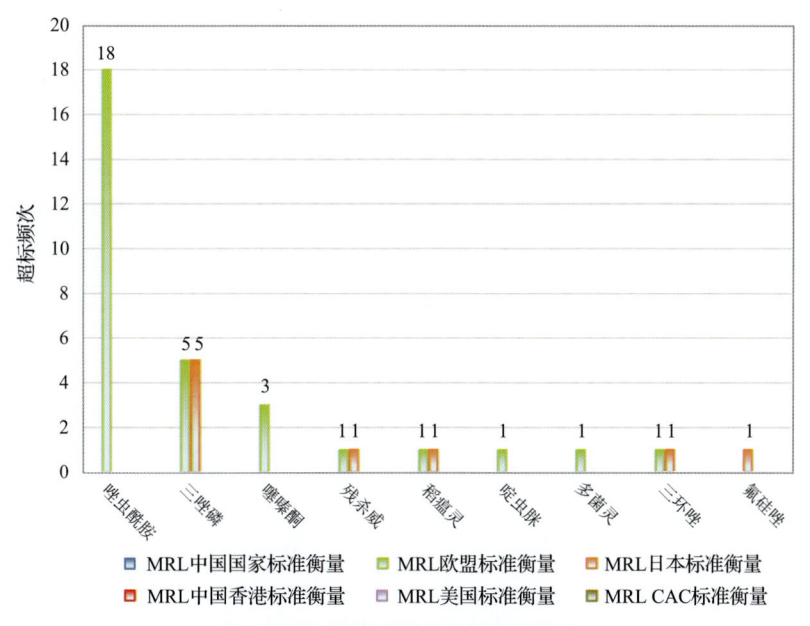

图 5-20 绿茶样品中超标农药分析

表 5-18 绿茶中农药残留超标情况明细表

样品总数		检出农药样品数	样品检出率(%)	检出农药品种总数
50		40	80	17
超标农药品种	超标农药频次	按照MRL中国国家标准、欧盟标准和日本标准衡量超标农药名称及频次		
中国国家标准	0	0		
欧盟标准	8	31	唑虫酰胺(18), 三唑磷(5), 噻嗪酮(3), 残杀威(1), 稻瘟灵(1), 啶虫脒(1), 多菌灵(1), 三环唑(1)	
日本标准	5	9	三唑磷(5), 残杀威(1), 稻瘟灵(1), 氟硅唑(1), 三环唑(1)	

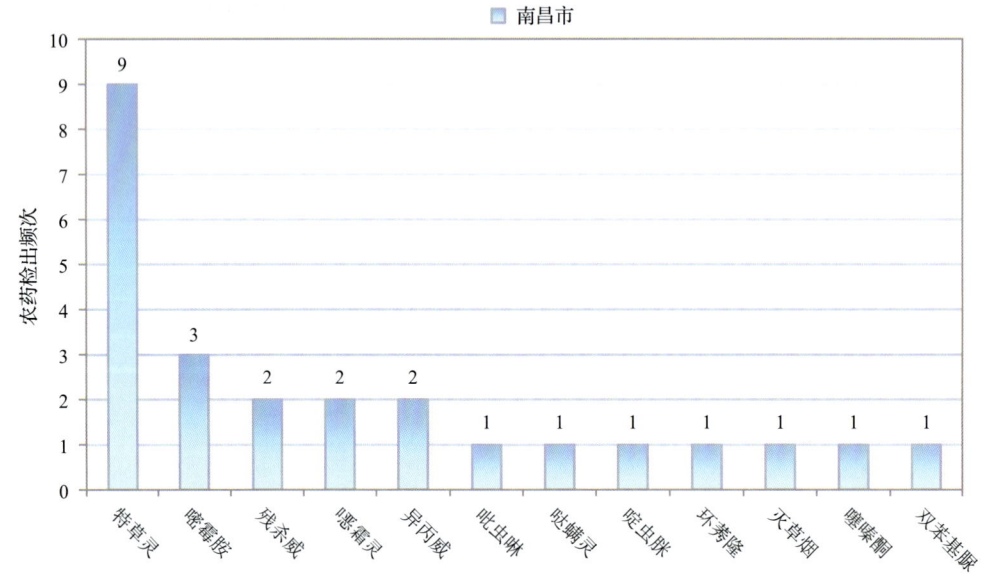

图 5-21　红茶样品检出农药品种和频次分析

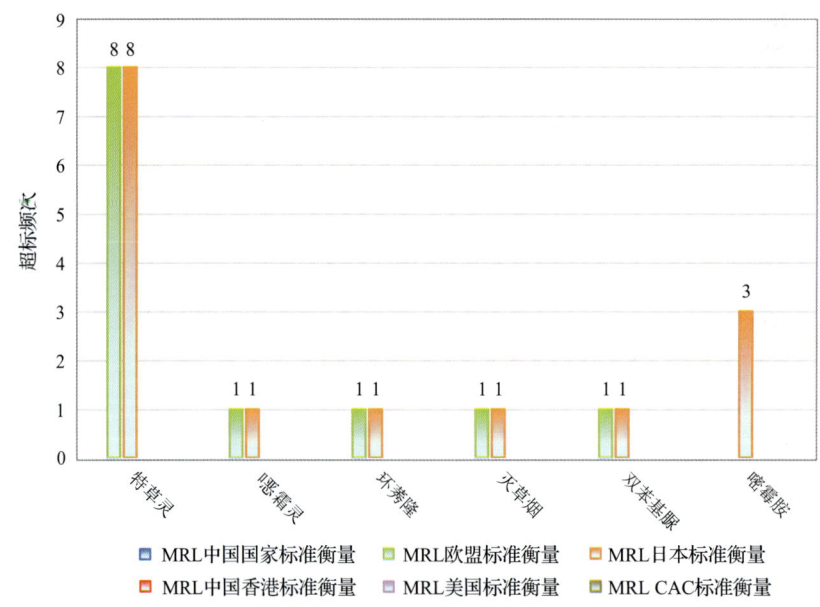

图 5-22　红茶样品中超标农药分析

表 5-19　红茶中农药残留超标情况明细表

样品总数		检出农药样品数	样品检出率(%)	检出农药品种总数
10		10	100	12
	超标农药品种	超标农药频次	按照 MRL 中国国家标准、欧盟标准和日本标准衡量超标农药名称及频次	
中国国家标准	0	0		
欧盟标准	5	12	特草灵(8), 噁霜灵(1), 环莠隆(1), 灭草烟(1), 双苯基脲(1)	
日本标准	6	15	特草灵(8), 嘧霉胺(3), 噁霜灵(1), 环莠隆(1), 灭草烟(1), 双苯基脲(1)	

5.4 初步结论

5.4.1 南昌市市售茶叶按MRL中国国家标准和国际主要MRL标准衡量的合格率

本次侦测的60例样品中,10例样品未检出任何残留农药,占样品总量的16.7%,50例样品检出不同水平、不同种类的残留农药,占样品总量的83.3%。在这50例检出农药残留的样品中:

按照MRL中国国家标准衡量,有50例样品检出残留农药但含量没有超标,占样品总数的83.3%,无检出残留农药超标的样品。

按照MRL欧盟标准衡量,有19例样品检出残留农药但含量没有超标,占样品总数的31.7%,有31例样品检出了超标农药,占样品总数的51.7%。

按照MRL日本标准衡量,有34例样品检出残留农药但含量没有超标,占样品总数的56.7%,有16例样品检出了超标农药,占样品总数的26.7%。

按照MRL中国香港标准衡量,有50例样品检出残留农药但含量没有超标,占样品总数的83.3%,无检出残留农药超标的样品。

按照MRL美国标准衡量,有50例样品检出残留农药但含量没有超标,占样品总数的83.3%,无检出残留农药超标的样品。

按照MRL CAC标准衡量,有50例样品检出残留农药但含量没有超标,占样品总数的83.3%,无检出残留农药超标的样品。

5.4.2 南昌市市售茶叶中检出农药以中低微毒农药为主,占市场主体的92.0%

这次侦测的60例茶叶样品共检出了25种农药,检出农药的毒性以中低微毒为主,详见表5-20。

表5-20 市场主体农药毒性分布

毒性	检出品种	占比	检出频次	占比
高毒农药	2	8.0%	10	6.8%
中毒农药	15	60.0%	87	59.2%
低毒农药	3	12.0%	41	27.9%
微毒农药	5	20.0%	9	6.1%
中低微毒农药,品种占比92.0%,频次占比93.2%				

5.4.3 检出剧毒、高毒和禁用农药现象应该警醒

在此次侦测的60例样品中有1种茶叶的9例样品检出了2种10频次的剧毒和高毒或禁用农药,占样品总量的15.0%。其中高毒农药克百威和三唑磷检出频次较高。

按MRL中国国家标准衡量,高毒农药按超标程度比较未超标。

剧毒、高毒或禁用农药的检出情况及按照 MRL 中国国家标准衡量的超标情况见表 5-21。

表 5-21 剧毒、高毒或禁用农药的检出及超标明细

序号	农药名称	样品名称	检出频次	超标频次	最大超标倍数	超标率
1.1	克百威◇▲	绿茶	5	0	0	0.0%
2.1	三唑磷◇▲	绿茶	5	0	0	0.0%
合计			10	0		0.0%

注：超标倍数参照 MRL 中国国家标准衡量

这些剧毒和高毒农药都是中国政府早有规定禁止在茶叶中使用的，为什么还屡次被检出，应该引起警惕。

5.4.4 残留限量标准与先进国家或地区差距较大

147 频次的检出结果与我国公布的《食品中农药最大残留限量》（GB 2763—2016）对比，有 81 频次能找到对应的 MRL 中国国家标准，占 55.1%；还有 66 频次的侦测数据无相关 MRL 标准供参考，占 44.9%。

与国际上现行 MRL 对比发现：

有 147 频次能找到对应的 MRL 欧盟标准，占 100.0%；

有 147 频次能找到对应的 MRL 日本标准，占 100.0%；

有 56 频次能找到对应的 MRL 中国香港标准，占 38.1%；

有 79 频次能找到对应的 MRL 美国标准，占 53.7%；

有 59 频次能找到对应的 MRL CAC 标准，占 40.1%。

由上可见，MRL 中国国家标准与先进国家或地区还有很大差距，我们无标准，境外有标准，这就会导致我们在国际贸易中，处于受制于人的被动地位。

5.4.5 茶叶单种样品检出 12~17 种农药残留，拷问农药使用的科学性

通过此次监测发现，绿茶、红茶是检出农药品种最多的 2 种茶叶，从中检出农药品种及频次详见表 5-22。

表 5-22 单种样品检出农药品种及频次

样品名称	样品总数	检出农药样品数	检出率	检出农药品种数	检出农药(频次)
绿茶	50	40	80.0%	17	噻嗪酮(28)，唑虫酰胺(27)，哒螨灵(23)，啶虫脒(17)，克百威(5)，三唑磷(5)，吡丙醚(3)，稻瘟灵(3)，多菌灵(2)，乙螨唑(2)，苯醚甲环唑(1)，残杀威(1)，氟硅唑(1)，咪鲜胺(1)，噻虫啉(1)，三环唑(1)，茚虫威(1)
红茶	10	10	100.0%	12	特草灵(9)，嘧霉胺(3)，残杀威(2)，噁霉灵(2)，异丙威(2)，吡虫啉(1)，哒螨灵(1)，啶虫脒(1)，环莠隆(1)，灭草烟(1)，噻嗪酮(1)，双苯基脲(1)

上述 2 种茶叶，检出农药 12~17 种，是多种农药综合防治，还是未严格实施农业良好管理规范(GAP)，抑或根本就是乱施药，值得我们思考。

第6章　LC-Q-TOF/MS 侦测南昌市市售茶叶农药残留膳食暴露风险与预警风险评估

6.1　农药残留风险评估方法

6.1.1　南昌市农药残留侦测数据分析与统计

庞国芳院士科研团队建立的农药残留高通量侦测技术以高分辨精确质量数（0.0001 m/z 为基准）为识别标准，采用 LC-Q-TOF/MS 技术对 825 种农药化学污染物进行侦测。

科研团队于 2019 年 3 月期间在南昌市 6 个采样点，随机采集了 60 例茶叶样品，具体位置如图 6-1 所示。

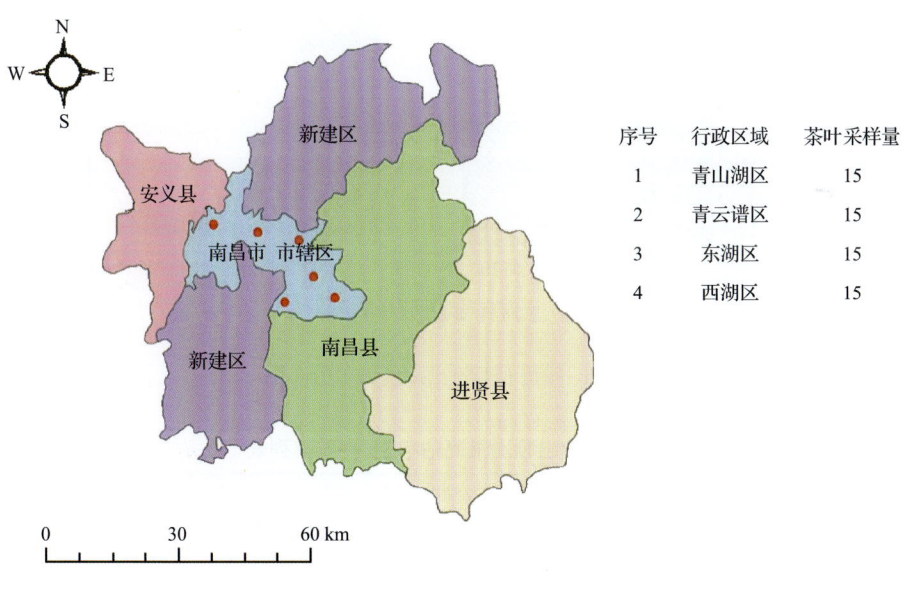

图 6-1　LC-Q-TOF/MS 侦测南昌市 6 个采样点 60 例样品分布示意图

利用 LC-Q-TOF/MS 技术对 60 例样品中的农药进行侦测，侦测出残留农药 25 种，147 频次。侦测出农药残留水平如表 6-1 和图 6-2 所示。检出频次最高的前 10 种农药如表 6-2 所示。从检测结果中可以看出，在茶叶中农药残留普遍存在，且有些茶叶存在高浓度的农药残留，这些可能存在膳食暴露风险，对人体健康产生危害，因此，为了定量地评价茶叶中农药残留的风险程度，有必要对其进行风险评价。

表 6-1 侦测出农药的不同残留水平及其所占比例列表

残留水平(μg/kg)	检出频次	占比(%)
1~5(含)	51	34.7
5~10(含)	19	12.9
10~100(含)	72	49.0
100~1000	5	3.4
合计	147	100

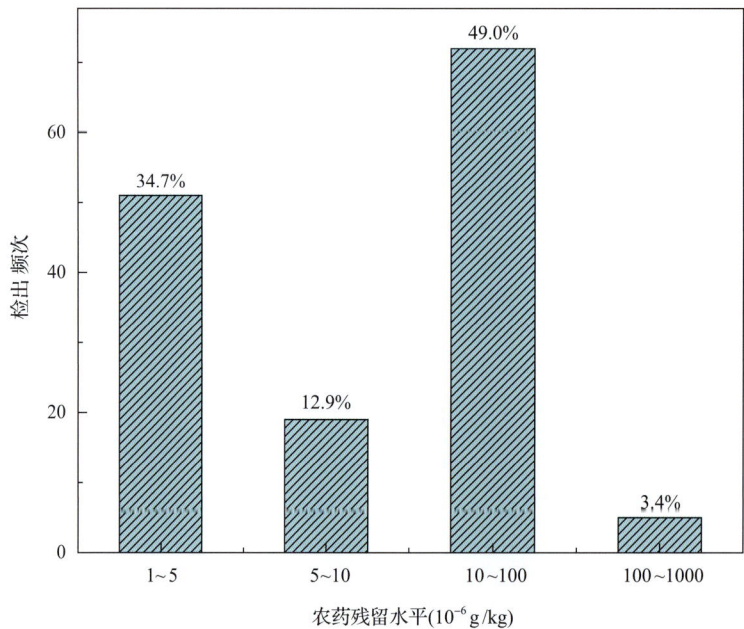

图 6-2 残留农药检出浓度频数分布图

表 6-2 检出频次最高的前 10 种农药列表

序号	农药	检出频次(次)
1	噻嗪酮	29
2	唑虫酰胺	27
3	哒螨灵	24
4	啶虫脒	18
5	特草灵	9
6	克百威	5
7	三唑磷	5
8	吡丙醚	3
9	残杀威	3
10	稻瘟灵	3

6.1.2 农药残留风险评价模型

对南昌市茶叶中农药残留分别开展暴露风险评估和预警风险评估。膳食暴露风险评估利用食品安全指数模型对茶叶中的残留农药对人体可能产生的危害程度进行评价，该模型结合残留监测和膳食暴露评估评价化学污染物的危害；预警风险评价模型运用风险系数(risk index，R)，风险系数综合考虑了危害物的超标率、施检频率及其本身敏感性的影响，能直观而全面地反映出危害物在一段时间内的风险程度。

6.1.2.1 食品安全指数模型

为了加强食品安全管理，《中华人民共和国食品安全法》第二章第十七条规定"国家建立食品安全风险评估制度，运用科学方法，根据食品安全风险监测信息、科学数据以及有关信息，对食品、食品添加剂、食品相关产品中生物性、化学性和物理性危害因素进行风险评估"[1]，膳食暴露评估是食品危险度评估的重要组成部分，也是膳食安全性的衡量标准[2]。国际上最早研究膳食暴露风险评估的机构主要是 JMPR(FAO、WHO 农药残留联合会议)，该组织自 1995 年就已制定了急性毒性物质的风险评估急性毒性农药残留摄入量的预测。1960 年美国规定食品中不得加入致癌物质进而提出零阈值理论，渐渐零阈值理论发展成在一定概率条件下可接受风险的概念[3]，后衍变为食品中每日允许最大摄入量(ADI)，而国际食品农药残留法典委员会(CCPR)认为 ADI 不是独立风险评估的唯一标准[4]，1995 年 JMPR 开始研究农药急性膳食暴露风险评估，并对食品国际短期摄入量的计算方法进行了修正，亦对膳食暴露评估准则及评估方法进行了修正[5]，2002 年，在对世界上现行的食品安全评价方法，尤其是国际公认的 CAC 评价方法、全球环境监测系统/食品污染监测和评估规划(WHO GEMS/Food)及 FAO、WHO 食品添加剂联合专家委员会(JECFA)和 JMPR 对食品安全风险评估工作研究的基础之上，检验检疫食品安全管理的研究人员提出了结合残留监控和膳食暴露评估，以食品安全指数 IFS 计算食品中各种化学污染物对消费者的健康危害程度[6]。IFS 是表示食品安全状态的新方法，可有效地评价某种农药的安全性，进而评价食品中各种农药化学污染物对消费者健康的整体危害程度[7,8]。从理论上分析，IFS_c可指出食品中的污染物 c 对消费者健康是否存在危害及危害的程度[9]。其优点在于操作简单且结果容易被接受和理解，不需要大量的数据来对结果进行验证，使用默认的标准假设或者模型即可[10,11]。

1) IFS_c 的计算

IFS_c 计算公式如下：

$$IFS_c = \frac{EDI_c \times f}{SI_c \times bw} \tag{6-1}$$

式中，c 为所研究的农药；EDI_c 为农药 c 的实际日摄入量估算值，等于 $\sum(R_i \times F_i \times E_i \times P_i)$ (i 为食品种类；R_i 为食品 i 中农药 c 的残留水平，mg/kg；F_i 为食品 i 的估计日消费量，g/(人·天)；E_i 为食品 i 的可食用部分因子；P_i 为食品 i 的加工处理因子)；SI_c 为安全摄入量，可采用每日允许最大摄入量 ADI；bw 为人平均体重，kg；f 为校正因子，如果安全摄入量采用 ADI，则 f 取 1。

$IFS_c \ll 1$，农药 c 对食品安全没有影响；$IFS_c \leq 1$，农药 c 对食品安全的影响可以接受；$IFS_c > 1$，农药 c 对食品安全的影响不可接受。

本次评价中：

$IFS_c \leq 0.1$，农药 c 对茶叶安全没有影响；

$0.1 < IFS_c \leq 1$，农药 c 对茶叶安全的影响可以接受；

$IFS_c > 1$，农药 c 对茶叶安全的影响不可接受。

本次评价中残留水平 R_i 取值为中国检验检疫科学研究院庞国芳院士课题组利用以高分辨精确质量数（0.0001 m/z）为基准的 LC-Q-TOF/MS 侦测技术于 2019 年 3 月期间对南昌市茶叶农药残留的侦测结果，估计日消费量 F_i 取值 0.0047 kg/（人·天），$E_i=1$，$P_i=1$，$f=1$，SI_c 采用《食品安全国家标准 食品中农药最大残留限量》(GB 2763—2016) 中 ADI 值（具体数值见表 6-3），人平均体重 (bw) 取值 60 kg。

表 6-3 南昌市茶叶中侦测出农药的 ADI 值

序号	农药	ADI	序号	农药	ADI	序号	农药	ADI
1	三唑磷	0.001	10	异丙威	0.002	19	吡虫啉	0.06
2	唑虫酰胺	0.006	11	咪鲜胺	0.01	20	乙螨唑	0.05
3	噻嗪酮	0.009	12	氟硅唑	0.007	21	双苯基脲	—
4	克百威	0.001	13	稻瘟灵	0.016	22	残杀威	—
5	哒螨灵	0.01	14	噻虫啉	0.01	23	灭草烟	—
6	多菌灵	0.03	15	苯醚甲环唑	0.01	24	特草灵	—
7	啶虫脒	0.07	16	茚虫威	0.01	25	环莠隆	—
8	噁霜灵	0.01	17	嘧霉胺	0.2			
9	三环唑	0.04	18	吡丙醚	0.1			

注："—"表示为国家标准中无 ADI 值规定；ADI 值单位为 mg/kg bw

2）计算 IFS_c 的平均值 $\overline{IFS}$，评价农药对食品安全的影响程度

以 $\overline{IFS}$ 评价各种农药对人体健康危害的总程度，评价模型见公式(6-2)。

$$\overline{IFS} = \frac{\sum_{i=1}^{n} IFS_c}{n} \quad (6\text{-}2)$$

$\overline{IFS} \ll 1$，所研究消费者人群的食品安全状态很好；$\overline{IFS} \leq 1$，所研究消费者人群的食品安全状态可以接受；$\overline{IFS} > 1$，所研究消费者人群的食品安全状态不可接受。

本次评价中：

$\overline{IFS} \leq 0.1$，所研究消费者人群的茶叶安全状态很好；

$0.1 < \overline{IFS} \leq 1$，所研究消费者人群的茶叶安全状态可以接受；

$\overline{IFS} > 1$，所研究消费者人群的茶叶安全状态不可接受。

6.1.2.2 预警风险评估模型

2003年,我国检验检疫食品安全管理的研究人员根据WTO的有关原则和我国的具体规定,结合危害物本身的敏感性、风险程度及其相应的施检频率,首次提出了食品中危害物风险系数 R 的概念[12]。R 是衡量一个危害物的风险程度大小最直观的参数,即在一定时期内其超标率或阳性检出率的高低,但受其施检频率的高低及其本身的敏感性(受关注程度)影响。该模型综合考察了农药在茶叶中的超标率、施检频率及其本身敏感性,能直观而全面地反映出农药在一段时间内的风险程度[13]。

1) R 计算方法

危害物的风险系数综合考虑了危害物的超标率或阳性检出率、施检频率和其本身的敏感性影响,并能直观而全面地反映出危害物在一段时间内的风险程度。风险系数 R 的计算公式如式(6-3):

$$R = aP + \frac{b}{F} + S \qquad (6-3)$$

式中,P 为该种危害物的超标率;F 为危害物的施检频率;S 为危害物的敏感因子;a,b 分别为相应的权重系数。

本次评价中 $F=1$;$S=1$;$a=100$;$b=0.1$,对参数 P 进行计算,计算时首先判断是否为禁用农药,如果为非禁用农药,$P=$超标的样品数(侦测出的含量高于食品最大残留限量标准值,即 MRL)除以总样品数(包括超标、不超标、未侦测出);如果为禁用农药,则侦测出即为超标,$P=$能侦测出的样品数除以总样品数。判断南昌市茶叶农药残留是否超标的标准限值 MRL 分别以 MRL 中国国家标准[14]和 MRL 欧盟标准作为对照,具体值列于本报告附表一中。

2) 评价风险程度

$R \leq 1.5$,受检农药处于低度风险;

$1.5 < R \leq 2.5$,受检农药处于中度风险;

$R > 2.5$,受检农药处于高度风险。

6.1.2.3 食品膳食暴露风险和预警风险评估应用程序的开发

1) 应用程序开发的步骤

为成功开发膳食暴露风险和预警风险评估应用程序,与软件工程师多次沟通讨论,逐步提出并描述清楚计算需求,开发了初步应用程序。为明确出不同茶叶、不同农药、不同地域和不同季节的风险水平,向软件工程师提出不同的计算需求,软件工程师对计算需求进行逐一分析,经过反复的细节沟通,需求分析得到明确后,开始进行解决方案的设计,在保证需求的完整性、一致性的前提下,编写出程序代码,最后设计出满足需求的风险评估专用计算软件,并通过一系列的软件测试和改进,完成专用程序的开发。软件开发基本步骤见图6-3。

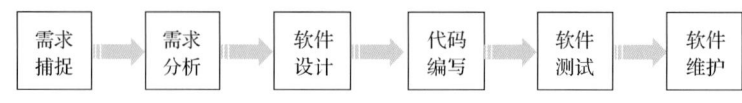

图 6-3　专用程序开发总体步骤

2) 膳食暴露风险评估专业程序开发的基本要求

首先直接利用公式(6-1)，分别计算 LC-Q-TOF/MS 和 GC-Q-TOF/MS 仪器侦测出的各茶叶样品中每种农药 IFS_c，将结果列出。为考察超标农药和禁用农药的使用安全性，分别以我国《食品安全国家标准 食品中农药最大残留限量》(GB 2763—2016)和欧盟食品中农药最大残留限量(以下简称 MRL 中国国家标准和 MRL 欧盟标准)为标准，对侦测出的禁用农药和超标的非禁用农药 IFS_c 单独进行评价；按 IFS_c 大小列表，并找出 IFS_c 值排名前 20 的样本重点关注。

对不同茶叶 i 中每一种侦测出的农药 c 的安全指数进行计算，多个样品时求平均值。按农药种类，计算整个监测时间段内每种农药的 IFS_c，不区分茶叶种类。

3) 预警风险评估专业程序开发的基本要求

分别以 MRL 中国国家标准和 MRL 欧盟标准，按公式(6-3)逐个计算不同茶叶、不同农药的风险系数，禁用农药和非禁用农药分别列表。

为清楚了解各种农药的预警风险，不分时间，不分茶叶，按禁用农药和非禁用农药分类，分别计算各种侦测出农药全部检测时段内风险系数。由于有 MRL 中国国家标准的农药种类太少，无法计算超标数，非禁用农药的风险系数只以 MRL 欧盟标准为标准，进行计算。

4) 风险程度评价专业应用程序的开发方法

采用 Python 计算机程序设计语言，Python 是一个高层次地结合了解释性、编译性、互动性和面向对象的脚本语言。风险评价专用程序主要功能包括：分别读入每例样品 LC-Q-TOF/MS 和 GC-Q-TOF/MS 农药残留检测数据，根据风险评价工作要求，依次对不同农药、不同食品、不同时间、不同采样点的 IFS_c 值和 R 值分别进行数据计算，筛选出禁用农药、超标农药(分别与 MRL 中国国家标准、MRL 欧盟标准限值进行对比)单独重点分析，再分别对各农药、各茶叶种类分类处理，设计出计算和排序程序，编写计算机代码，最后将生成的膳食暴露风险评估和超标风险评估定量计算结果列入设计好的各个表格中，并定性判断风险对目标的影响程度，直接用文字描述风险发生的高低，如"不可接受"、"可以接受"、"没有影响"、"高度风险"、"中度风险"、"低度风险"。

6.2　LC-Q-TOF/MS 侦测南昌市市售茶叶农药残留膳食暴露风险评估

6.2.1　每例茶叶样品中农药残留安全指数分析

基于 2019 年 3 月的农药残留侦测数据，发现在 60 例样品中侦测出农药 147 频次，计算样品中每种残留农药的安全指数 IFS_c，并分析农药对样品安全的影响程度，结果详见附表二，农药残留对茶叶样品安全的影响程度频次分布情况如图 6-4 所示。

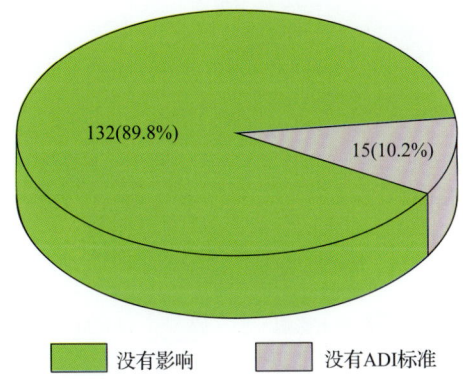

图 6-4　农药残留对茶叶样品安全的影响程度频次分布图

由图 6-4 可以看出，农药残留对样品安全的没有影响的频次为 20，占 80%。

部分样品侦测出禁用农药 2 种 10 频次，为了明确残留的禁用农药对样品安全的影响，分析侦测出禁用农药残留的样品安全指数，禁用农药残留对茶叶样品安全的影响程度频次分布情况如图 6-5 所示，农药残留对样品安全没有影响的频次为 10，占 100%。

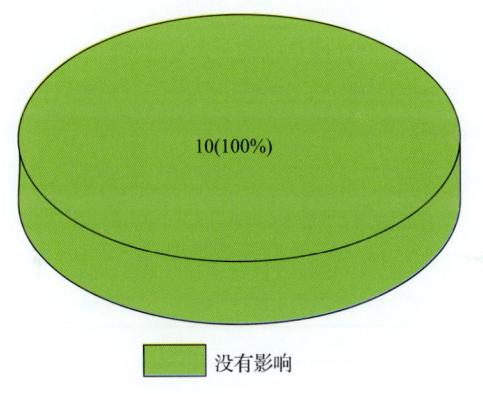

图 6-5　禁用农药对茶叶样品安全影响程度的频次分布图

此外，本次侦测发现部分样品中非禁用农药残留量超过了 MRL 欧盟标准，为了明确超标的非禁用农药对样品安全的影响，分析了非禁用农药残留超标的样品安全指数。

残留量超过 MRL 欧盟标准的非禁用农药对茶叶样品安全的影响程度频次分布情况如图 6-6 所示。可以看出超过 MRL 欧盟标准的非禁用农药共 38 频次，其中农药没有 ADI 的频次为 12，占 31.58%；农药残留对样品安全没有影响的频次为 26，占 68.42%。表 6-4 为茶叶样品中安全指数排名前 10 的残留超标非禁用农药列表。

6.2.2　单种茶叶中农药残留安全指数分析

本次 2 种茶叶侦测 25 种农药，检出频次为 147 次，其中 5 种农药没有 ADI，20 种农药存在 ADI 标准。2 种茶叶按不同种类分别计算侦测出的具有 ADI 标准的各种农药的 IFS_c 值，农药残留对茶叶的安全指数分布图如图 6-7 所示。

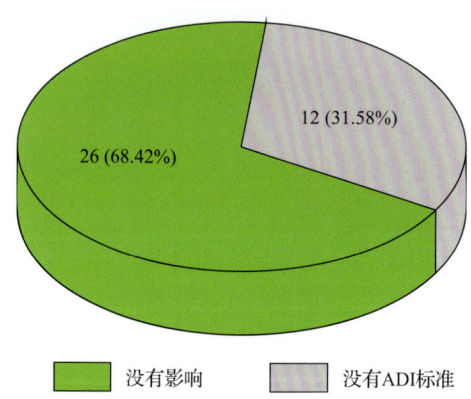

图 6-6　残留超标的非禁用农药对茶叶样品安全的影响程度频次分布图（MRL 欧盟标准）

表 6-4　茶叶样品中安全指数排名前 10 的残留超标非禁用农药列表（MRL 欧盟标准）

序号	样品编号	采样点	基质	农药	含量(mg/kg)	欧盟标准	IFS$_c$	影响程度
1	20190307-360100-AHCIQ-GT-04C	***超市（八一店）	绿茶	三唑磷	0.0444	0.02	0.0035	没有影响
2	20190307-360100-AHCIQ-GT-01A	***茶庄	绿茶	三唑磷	0.0341	0.02	0.0027	没有影响
3	20190307-360100-AHCIQ-GT-05K	***超市（八一店）	绿茶	三唑磷	0.0279	0.02	0.0022	没有影响
4	20190307-360100-AHCIQ-GT-04H	***超市（八一店）	绿茶	三唑磷	0.0277	0.02	0.0022	没有影响
5	20190307-360100-AHCIQ-GT-04I	***超市（八一店）	绿茶	三唑磷	0.0238	0.02	0.0019	没有影响
6	20190307-360100-AHCIQ-GT-04C	***超市（八一店）	绿茶	唑虫酰胺	0.1100	0.01	0.0014	没有影响
7	20190307-360100-AHCIQ-GT-01A	***茶庄	绿茶	唑虫酰胺	0.0966	0.01	0.0013	没有影响
8	20190307-360100-AHCIQ-GT-01B	***茶庄	绿茶	唑虫酰胺	0.0966	0.01	0.0013	没有影响
9	20190307-360100-AHCIQ-GT-05A	***超市（八一店）	绿茶	唑虫酰胺	0.0824	0.01	0.0011	没有影响
10	20190307-360100-AHCIQ-GT-04C	***超市（八一店）	绿茶	噻嗪酮	0.1200	0.05	0.0010	没有影响

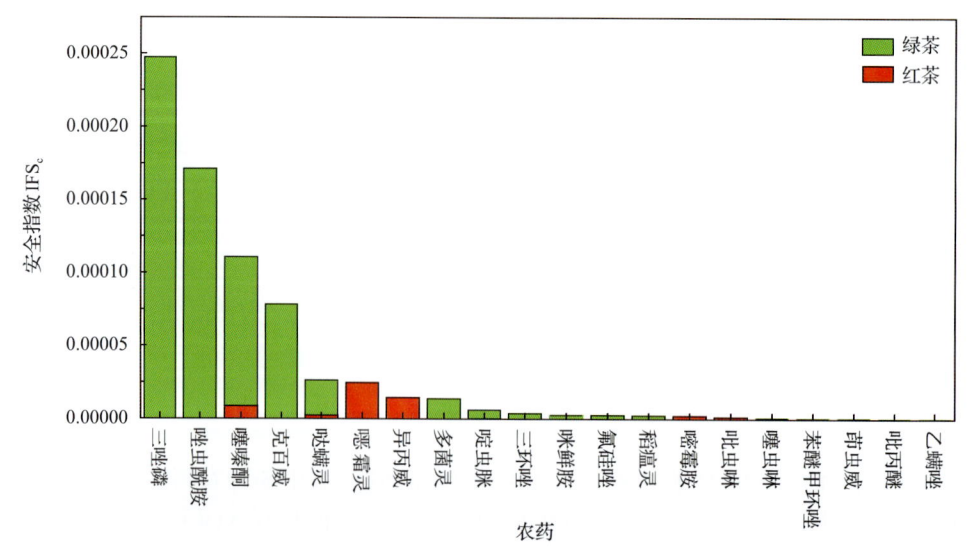

图 6-7　2 种茶叶中 20 种残留农药的安全指数分布图

本次侦测中，2 种茶叶和 25 种残留农药(包括没有 ADI)共涉及 29 个分析样本，农药对单种茶叶安全的影响程度分布情况如图 6-8 所示。可以看出，79.31%的样本中农药对茶叶安全没有影响。

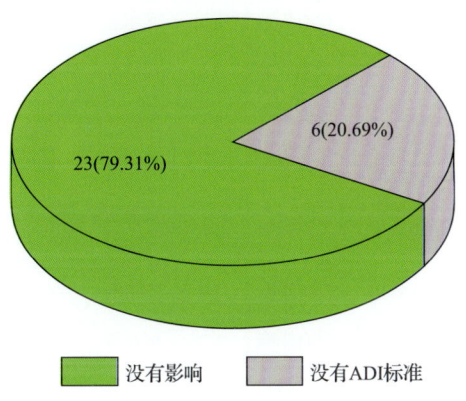

图 6-8　29 个分析样本的影响程度频次分布图

6.2.3　所有茶叶中农药残留安全指数分析

计算所有茶叶中 20 种农药的 IFS_c 值，结果如图 6-9 及表 6-5 所示。

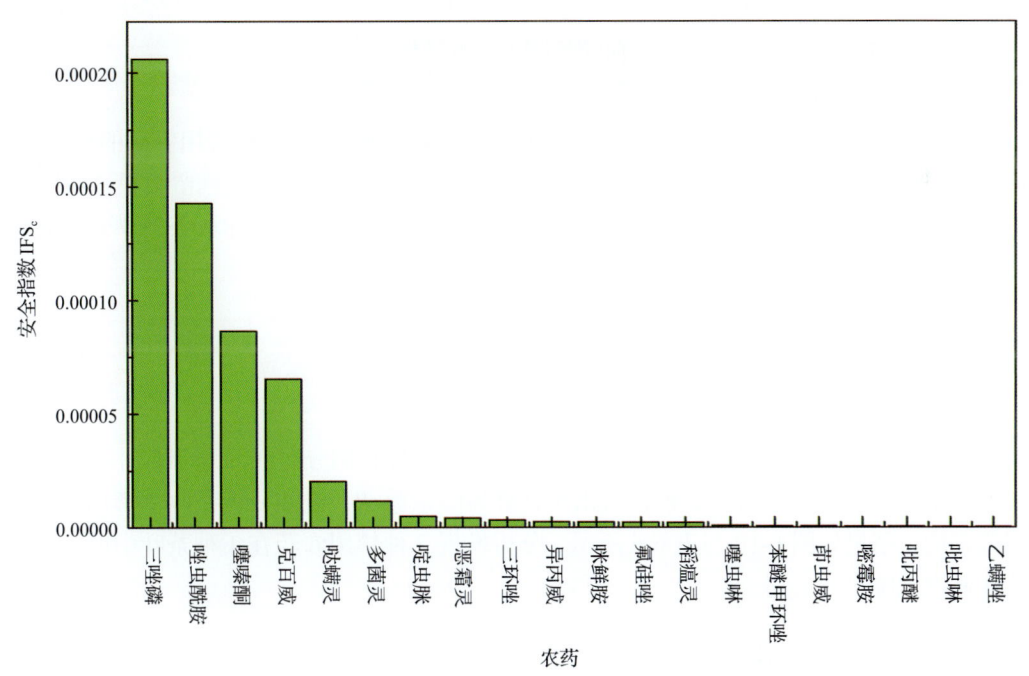

图 6-9　20 种残留农药对茶叶的安全影响程度统计图

分析发现，所有的农药对茶叶安全的影响程度均为没有影响，说明茶叶中残留的农药不会对茶叶安全造成影响。

表 6-5　茶叶中 20 种农药残留的安全指数表

序号	农药	检出频次	检出率(%)	IFS_c	影响程度	序号	农药	检出频次	检出率(%)	IFS_c	影响程度
1	三唑磷	5	8	2.06×10^{-4}	没有影响	11	咪鲜胺	1	2	2.28×10^{-6}	没有影响
2	唑虫酰胺	27	45	1.43×10^{-4}	没有影响	12	氟硅唑	1	2	2.24×10^{-6}	没有影响
3	噻嗪酮	29	48	8.65×10^{-5}	没有影响	13	稻瘟灵	3	5	2.12×10^{-6}	没有影响
4	克百威	5	8	6.53×10^{-5}	没有影响	14	噻虫啉	1	2	7.18×10^{-7}	没有影响
5	哒螨灵	24	40	2.04×10^{-5}	没有影响	15	苯醚甲环唑	1	2	5.35×10^{-7}	没有影响
6	多菌灵	2	3	1.15×10^{-5}	没有影响	16	茚虫威	1	2	4.57×10^{-7}	没有影响
7	啶虫脒	18	30	4.88×10^{-6}	没有影响	17	嘧霉胺	3	5	3.77×10^{-7}	没有影响
8	噁霜灵	2	3	4.11×10^{-6}	没有影响	18	吡丙醚	3	5	3.37×10^{-7}	没有影响
9	三环唑	1	2	3.26×10^{-6}	没有影响	19	吡虫啉	1	2	2.48×10^{-7}	没有影响
10	异丙威	2	3	2.42×10^{-6}	没有影响	20	乙螨唑	2	3	2.04×10^{-7}	没有影响

6.3　LC-Q-TOF/MS 侦测南昌市市售茶叶农药残留预警风险评估

基于南昌市茶叶样品中农药残留 LC-Q-TOF/MS 侦测数据，分析禁用农药的检出率，同时参照中华人民共和国国家标准 GB 2763—2016 和欧盟农药最大残留限量(MRL)标准分析非禁用农药残留的超标率，并计算农药残留风险系数。分析单种茶叶中农药残留以及所有茶叶中农药残留的风险程度。

6.3.1　单种茶叶中农药残留风险系数分析

6.3.1.1　单种茶叶中禁用农药残留风险系数分析

侦测出的 25 种残留农药中有 2 种为禁用农药，且它们分布在 1 种茶叶中，计算 1 种茶叶中禁用农药的检出率，根据检出率计算风险系数 R，进而分析茶叶中禁用农药的风险程度，结果如图 6-10 与表 6-6 所示。分析发现 2 种禁用农药在 1 种茶叶中的残留处均于高度风险。

6.3.1.2　基于 MRL 中国国家标准的单种茶叶中非禁用农药残留风险系数分析

参照中华人民共和国国家标准 GB 2763—2016 中农药残留限量计算每种茶叶中每种非禁用农药的超标率，进而计算其风险系数，根据风险系数大小判断残留农药的预警风险程度，茶叶中非禁用农药残留风险程度分布情况如图 6-11 所示。

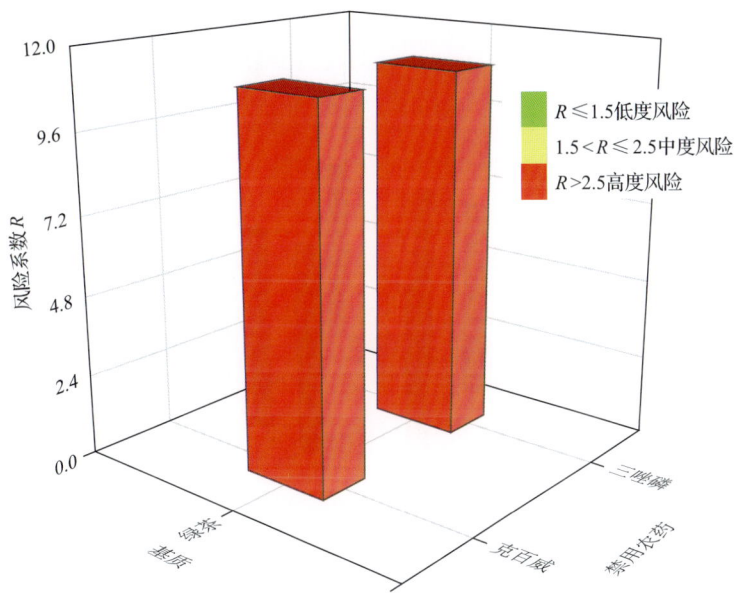

图 6-10　1 种茶叶中 2 种禁用农药残留的风险系数

表 6-6　1 种茶叶中 2 种禁用农药残留的风险系数列表

序号	基质	农药	检出频次	检出率(%)	风险系数 R	风险程度
1	绿茶	三唑磷	5	10	11.10	高度风险
2	绿茶	克百威	5	10	11.10	高度风险

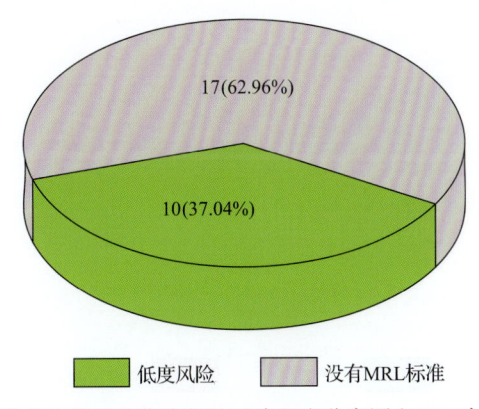

图 6-11　茶叶中非禁用农药残留的风险程度分布图(MRL 中国国家标准)

本次分析中，发现在 2 种茶叶检出 23 种残留非禁用农药，涉及样本 27 个，在 27 个样本中，37.04%处于低度风险，此外发现有 17 个样本没有 MRL 中国国家标准值，无法判断其风险程度，有 MRL 中国国家标准值的 10 个样本涉及 2 种茶叶中的 7 种非禁用农药，其风险系数 R 值如图 6-12 所示。

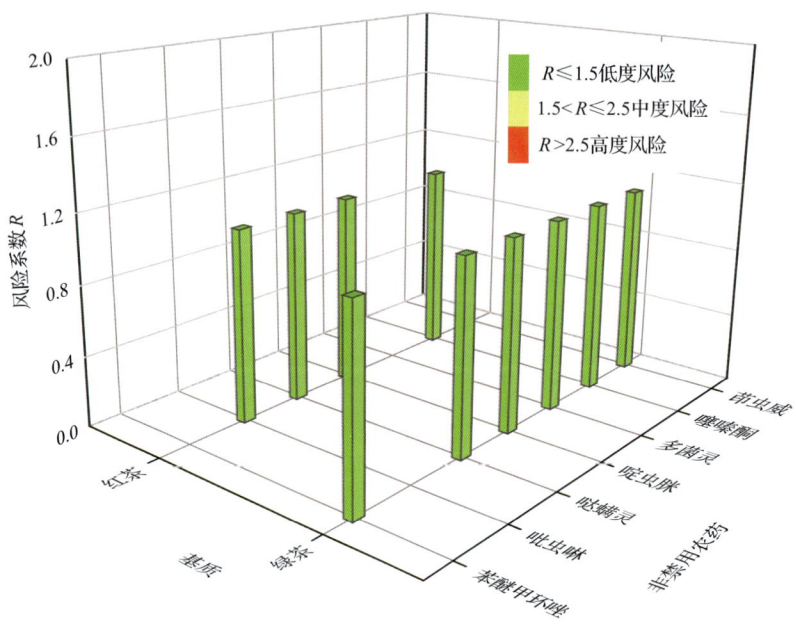

图 6-12 2 种茶叶中 7 种非禁用农药的风险系数分布图（MRL 中国国家标准）

6.3.1.3 基于 MRL 欧盟标准的单种茶叶中非禁用农药残留风险系数分析

参照 MRL 欧盟标准计算每种茶叶中每种非禁用农药的超标率，进而计算其风险系数，根据风险系数大小判断农药残留的预警风险程度，茶叶中非禁用农药残留风险程度分布情况如图 6-13 所示。

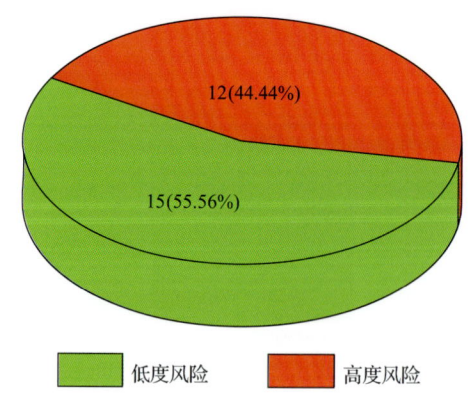

图 6-13 茶叶中非禁用农药残留的风险程度分布图（MRL 欧盟标准）

本次分析中，发现在 2 种茶叶中共侦测出 23 种非禁用农药，涉及样本 27 个，其中，44.44%处于高度风险，涉及 2 种茶叶和 12 种农药；55.56%处于低度风险，涉及 2 种茶叶和 15 种农药。单种茶叶中的非禁用农药风险系数分布图如图 6-14 所示。单种茶叶中处于高度风险的非禁用农药风险系数如图 6-15 和表 6-7 所示。

第6章 LC-Q-TOF/MS 侦测南昌市市售茶叶农药残留膳食暴露风险与预警风险评估

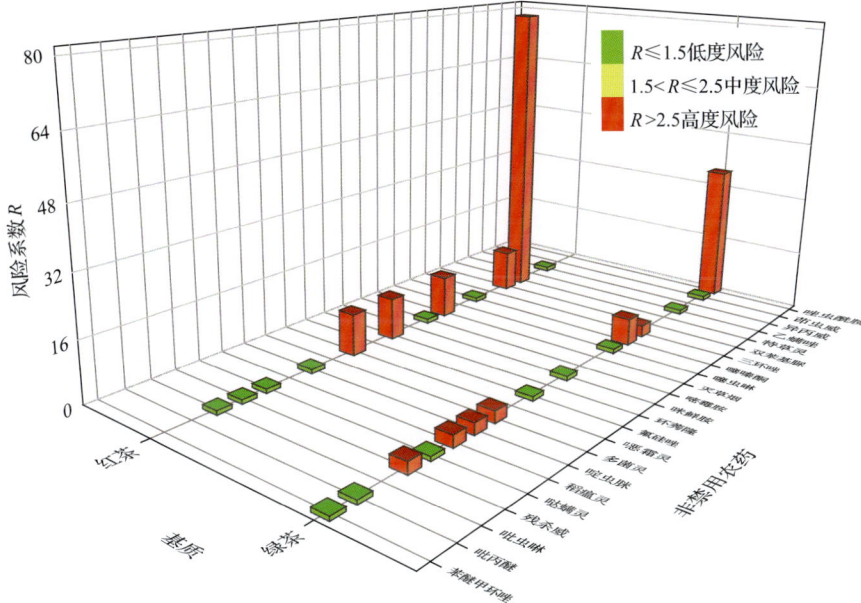

图 6-14 2 种茶叶中 23 种非禁用农药残留的风险系数（MRL 欧盟标准）

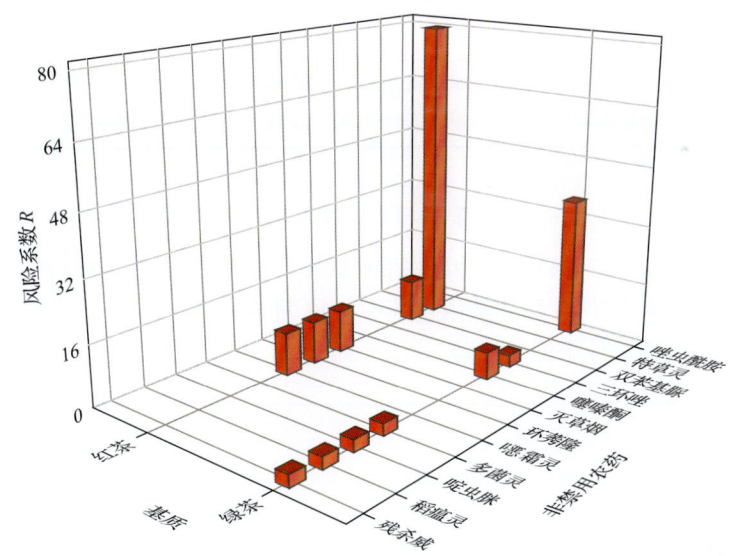

图 6-15 单种茶叶中处于高度风险的非禁用农药的风险系数（MRL 欧盟标准）

表 6-7 单种茶叶中处于高度风险的非禁用农药残留的风险系数表（**MRL** 欧盟标准）

序号	基质	农药	超标频次	超标率 $P(\%)$	风险系数 R
1	红茶	特草灵	8	80	81.1
2	绿茶	唑虫酰胺	18	36	37.1
3	红茶	双苯基脲	1	10	11.1
4	红茶	噁霜灵	1	10	11.1
5	红茶	灭草烟	1	10	11.1

续表

序号	基质	农药	超标频次	超标率 $P(\%)$	风险系数 R
6	红茶	环莠隆	1	10	11.1
7	绿茶	噻嗪酮	3	6	7.1
8	绿茶	多菌灵	1	2	3.1
9	绿茶	残杀威	1	2	3.1
10	绿茶	稻瘟灵	1	2	3.1
11	绿茶	三环唑	1	2	3.1
12	绿茶	啶虫脒	1	2	3.1

6.3.2 所有茶叶中农药残留风险系数分析

6.3.2.1 所有茶叶中禁用农药残留风险系数分析

在侦测出的 25 种农药中有 2 种为禁用农药，计算所有茶叶中禁用农药的风险系数，结果如表 6-8 所示。在 2 种禁用农药中，2 种农药残留均处于高度风险。

表 6-8 茶叶中 2 种禁用农药的风险系数表

序号	农药	检出频次	检出率(%)	风险系数 R	风险程度
1	三唑磷	5	83.33	9.43	高度风险
2	克百威	5	83.33	9.43	高度风险

6.3.2.2 所有茶叶中非禁用农药残留风险系数分析

参照 MRL 欧盟标准计算所有茶叶中每种非禁用农药残留的风险系数，如图 6-16 与表 6-9 所示。在侦测出的 23 种非禁用农药中，12 种农药(52.17%)残留处于高度风险，11 种农药(47.83%)残留处于低度风险。

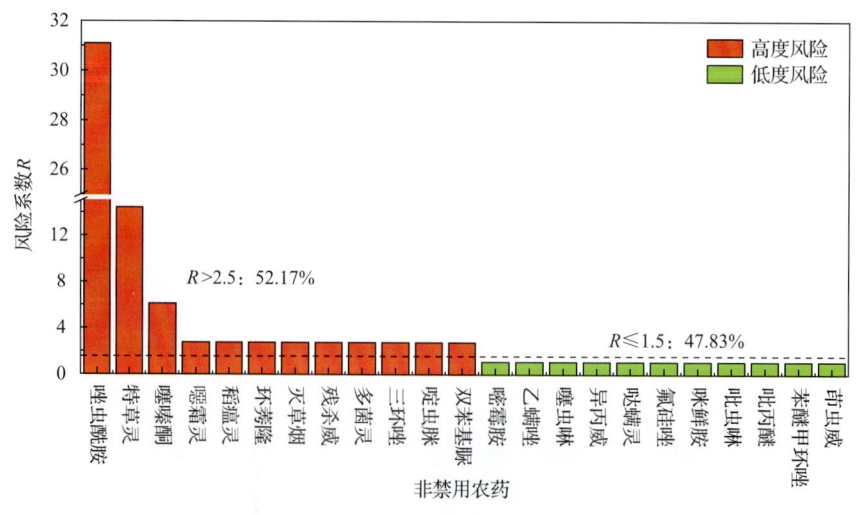

图 6-16 茶叶中 23 种非禁用农药的风险程度统计图

表 6-9　茶叶中 23 种非禁用农药的风险系数表

序号	农药	超标频次	超标率 P(%)	风险系数 R	风险程度
1	唑虫酰胺	18	30.00	31.10	高度风险
2	特草灵	8	13.33	14.43	高度风险
3	噻嗪酮	3	5.00	6.10	高度风险
4	噁霜灵	1	1.67	2.77	高度风险
5	稻瘟灵	1	1.67	2.77	高度风险
6	环莠隆	1	1.67	2.77	高度风险
7	灭草烟	1	1.67	2.77	高度风险
8	残杀威	1	1.67	2.77	高度风险
9	多菌灵	1	1.67	2.77	高度风险
10	三环唑	1	1.67	2.77	高度风险
11	啶虫脒	1	1.67	2.77	高度风险
12	双苯基脲	1	1.67	2.77	高度风险
13	嘧霉胺	0	0	1.10	低度风险
14	乙螨唑	0	0	1.10	低度风险
15	噻虫啉	0	0	1.10	低度风险
16	异丙威	0	0	1.10	低度风险
17	哒螨灵	0	0	1.10	低度风险
18	氟硅唑	0	0	1.10	低度风险
19	咪鲜胺	0	0	1.10	低度风险
20	吡虫啉	0	0	1.10	低度风险
21	吡丙醚	0	0	1.10	低度风险
22	苯醚甲环唑	0	0	1.10	低度风险
23	茚虫威	0	0	1.10	低度风险

6.4　LC-Q-TOF/MS 侦测南昌市市售茶叶农药残留风险评估结论与建议

农药残留是影响茶叶安全和质量的主要因素，也是我国食品安全领域备受关注的敏感话题和亟待解决的重大问题之一[15,16]。各种茶叶均存在不同程度的农药残留现象，本研究主要针对南昌市各类茶叶存在的农药残留问题，基于 2019 年 3 月对南昌市 60 例茶叶样品中农药残留侦测得出的 147 个侦测结果，分别采用食品安全指数模型和风险系数模型，开展茶叶中农药残留的膳食暴露风险和预警风险评估。茶叶样品取自超市和茶叶专营店，符合大众的膳食来源，风险评价时更具有代表性和可信度。

本研究力求通用简单地反映食品安全中的主要问题，且为管理部门和大众容易接受，为政府及相关管理机构建立科学的食品安全信息发布和预警体系提供科学的规律与方法，加强对农药残留的预警和食品安全重大事件的预防，控制食品风险。

6.4.1 南昌市茶叶中农药残留膳食暴露风险评价结论

1) 茶叶样品中农药残留安全状态评价结论

采用食品安全指数模型，对 2019 年 3 月期间南昌市茶叶食品农药残留膳食暴露风险进行评价，根据 IFS_c 的计算结果发现，茶叶中农药的 $\overline{IFS}$ 为 2.78×10^{-5}，说明南昌市茶叶总体处于可以接受的安全状态，但部分禁用农药、高残留农药在茶叶中仍有侦测出，导致膳食暴露风险的存在，成为不安全因素。

2) 禁用农药膳食暴露风险评价

本次检测发现部分茶叶样品中有禁用农药侦测出，侦测出禁用农药 2 种，侦测出频次为 10，茶叶样品中的禁用农药 IFS_c 计算结果表明，禁用农药残留膳食暴露风险没有影响的频次为 10，占 100%。

6.4.2 南昌市茶叶中农药残留预警风险评价结论

1) 单种茶叶中禁用农药残留的预警风险评价结论

本次检测过程中，在 1 种茶叶中检测出 2 种禁用农药，禁用农药为：三唑磷、克百威，茶叶为：绿茶，茶叶中禁用农药的风险系数分析结果显示，2 种禁用农药在 1 种茶叶中的残留均处于高度风险，说明在单种茶叶中禁用农药的残留会导致较高的预警风险。

2) 单种茶叶中非禁用农药残留的预警风险评价结论

以 MRL 中国国家标准为标准，计算茶叶中非禁用农药风险系数情况下，27 个样本中，10 个处于低度风险 (37.04%)，17 个样本没有 MRL 中国国家标准 (62.96%)。以 MRL 欧盟标准为标准，计算茶叶中非禁用农药风险系数情况下，发现有 12 个处于高度风险 (44.44%)，15 个处于低度风险 (55.56%)。基于两种 MRL 标准，评价的结果差异显著，可以看出 MRL 欧盟标准比中国国家标准更加严格和完善，过于宽松的 MRL 中国国家标准值能否有效保障人体的健康有待研究。

6.4.3 加强南昌市茶叶食品安全建议

我国食品安全风险评价体系仍不够健全，相关制度不够完善，多年来，由于农药用药次数多、用药量大或用药间隔时间短，产品残留量大，农药残留所造成的食品安全问题日益严峻，给人体健康带来了直接或间接的危害。据估计，美国与农药有关的癌症患者数约占全国癌症患者总数的 50%，中国更高。同样，农药对其他生物也会形成直接杀伤和慢性危害，植物中的农药可经过食物链逐级传递并不断蓄积，对人和动物构成潜在威胁，并影响生态系统。

基于本次农药残留侦测数据的风险评价结果，提出以下几点建议：

1) 加快食品安全标准制定步伐

我国食品标准中对农药每日允许最大摄入量 ADI 的数据严重缺乏，在本次评价所涉及的 25 种农药中，仅有 80 % 的农药具有 ADI 值，而 20% 的农药中国尚未规定相应的 ADI 值，亟待完善。

我国食品中农药最大残留限量值的规定严重缺乏，对评估涉及的不同茶叶中不同农药 29 个 MRL 限值进行统计来看，我国仅制定出 11 个标准，我国标准完整率仅为 37.9%，欧盟的完整率达到 100%（表 6-10）。因此，中国更应加快 MRL 的制定步伐。

表 6-10 我国国家食品标准农药的 ADI、MRL 值与欧盟标准的数量差异

分类		中国 ADI	MRL 中国国家标准	MRL 欧盟标准
标准限值(个)	有	20	11	29
	无	5	18	0
总数(个)		25	29	29
无标准限值比例(%)		20	62.1	0

此外，MRL 中国国家标准限值普遍高于欧盟标准限值，这些标准中共有 9 个高于欧盟。过高的 MRL 值难以保障人体健康，建议继续加强对限值基准和标准的科学研究，将农产品中的危险性减少到尽可能低的水平。

2) 加强农药的源头控制和分类监管

在南昌市某些茶叶中仍有禁用农药残留，利用 LC-Q-TOF/MS 技术侦测出 2 种禁用农药，检出频次为 10 次，残留禁用农药均存在较大的膳食暴露风险和预警风险。早已列入黑名单的禁用农药在我国并未真正退出，有些药物由于价格便宜、工艺简单，此类高毒农药一直生产和使用。建议在我国采取严格有效的控制措施，从源头控制禁用农药。

对于非禁用农药，在我国作为"田间地头"最典型单位的县级茶叶产地中，农药残留的检测几乎缺失。建议根据农药的毒性，对高毒、剧毒、中毒农药实现分类管理，减少使用高毒和剧毒高残留农药，进行分类监管。

3) 加强农药生物基准和降解技术研究

市售茶叶中残留农药的品种多、频次高、禁用农药多次检出这一现状，说明了我国的田间土壤和水体因农药长期、频繁、不合理的使用而遭到严重污染。为此，建议中国相关部门出台相关政策，鼓励高校及科研院所积极开展分子生物学、酶学等研究，加强土壤、水体中残留农药的生物修复及降解新技术研究，切实加大农药监管力度，以控制农药的面源污染问题。

综上所述，在本工作基础上，根据茶叶残留危害，可进一步针对其成因提出和采取严格管理、大力推广无公害茶叶种植与生产、健全食品安全控制技术体系、加强茶叶质量检测体系建设和积极推行茶叶质量追溯制度等相应对策。建立和完善食品安全综合评价指数与风险监测预警系统，对食品安全进行实时、全面的监控与分析，为我国的食品安全科学监管与决策提供新的技术支持，可实现各类检验数据的信息化系统管理，降低食品安全事故的发生。

第 7 章　GC-Q-TOF/MS 侦测南昌市 60 例市售茶叶样品农药残留报告

从南昌市所属 4 个区，随机采集了 60 例茶叶样品，使用气相色谱-四极杆飞行时间质谱(GC-Q-TOF/MS)对 684 种农药化学污染物示范侦测。

7.1　样品种类、数量与来源

7.1.1　样品采集与检测

为了真实反映百姓日常饮用的茶叶中农药残留污染状况，本次所有检测样品均由检验人员于 2019 年 3 月期间，从南昌市所属 6 个采样点，包括 3 个茶叶专营店 3 个超市，以随机购买方式采集，总计 6 批 60 例样品，从中检出农药 29 种，145 频次。采样及监测概况见图 7-1 及表 7-1，样品及采样点明细见表 7-2 及表 7-3（侦测原始数据见附表 1）。

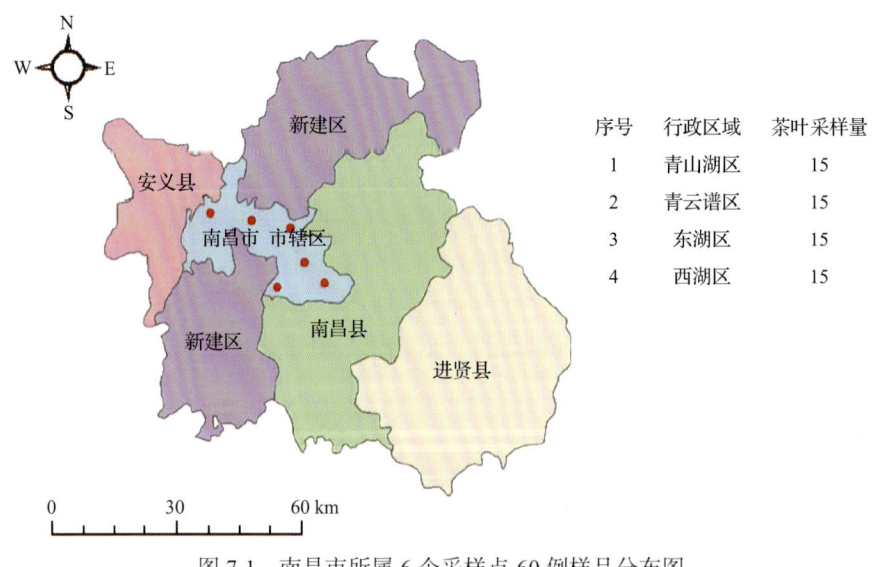

图 7-1　南昌市所属 6 个采样点 60 例样品分布图

表 7-1　农药残留监测总体概况

行政区域	南昌市所属 4 个区
采样点(茶叶专营店+超市)	6
样本总数	60
检出农药品种/频次	29/145
各采样点样本农药残留检出率范围	66.7%~100.0%

表 7-2 样品分类及数量

样品分类	样品名称(数量)	数量小计
1. 茶叶		60
1)发酵类茶叶	红茶(10)	10
2)未发酵类茶叶	绿茶(50)	50
合计	1.茶叶 2 种	60

表 7-3 南昌市采样点信息

采样点序号	行政区域	采样点
茶叶专营店(3)		
1	青山湖区	***茶庄
2	青云谱区	***茶业店
3	青云谱区	***茶业店
超市(3)		
1	东湖区	***超市(八一店)
2	东湖区	***超市(八一广场店)
3	西湖区	***超市(八一店)

7.1.2 检测结果

这次使用的检测方法是庞国芳院士团队最新研发的不需使用标准品对照，而以高分辨精确质量数(0.0001 m/z)为基准的 GC-Q-TOF/MS 检测技术，对于 60 例样品，每个样品均侦测了 684 种农药化学污染物的残留现状。通过本次侦测，在 60 例样品中共计检出农药化学污染物 29 种，检出 145 频次。

7.1.2.1 各采样点样品检出情况

统计分析发现 6 个采样点中，被测样品的农药检出率范围为 66.7%~100.0%。其中，***超市(八一广场店)和***茶业店的检出率最高，均为 100.0%。***茶业店的检出率最低，为 66.7%，见图 7-2。

7.1.2.2 检出农药的品种总数与频次

统计分析发现，对于 60 例样品中 684 种农药化学污染物的侦测，共检出农药 145 频次，涉及农药 29 种，结果如图 7-3 所示。其中烯虫炔酯检出频次最高，共检出 19 次。检出频次排名前 10 的农药如下：①烯虫炔酯(19)，②烯虫酯(16)，③异丙威(12)，④呋草黄(11)，⑤二苯胺(10)，⑥速灭威(10)，⑦甲醚菊酯(6)，⑧炔丙菊酯(6)，⑨联苯菊酯(5)，⑩猛杀威(5)。

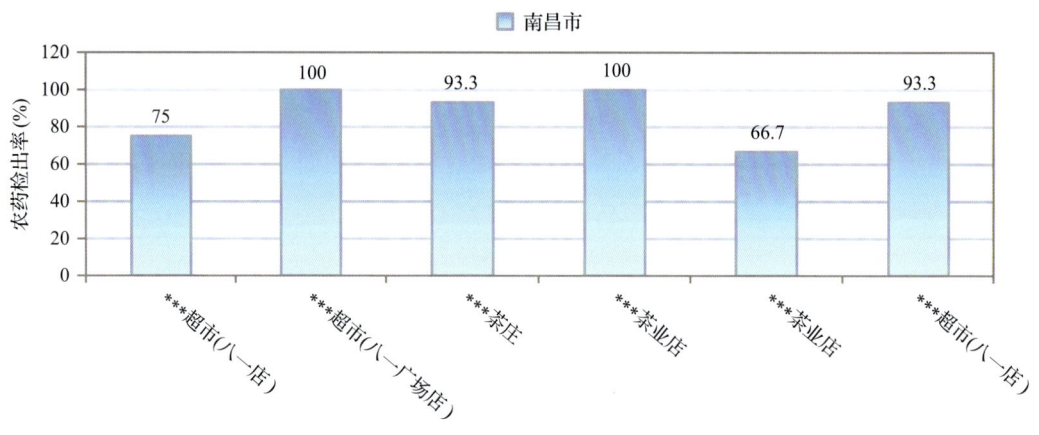

图 7-2　各采样点样品中的农药检出率

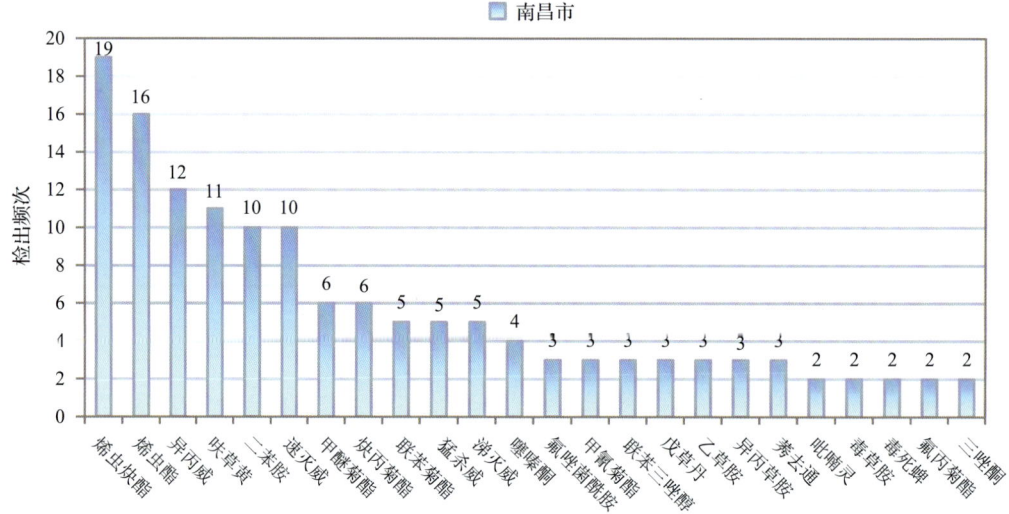

图 7-3　检出农药品种及频次(仅列出 2 频次及以上的数据)

由图 7-4 可见,红茶和绿茶这 2 种茶叶样品中检出的农药品种数较高,均超过 15 种,其中,红茶检出农药品种最多,为 20 种。由图 7-5 可见,绿茶和红茶这 2 种茶叶样品中的农药检出频次较高,均超过 70 次,其中,绿茶检出农药频次最高,为 73 次。

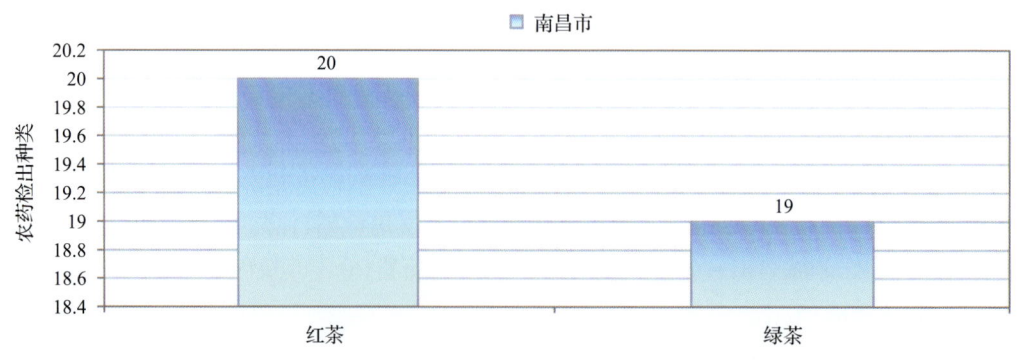

图 7-4　单种茶叶检出农药的种类数

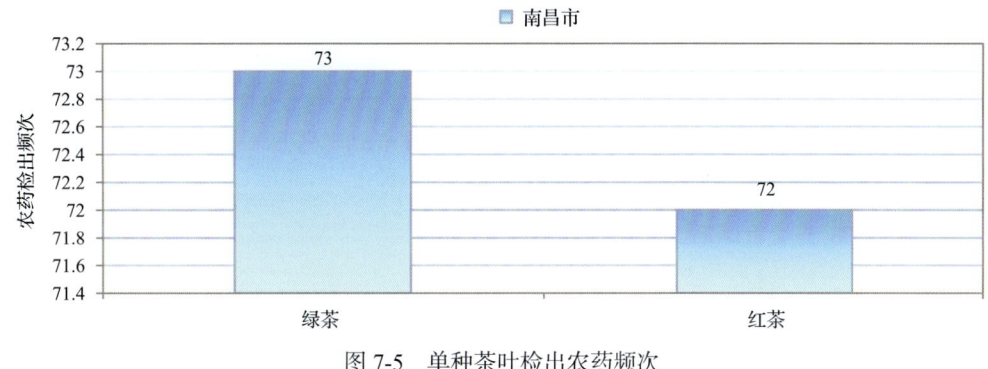

图 7-5　单种茶叶检出农药频次

7.1.2.3　单例样品农药检出种类与占比

对单例样品检出农药种类和频次进行统计发现，未检出农药的样品占总样品数的 11.7%，检出 1 种农药的样品占总样品数的 38.3%，检出 2~5 种农药的样品占总样品数的 41.7%，检出 6~10 种农药的样品占总样品数的 5.0%，检出大于 10 种农药的样品占总样品数的 3.3%。每例样品中平均检出农药为 2.4 种，数据见表 7-4 及图 7-6。

表 7-4　单例样品检出农药品种占比

检出农药品种数	样品数量/占比(%)
未检出	7/11.7
1 种	23/38.3
2~5 种	25/41.7
6~10 种	3/5.0
大于 10 种	2/3.3
单例样品平均检出农药品种	2.4 种

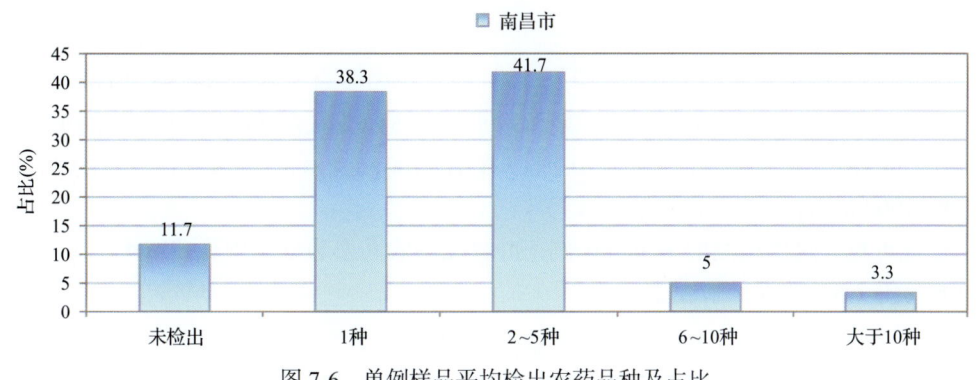

图 7-6　单例样品平均检出农药品种及占比

7.1.2.4　检出农药类别与占比

所有检出农药按功能分类，包括杀虫剂、除草剂、杀菌剂、杀螨剂、植物生长调节剂和其他共 6 类。其中杀虫剂与除草剂为主要检出的农药类别，分别占总数的 37.9% 和

31.0%,见表 7-5 及图 7-7。

表 7-5　检出农药所属类别/占比

农药类别	数量/占比(%)
杀虫剂	11/37.9
除草剂	9/31.0
杀菌剂	5/17.2
杀螨剂	1/3.4
植物生长调节剂	1/3.4
其他	2/6.9

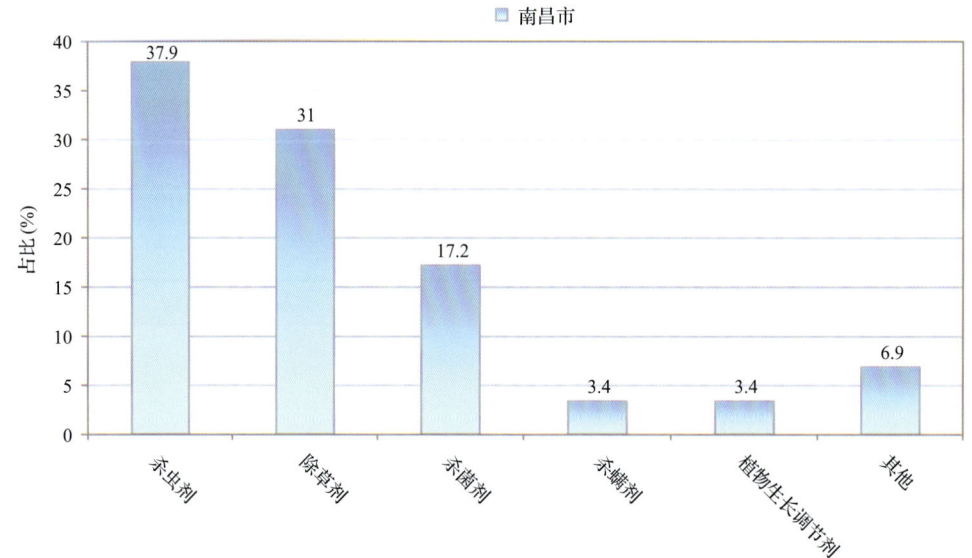

图 7-7　检出农药所属类别和占比

7.1.2.5　检出农药的残留水平

按检出农药残留水平进行统计,残留水平在 1~5 μg/kg(含)的农药占总数的 17.9%,在 5~10 μg/kg(含)的农药占总数的 20.7%,在 10~100 μg/kg(含)的农药占总数的 57.2%,在 100~1000 μg/kg 的农药占总数的 4.1%。

由此可见,这次检测的 6 批 60 例茶叶样品中农药多数处于中高残留水平。结果见表 7-6 及图 7-8,数据见附表 2。

表 7-6　农药残留水平/占比

残留水平(μg/kg)	检出频次数/占比(%)
1~5(含)	26/17.9
5~10(含)	30/20.7
10~100(含)	83/57.2
100~1000	6/4.1

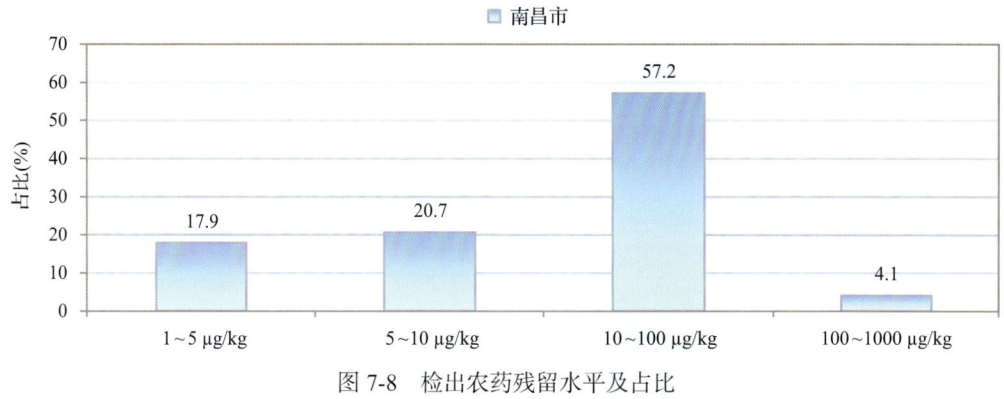

图 7-8 检出农药残留水平及占比

7.1.2.6 检出农药的毒性类别、检出频次和超标频次及占比

对这次检出的 29 种 145 频次的农药，按剧毒、高毒、中毒、低毒和微毒这五个毒性类别进行分类，从中可以看出，南昌市目前普遍使用的农药为中低微毒农药，品种占 93.2%，频次占 95.9%。结果见表 7-7 及图 7-9。

表 7-7 检出农药毒性类别/占比

毒性分类	农药品种/占比(%)	检出频次/占比(%)	超标频次/超标率(%)
剧毒农药	1/3.4	5/3.4	0/0.0
高毒农药	1/3.4	1/0.7	0/0.0
中毒农药	10/34.5	44/30.3	0/0.0
低毒农药	10/34.5	51/35.2	0/0.0
微毒农药	7/24.1	44/30.3	0/0.0

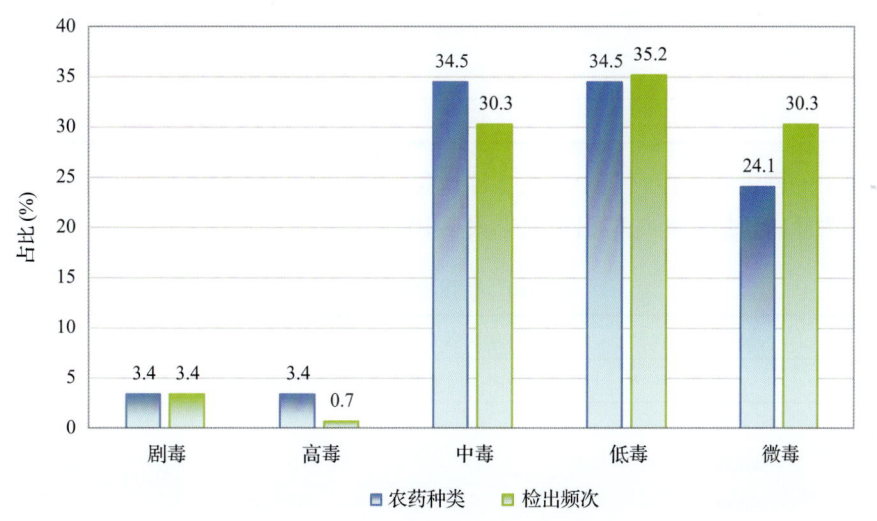

图 7-9 检出农药的毒性分类和占比

7.1.2.7 检出剧毒/高毒类农药的品种和频次

值得特别关注的是,在此次侦测的 60 例样品中有 1 种茶叶的 5 例样品检出了 2 种 6 频次的剧毒和高毒农药,占样品总量的 8.3%,详见图 7-10、表 7-8 及表 7-9。

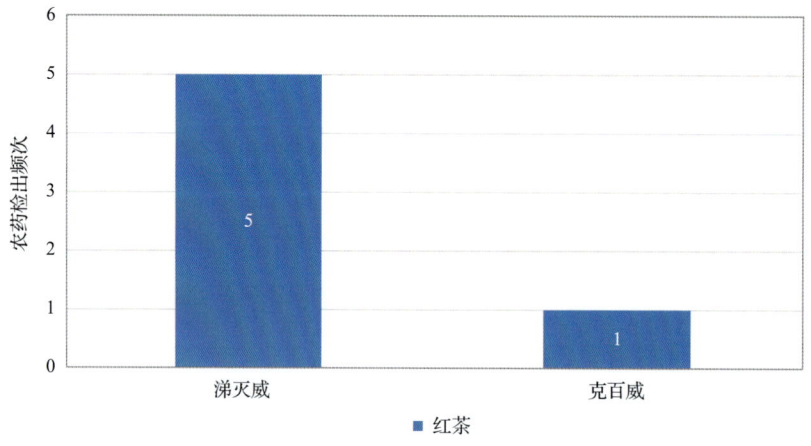

图 7-10 检出剧毒/高毒农药的样品情况

表 7-8 剧毒农药检出情况

序号	农药名称	检出频次	超标频次	超标率
		从 1 种茶叶中检出 1 种剧毒农药,共计检出 5 次		
1	涕灭威*	5	0	0.0%
	合计	5	0	超标率:0.0%

表 7-9 高毒农药检出情况

序号	农药名称	检出频次	超标频次	超标率
		从 1 种茶叶中检出 1 种高毒农药,共计检出 1 次		
1	克百威	1	0	0.0%
	合计	1	0	超标率:0.0%

在检出的剧毒和高毒农药中,有 2 种是我国早已禁止在茶叶上使用的,分别是:克百威和涕灭威。禁用农药的检出情况见表 7-10。

表 7-10 禁用农药检出情况

序号	农药名称	检出频次	超标频次	超标率
		从 2 种茶叶中检出 3 种禁用农药,共计检出 8 次		
1	涕灭威*	5	0	0.0%
2	毒死蜱	2	0	0.0%
3	克百威	1	0	0.0%
	合计	8	0	超标率:0.0%

注:超标结果参考 MRL 中国国家标准计算

此次抽检的茶叶样品中，有1种茶叶检出了剧毒农药，为红茶中检出涕灭威5次。样品中检出剧毒和高毒农药残留水平没有超过 MRL 中国国家标准，但本次检出结果仍表明，高毒、剧毒农药的使用现象依旧存在，详见表 7-11。

表 7-11 各样本中检出剧毒/高毒农药情况

样品名称	农药名称	检出频次	超标频次	检出浓度(μg/kg)
茶叶 1 种				
红茶	涕灭威*▲	5	0	45.1, 63.0, 21.3, 124.6, 12.4
红茶	克百威▲	1	0	17.4
合计		6	0	超标率：0.0%

7.2 农药残留检出水平与最大残留限量标准对比分析

我国于 2016 年 12 月 18 日正式颁布并于 2017 年 6 月 18 日正式实施食品农药残留限量国家标准《食品中农药最大残留限量》(GB 2763—2016)。该标准包括 417 个农药条目，涉及最大残留限量(MRL)标准 4140 项。将 145 频次检出农药的浓度水平与 4140 项 MRL 中国国家标准进行核对，其中只有 13 频次的结果找到了对应的 MRL，占 9.0%，还有 132 频次的结果则无相关 MRL 标准供参考，占 91.0%。

将此次侦测结果与国际上现行 MRL 对比发现，在 145 频次的检出结果中有 145 频次的结果找到了对应的 MRL 欧盟标准，占 100.0%，其中，67 频次的结果有明确对应的 MRL，占 46.2%，其余 78 频次按照欧盟一律标准判定，占 53.8%；有 145 频次的结果找到了对应的 MRL 日本标准，占 100.0%，其中，32 频次的结果有明确对应的 MRL，占 22.1%，其余 113 频次按照日本一律标准判定，占 77.9%；有 14 频次的结果找到了对应的 MRL 中国香港标准，占 9.7%；有 12 频次的结果找到了对应的 MRL 美国标准，占 8.3%；有 13 频次的结果找到了对应的 MRL CAC 标准，占 9.0%(见图 7-11 和图 7-12，数据见附表 3 至附表 8)。

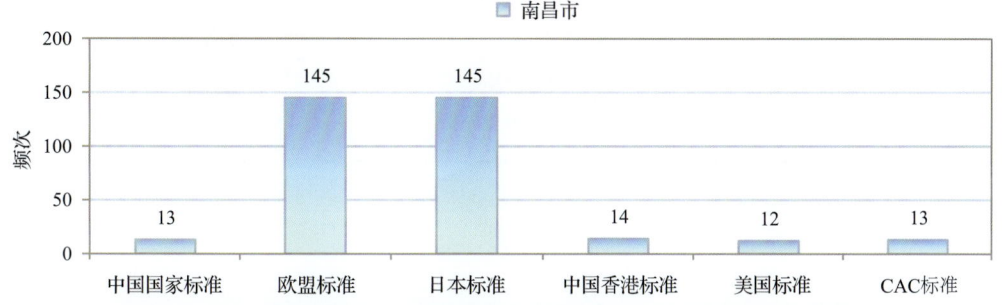

图 7-11 145 频次检出农药可用 MRL 中国国家标准、欧盟标准、日本标准、中国香港标准、美国标准、CAC 标准判定衡量的数量

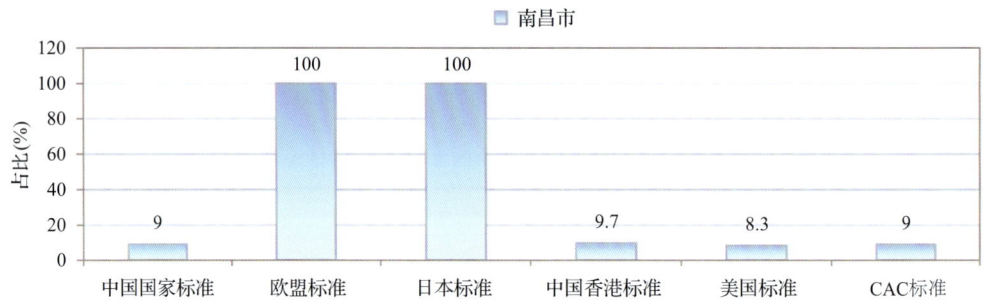

图 7-12　145 频次检出农药可用 MRL 中国国家标准、欧盟标准、日本标准、中国香港标准、美国标准、CAC 标准衡量的占比

7.2.1　超标农药样品分析

本次侦测的 60 例样品中，7 例样品未检出任何残留农药，占样品总量的 11.7%，53 例样品检出不同水平、不同种类的残留农药，占样品总量的 88.3%。在此，我们将本次侦测的农残检出情况与 MRL 中国国家标准、欧盟标准、日本标准、中国香港标准、美国标准、CAC 标准这 6 大国际主流 MRL 标准进行对比分析，样品农残检出与超标情况见表 7-12、图 7-13 和图 7-14，详细数据见附表 9-14。

表 7-12　各 MRL 标准下样本农残检出与超标数量及占比

	中国国家标准 数量/占比(%)	欧盟标准 数量/占比(%)	日本标准 数量/占比(%)	中国香港标准 数量/占比(%)	美国标准 数量/占比(%)	CAC 标准 数量/占比(%)
未检出	7/11.7	7/11.7	7/11.7	7/11.7	7/11.7	7/11.7
检出未超标	53/88.3	19/31.7	14/23.3	53/88.3	53/88.3	53/88.3
检出超标	0/0.0	34/56.7	39/65.0	0/0.0	0/0.0	0/0.0

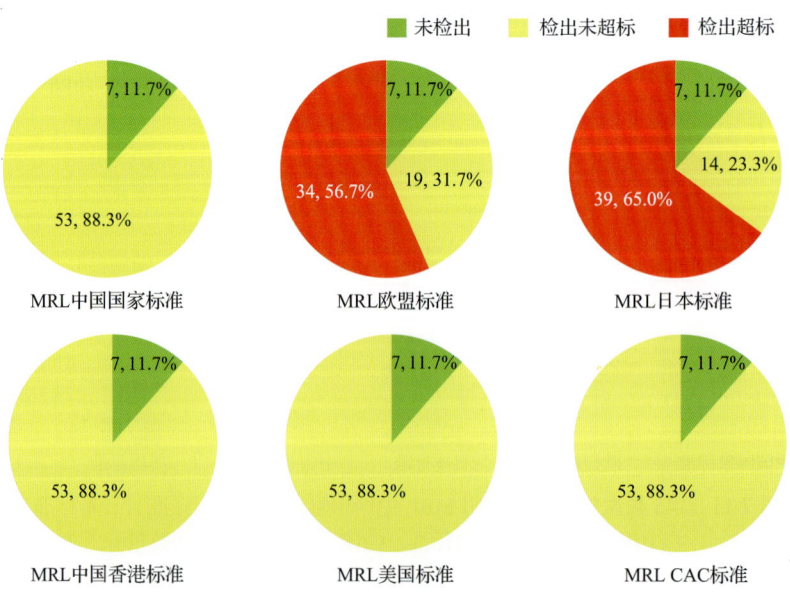

图 7-13　检出和超标样品比例情况

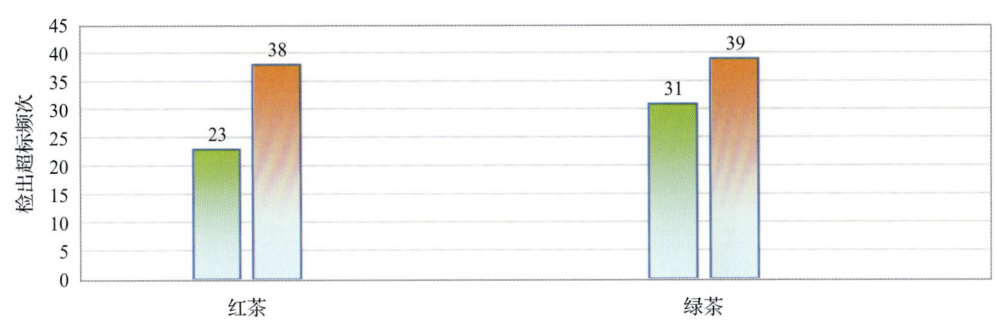

图 7-14 超过 MRL 中国国家标准、欧盟标准、日本标准、中国香港标准、美国标准、
CAC 标准结果在茶叶中的分布

7.2.2 超标农药种类分析

按照 MRL 中国国家标准、欧盟标准、日本标准、中国香港标准、美国标准和 CAC 标准这 6 大国际主流 MRL 标准衡量，本次侦测检出的农药超标品种及频次情况见表 7-13。

表 7-13 各 MRL 标准下超标农药品种及频次

	中国国家标准	欧盟标准	日本标准	中国香港标准	美国标准	CAC 标准
超标农药品种	0	15	18	0	0	0
超标农药频次	0	54	77	0	0	0

7.2.2.1 按 MRL 中国国家标准衡量

按 MRL 中国国家标准衡量，无样品检出超标农药残留。

7.2.2.2 按 MRL 欧盟标准衡量

按 MRL 欧盟标准衡量，共有 15 种农药超标，检出 54 频次，分别为剧毒农药涕灭威，中毒农药速灭威、异丙威、甲草胺和炔丙菊酯，低毒农药氟唑菌酰胺、异丙草胺、乙草胺、呋草黄、猛杀威、甲醚菊酯和戊草丹，微毒农药烯虫炔酯、吡喃灵和解草腈。

按超标程度比较，红茶中炔丙菊酯超标 15.8 倍，红茶中戊草丹超标 14.8 倍，红茶中解草腈超标 13.9 倍，绿茶中猛杀威超标 12.4 倍，绿茶中速灭威超标 11.0 倍。检测结果见图 7-15 和附表 16。

7.2.2.3 按 MRL 日本标准衡量

按 MRL 日本标准衡量，共有 18 种农药超标，检出 77 频次，分别为剧毒农药涕灭威，中毒农药速灭威、异丙威、毒草胺、甲草胺、呋嘧醇和炔丙菊酯，低毒农药异丙草胺、氟唑菌酰胺、乙草胺、呋草黄、猛杀威、甲醚菊酯和戊草丹，微毒农药烯虫酯、烯虫炔酯、吡喃灵和解草腈。

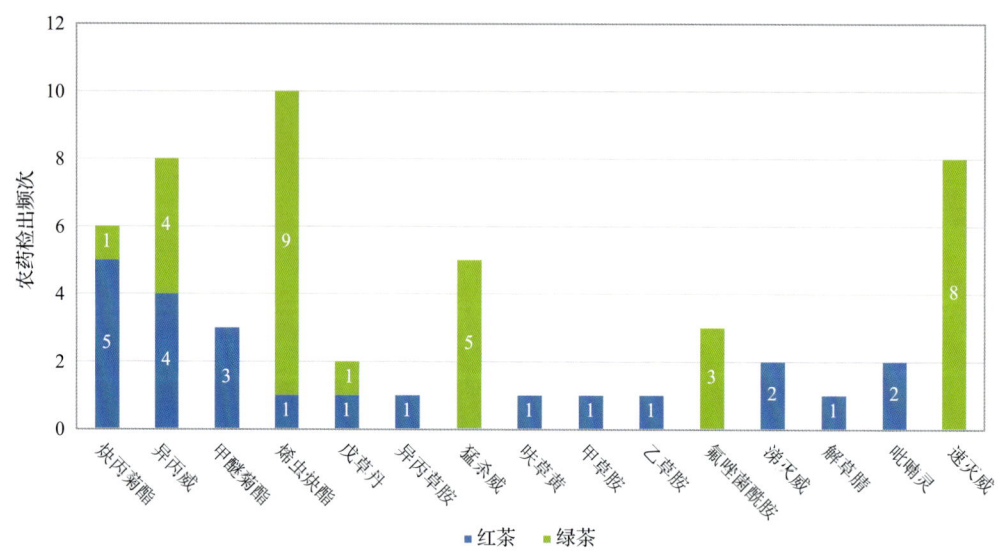

图 7-15　超过 MRL 欧盟标准农药品种及频次

按超标程度比较，红茶中炔丙菊酯超标 15.8 倍，红茶中戊草丹超标 14.8 倍，红茶中解草腈超标 13.9 倍，绿茶中猛杀威超标 12.4 倍，红茶中涕灭威超标 11.5 倍。检测结果见图 7-16 和附表 17。

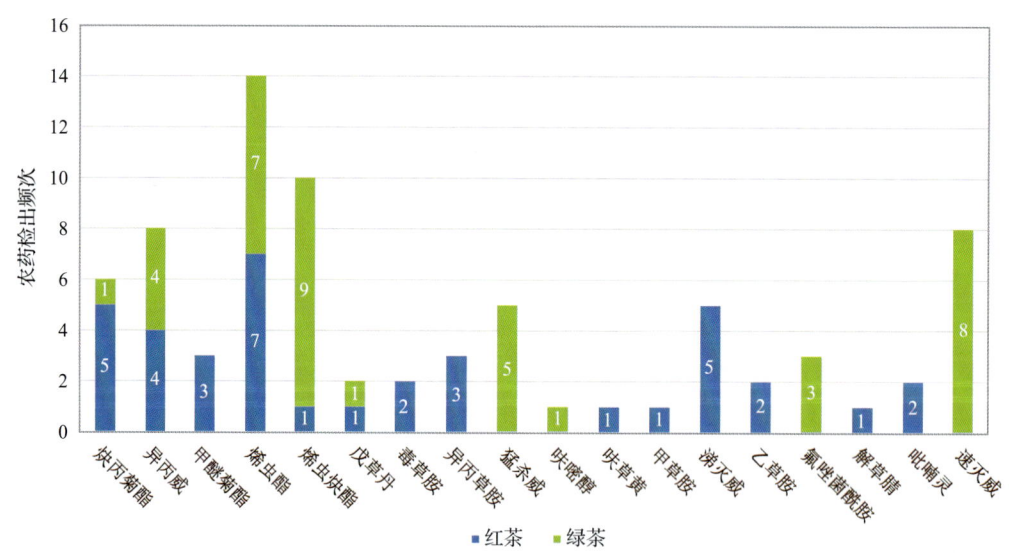

图 7-16　超过 MRL 日本标准农药品种及频次

7.2.2.4　按 MRL 中国香港标准衡量

按 MRL 中国香港标准衡量，无样品检出超标农药残留。

7.2.2.5　按 MRL 美国标准衡量

按 MRL 美国标准衡量，无样品检出超标农药残留。

7.2.2.6　按 MRL CAC 标准衡量

按 MRL CAC 标准衡量，无样品检出超标农药残留。

7.2.3　6 个采样点超标情况分析

7.2.3.1　按 MRL 中国国家标准衡量

按 MRL 中国国家标准衡量，所有采样点的样品均未检出超标农药残留。

7.2.3.2　按 MRL 欧盟标准衡量

按 MRL 欧盟标准衡量，所有采样点的样品存在不同程度的超标农药检出，其中***茶庄的超标率最高，为 73.3%，如表 7-14 和图 7-17 所示。

表 7-14　超过 MRL 欧盟标准茶叶在不同采样点分布

序号	采样点	样品总数	超标数量	超标率(%)	行政区域
1	***茶庄	15	11	73.3	青山湖区
2	***超市(八一店)	15	9	60.0	西湖区
3	***超市(八一店)	12	5	41.7	东湖区
4	***茶业店	9	5	55.6	青云谱区
5	***茶业店	6	2	33.3	青云谱区
6	***超市(八一广场店)	3	2	66.7	东湖区

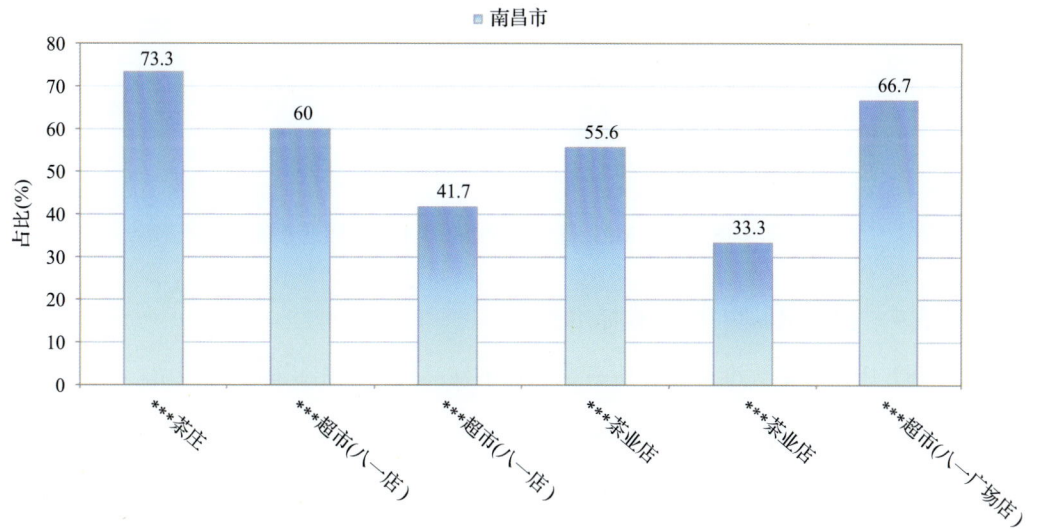

图 7-17　超过 MRL 欧盟标准茶叶在不同采样点分布

7.2.3.3 按 MRL 日本标准衡量

按 MRL 日本标准衡量，所有采样点的样品存在不同程度的超标农药检出，其中***茶庄的超标率最高，为 80.0%，如表 7-15 和图 7-18 所示。

表 7-15 超过 MRL 日本标准茶叶在不同采样点分布

序号	采样点	样品总数	超标数量	超标率(%)	行政区域
1	***茶庄	15	12	80.0	青山湖区
2	***超市(八一店)	15	11	73.3	西湖区
3	***超市(八一店)	12	6	50.0	东湖区
4	***茶业店	9	6	66.7	青云谱区
5	***茶业店	6	2	33.3	青云谱区
6	***超市(八一广场店)	3	2	66.7	东湖区

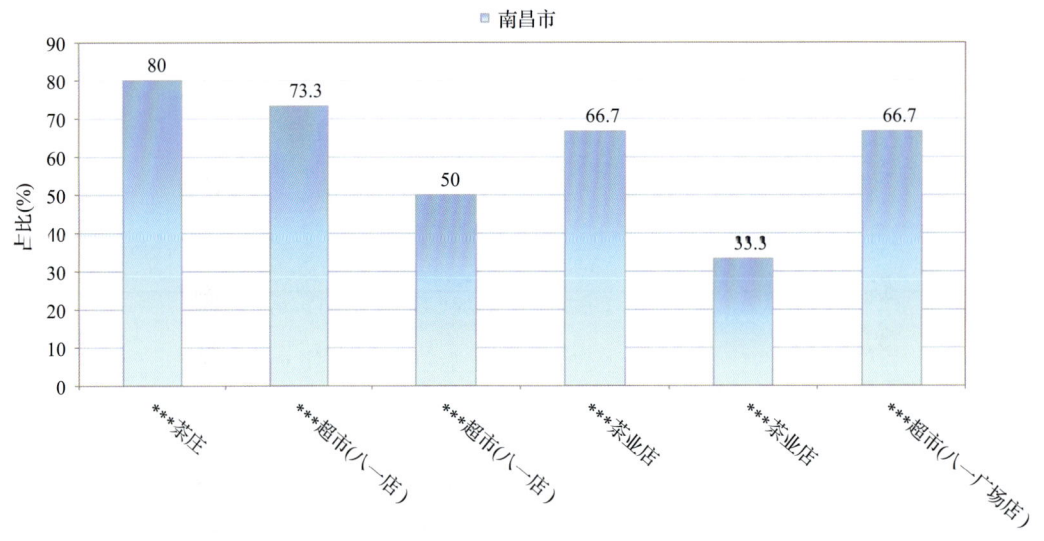

图 7-18 超过 MRL 日本标准茶叶在不同采样点分布

7.2.3.4 按 MRL 中国香港标准衡量

按 MRL 中国香港标准衡量，所有采样点的样品均未检出超标农药残留。

7.2.3.5 按 MRL 美国标准衡量

按 MRL 美国标准衡量，所有采样点的样品均未检出超标农药残留。

7.2.3.6 按 MRL CAC 标准衡量

按 MRL CAC 标准衡量，所有采样点的样品均未检出超标农药残留。

7.3 茶叶中农药残留分布

7.3.1 茶叶按检出农药品种和频次排名

本次残留侦测的茶叶共 2 种，包括红茶和绿茶。

根据检出农药品种及频次进行排名，将各项排名茶叶样品检出情况列表说明，详见表 7-16。

表 7-16 茶叶按检出农药品种和频次排名

按检出农药品种排名(品种)	①红茶(20)，②绿茶(19)
按检出农药频次排名(频次)	①绿茶(73)，②红茶(72)
按检出禁用、高毒及剧毒农药品种排名(品种)	①红茶(2)，②绿茶(1)
按检出禁用、高毒及剧毒农药频次排名(频次)	①红茶(6)，②绿茶(2)

7.3.2 茶叶按超标农药品种和频次排名

鉴于 MRL 欧盟标准和 MRL 日本标准制定比较全面且覆盖率较高，我们参照 MRL 中国国家标准、欧盟标准和日本标准衡量茶叶样品中农残检出情况，将茶叶按超标农药品种及频次排名列表说明，详见表 7-17。

表 7-17 茶叶按超标农药品种和频次排名

按超标农药品种排名 (农药品种数)	MRL 中国国家标准	
	MRL 欧盟标准	①红茶(12)，②绿茶(7)
	MRL 日本标准	①红茶(14)，②绿茶(9)
按超标农药频次排名 (农药频次数)	MRL 中国国家标准	
	MRL 欧盟标准	①绿茶(31)，②红茶(23)
	MRL 日本标准	①绿茶(39)，②红茶(38)

通过对各品种茶叶样本总数及检出率进行综合分析发现，红茶、绿茶的残留污染最为严重，在此，我们参照 MRL 中国国家标准、欧盟标准和日本标准对这 3 种茶叶的农残检出情况进行进一步分析。

7.3.3 农药残留检出率较高的茶叶样品分析

7.3.3.1 红茶

这次共检测 10 例红茶样品，全部检出了农药残留，检出率为 100.0%，检出农药共计 20 种。其中烯虫炔酯、烯虫酯、呋草黄、异丙威和甲醚菊酯检出频次较高，分别检出了 9、8、7、6 和 5 次。红茶中农药检出品种和频次见图 7-19，超标农药见图 7-20 和表 7-18。

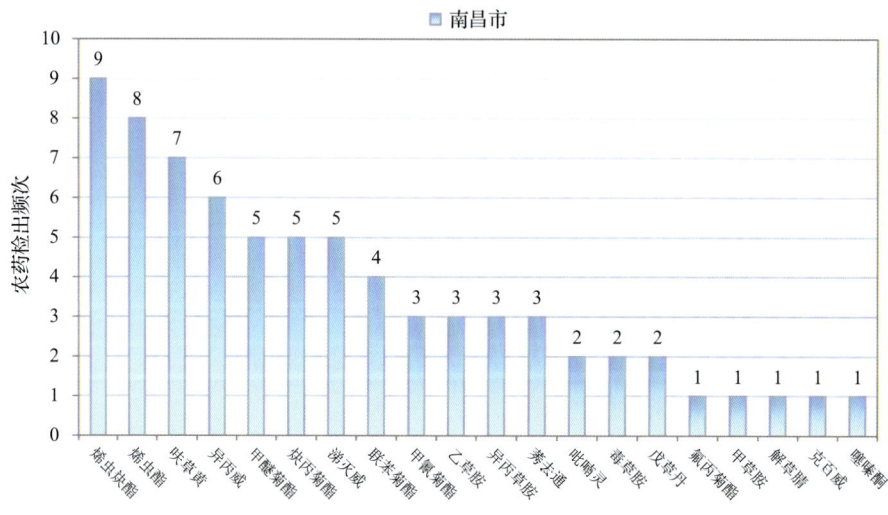

图 7-19 红茶样品检出农药品种和频次分析

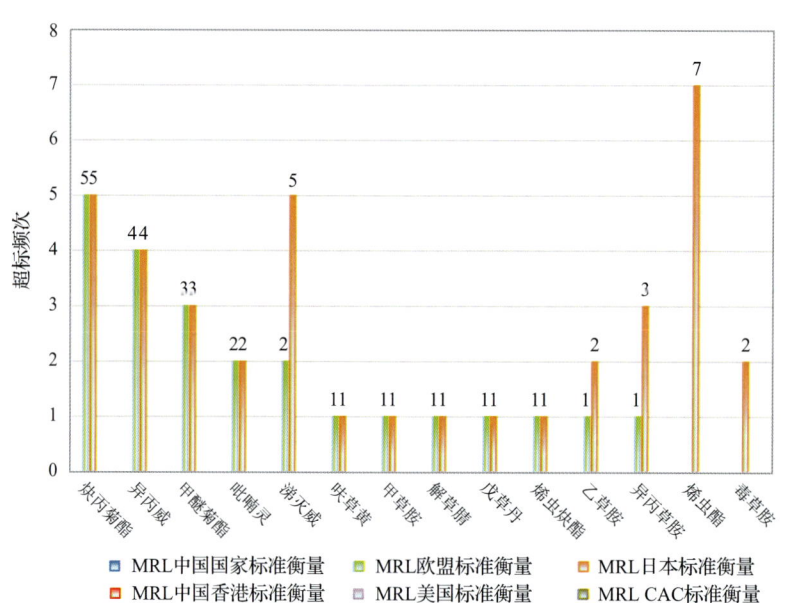

图 7-20 红茶样品中超标农药分析

表 7-18 红茶中农药残留超标情况明细表

样品总数		检出农药样品数	样品检出率(%)	检出农药品种总数
10		10	100	20
超标农药品种	超标农药频次	按照 MRL 中国国家标准、欧盟标准和日本标准衡量超标农药名称及频次		
中国国家标准	0	0		
欧盟标准	12	23	炔丙菊酯(5)、异丙威(4)、甲醚菊酯(3)、吡喃灵(2)、涕灭威(2)、呋草黄(1)、甲草胺(1)、解草腈(1)、戊草丹(1)、烯虫炔酯(1)、乙草胺(1)、异丙草胺(1)		
日本标准	14	38	烯虫酯(7)、炔丙菊酯(5)、涕灭威(5)、异丙威(4)、甲醚菊酯(3)、异丙草胺(3)、吡喃灵(2)、毒草胺(2)、乙草胺(2)、呋草黄(1)、甲草胺(1)、解草腈(1)、戊草丹(1)、烯虫炔酯(1)		

7.3.3.2 绿茶

这次共检测 50 例绿茶样品，43 例样品中检出了农药残留，检出率为 86.0%，检出农药共计 19 种。其中二苯胺、速灭威、烯虫炔酯、烯虫酯和异丙威检出频次较高，分别检出了 10、10、10、8 和 6 次。绿茶中农药检出品种和频次见图 7-21，超标农药见图 7-22 和表 7-19。

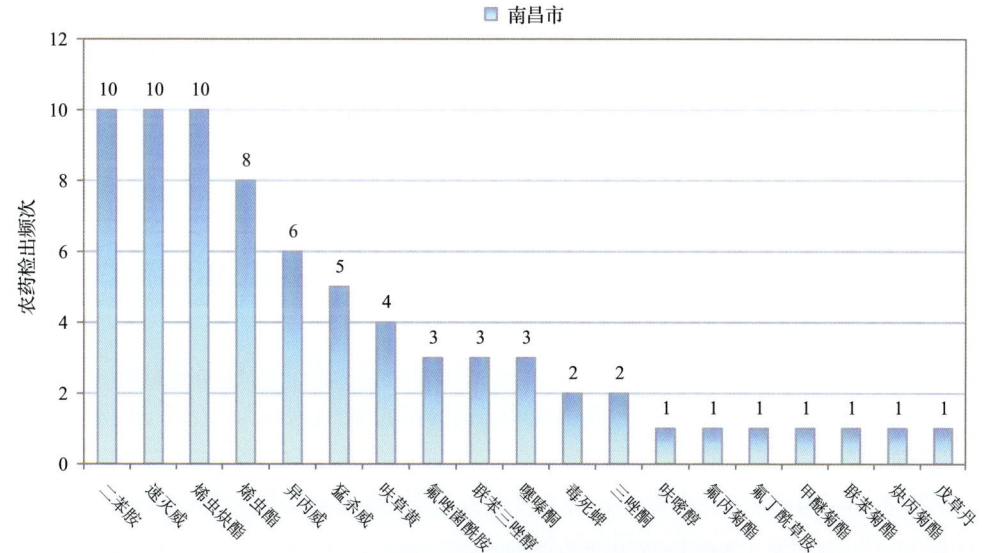

图 7-21　绿茶样品检出农药品种和频次分析

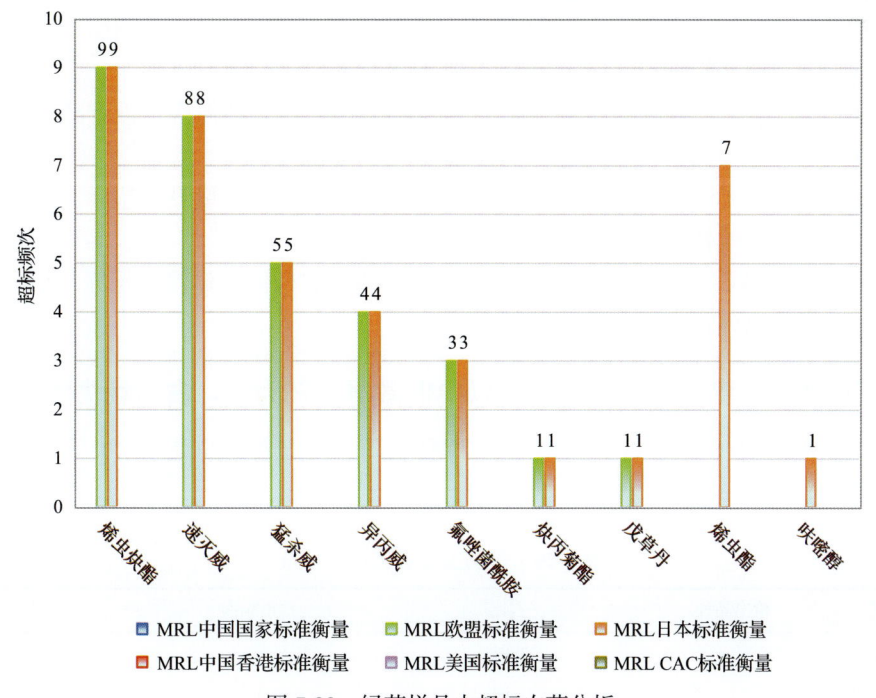

图 7-22　绿茶样品中超标农药分析

表 7-19 绿茶中农药残留超标情况明细表

样品总数		检出农药样品数	样品检出率(%)	检出农药品种总数
50		43	86	19
超标农药品种	超标农药频次	按照 MRL 中国国家标准、欧盟标准和日本标准衡量超标农药名称及频次		
中国国家标准	0	0		
欧盟标准	7	31	烯虫炔酯(9),速灭威(8),猛杀威(5),异丙威(4),氟唑菌酰胺(3),炔丙菊酯(1),戊草丹(1)	
日本标准	9	39	烯虫炔酯(9),速灭威(8),烯虫酯(7),猛杀威(5),异丙威(4),氟唑菌酰胺(3),呋嘧醇(1),炔丙菊酯(1),戊草丹(1)	

7.4 初步结论

7.4.1 南昌市市售茶叶按 MRL 中国国家标准和国际主要 MRL 标准衡量的合格率

本次侦测的 60 例样品中,7 例样品未检出任何残留农药,占样品总量的 11.7%,53 例样品检出不同水平、不同种类的残留农药,占样品总量的 88.3%。在这 53 例检出农药残留的样品中:

按照 MRL 中国国家标准衡量,有 53 例样品检出残留农药但含量没有超标,占样品总数的 88.3%,无检出残留农药超标的样品。

按照 MRL 欧盟标准衡量,有 19 例样品检出残留农药但含量没有超标,占样品总数的 31.7%,有 34 例样品检出了超标农药,占样品总数的 56.7%。

按照 MRL 日本标准衡量,有 14 例样品检出残留农药但含量没有超标,占样品总数的 23.3%,有 39 例样品检出了超标农药,占样品总数的 65.0%。

按照 MRL 中国香港标准衡量,有 53 例样品检出残留农药但含量没有超标,占样品总数的 88.3%,无检出残留农药超标的样品。

按照 MRL 美国标准衡量,有 53 例样品检出残留农药但含量没有超标,占样品总数的 88.3%,无检出残留农药超标的样品。

按照 MRL CAC 标准衡量,有 53 例样品检出残留农药但含量没有超标,占样品总数的 88.3%,无检出残留农药超标的样品。

7.4.2 南昌市市售茶叶中检出农药以中低微毒农药为主,占市场主体的 93.1%

这次侦测的 60 例茶叶样品共检出了 29 种农药,检出农药的毒性以中低微毒为主,详见表 7-20。

表 7-20 市场主体农药毒性分布

毒性	检出品种	占比	检出频次	占比
剧毒农药	1	3.4%	5	3.4%
高毒农药	1	3.4%	1	0.7%

续表

毒性	检出品种	占比	检出频次	占比
中毒农药	10	34.5%	44	30.3%
低毒农药	10	34.5%	51	35.2%
微毒农药	7	24.1%	44	30.3%
中低微毒农药，品种占比 93.1%，频次占比 95.9%				

7.4.3 检出剧毒、高毒和禁用农药现象应该警醒

在此次侦测的 60 例样品中有 2 种茶叶的 7 例样品检出了 3 种 8 频次的剧毒和高毒或禁用农药，占样品总量的 11.7%。其中剧毒农药涕灭威以及高毒农药克百威检出频次较高。

按 MRL 中国国家标准衡量，剧毒农药和高毒农药按超标程度比较均未超标。

剧毒、高毒或禁用农药的检出情况及按照 MRL 中国国家标准衡量的超标情况见表 7-21。

表 7-21 剧毒、高毒或禁用农药的检出及超标明细

序号	农药名称	样品名称	检出频次	超标频次	最大超标倍数	超标率
1.1	涕灭威*▲	红茶	5	0	0	0.0%
2.1	克百威◇▲	红茶	1	0	0	0.0%
3.1	毒死蜱▲	绿茶	2	0	0	0.0%
合计			8	0		0.0%

注：超标倍数参照 MRL 中国国家标准衡量

这些剧毒和高毒农药都是中国政府早有规定禁止在茶叶中使用的，为什么还屡次被检出，应该引起警惕。

7.4.4 残留限量标准与先进国家或地区差距较大

145 频次的检出结果与我国公布的《食品中农药最大残留限量》(GB 2763—2016) 对比，有 13 频次能找到对应的 MRL 中国国家标准，占 9.0%；还有 132 频次的侦测数据无相关 MRL 标准供参考，占 91.0%。

与国际上现行 MRL 对比发现：

有 145 频次能找到对应的 MRL 欧盟标准，占 100.0%；

有 145 频次能找到对应的 MRL 日本标准，占 100.0%；

有 14 频次能找到对应的 MRL 中国香港标准，占 9.7%；

有 12 频次能找到对应的 MRL 美国标准，占 8.3%；

有 13 频次能找到对应的 MRL CAC 标准，占 9.0%。

由上可见，MRL 中国国家标准与先进国家或地区还有很大差距，我们无标准，境外有标准，这就会导致我们在国际贸易中，处于受制于人的被动地位。

7.4.5 茶叶单种样品检出 19~20 种农药残留，拷问农药使用的科学性

通过此次监测发现，红茶、绿茶是检出农药品种最多的 2 种茶叶，从中检出农药品种及频次详见表 7-22。

表 7-22 单种样品检出农药品种及频次

样品名称	样品总数	检出农药样品数	检出率	检出农药品种数	检出农药(频次)
红茶	10	10	100.0%	20	烯虫炔酯(9)，烯虫酯(8)，呋草黄(7)，异丙威(6)，甲醚菊酯(5)，炔丙菊酯(5)，涕灭威(5)，联苯菊酯(4)，甲氰菊酯(3)，乙草胺(3)，异丙草胺(3)，莠去通(3)，吡喃灵(2)，毒草胺(2)，戊草丹(2)，氟丙菊酯(1)，甲草胺(1)，解草腈(1)，克百威(1)，噻嗪酮(1)
绿茶	50	43	86.0%	19	二苯胺(10)，速灭威(10)，烯虫炔酯(10)，烯虫酯(8)，异丙威(6)，猛杀威(5)，呋草黄(4)，氟唑菌酰胺(3)，联苯三唑醇(3)，噻嗪酮(3)，毒死蜱(2)，三唑酮(2)，呋嘧醇(1)，氟丙菊酯(1)，氟丁酰草胺(1)，甲醚菊酯(1)，联苯菊酯(1)，炔丙菊酯(1)，戊草丹(1)

上述 2 种茶叶，检出农药 19~20 种，是多种农药综合防治，还是未严格实施农业良好管理规范(GAP)，抑或根本就是乱施药，值得我们思考。

第 8 章　GC-Q-TOF/MS 侦测南昌市市售茶叶农药残留膳食暴露风险与预警风险评估

8.1　农药残留风险评估方法

8.1.1　南昌市农药残留侦测数据分析与统计

庞国芳院士科研团队建立的农药残留高通量侦测技术以高分辨精确质量数（0.0001 m/z 为基准）为识别标准，采用 GC-Q-TOF/MS 技术对 684 种农药化学污染物进行侦测。

科研团队于 2019 年 3 月期间在南昌市 6 个采样点，随机采集了 60 例茶叶样品，具体位置如图 8-1 所示。

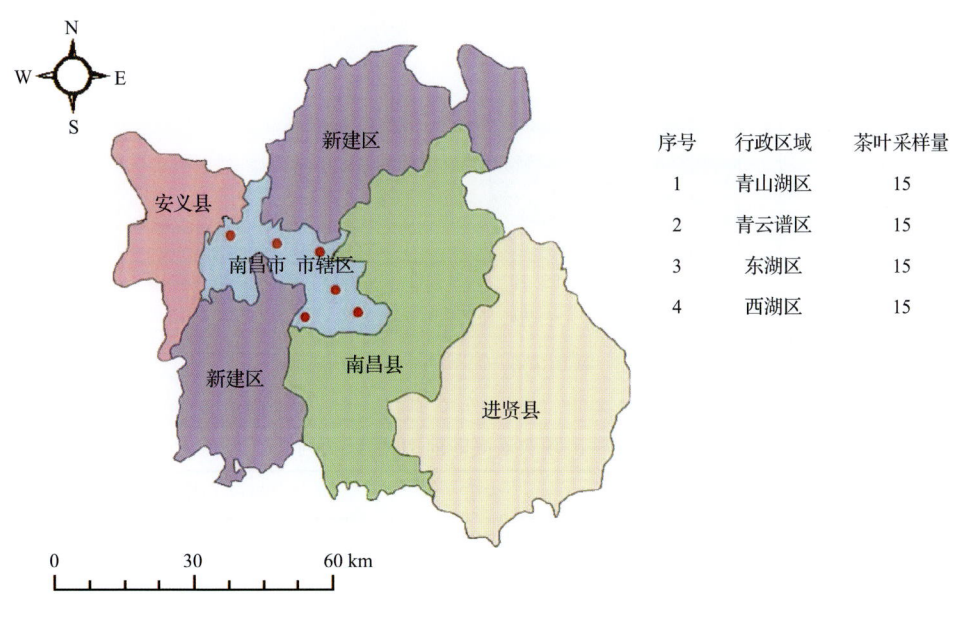

图 8-1　GC-Q-TOF/MS 侦测南昌市 6 个采样点 60 例样品分布示意图

利用 GC-Q-TOF/MS 技术对 60 例样品中的农药进行侦测，侦测出残留农药 29 种，145 频次。侦测出农药残留水平如表 8-1 和图 8-2 所示。检出频次最高的前 10 种农药如表 8-2 所示。从检测结果中可以看出，在茶叶中农药残留普遍存在，且有些茶叶存在高浓度的农药残留，这些可能存在膳食暴露风险，对人体健康产生危害，因此，为了定量地评价茶叶中农药残留的风险程度，有必要对其进行风险评价。

表 8-1　侦测出农药的不同残留水平及其所占比例列表

残留水平(μg/kg)	检出频次	占比(%)
1~5(含)	26	17.9
5~10(含)	30	20.7
10~100(含)	83	57.3
100~1000(含)	6	4.1
合计	145	100.0

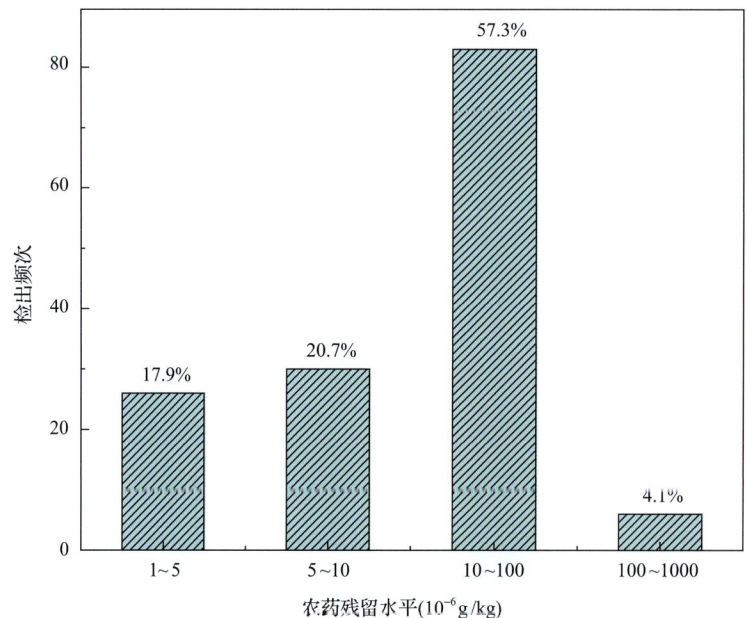

图 8-2　残留农药检出浓度频数分布图

表 8-2　检出频次最高的前 10 种农药列表

序号	农药	检出频次(次)
1	烯虫炔酯	19
2	烯虫酯	16
3	异丙威	12
4	呋草黄	11
5	二苯胺	10
6	速灭威	10
7	甲醚菊酯	6
8	炔丙菊酯	6
9	联苯菊酯	5
10	猛杀威	5

8.1.2 农药残留风险评价模型

对南昌市茶叶中农药残留分别开展暴露风险评估和预警风险评估。膳食暴露风险评估利用食品安全指数模型对茶叶中的残留农药对人体可能产生的危害程度进行评价，该模型结合残留监测和膳食暴露评估评价化学污染物的危害；预警风险评价模型运用风险系数(risk index，R)，风险系数综合考虑了危害物的超标率、施检频率及其本身敏感性的影响，能直观而全面地反映出危害物在一段时间内的风险程度。

8.1.2.1 食品安全指数模型

为了加强食品安全管理，《中华人民共和国食品安全法》第二章第十七条规定"国家建立食品安全风险评估制度，运用科学方法，根据食品安全风险监测信息、科学数据以及有关信息，对食品、食品添加剂、食品相关产品中生物性、化学性和物理性危害因素进行风险评估"[1]，膳食暴露评估是食品危害度评估的重要组成部分，也是膳食安全性的衡量标准[2]。国际上最早研究膳食暴露风险评估的机构主要是 JMPR(FAO、WHO 农药残留联合会议)，该组织自 1995 年就已制定了急性毒性物质的风险评估急性毒性农药残留摄入量的预测。1960 年美国规定食品中不得加入致癌物质进而提出零阈值理论，渐渐零阈值理论发展成在一定概率条件下可接受风险的概念[3]，后衍变为食品中每日允许最大摄入量(ADI)，而国际食品农药残留法典委员会(CCPR)认为 ADI 不是独立风险评估的唯一标准[4]，1995 年 JMPR 开始研究农药急性膳食暴露风险评估，并对食品国际短期摄入量的计算方法进行了修正，亦对膳食暴露评估准则及评估方法进行了修正[5]，2002 年，在对世界上现行的食品安全评价方法，尤其是国际公认的 CAC 评价方法、全球环境监测系统/食品污染监测和评估规划(WHO GEMS/Food)及 FAO、WHO 食品添加剂联合专家委员会(JECFA)和 JMPR 对食品安全风险评估工作研究的基础之上，检验检疫食品安全管理的研究人员提出了结合残留监控和膳食暴露评估，以食品安全指数 IFS 计算食品中各种化学污染物对消费者的健康危害程度[6]。IFS 是表示食品安全状态的新方法，可有效地评价某种农药的安全性，进而评价食品中各种农药化学污染物对消费者健康的整体危害程度[7, 8]。从理论上分析，IFS_c 可指出食品中的污染物 c 对消费者健康是否存在危害及危害的程度[9]。其优点在于操作简单且结果容易被接受和理解，不需要大量的数据来对结果进行验证，使用默认的标准假设或者模型即可[10, 11]。

1) IFS_c 的计算

IFS_c 计算公式如下：

$$IFS_c = \frac{EDI_c \times f}{SI_c \times bw} \tag{8-1}$$

式中，c 为所研究的农药；EDI_c 为农药 c 的实际日摄入量估算值，等于 $\sum(R_i \times F_i \times E_i \times P_i)$($i$ 为食品种类；R_i 为食品 i 中农药 c 的残留水平，mg/kg；F_i 为食品 i 的估计日消费量，

g/(人·天)；E_i 为食品 i 的可食用部分因子；P_i 为食品 i 的加工处理因子)；SI_c 为安全摄入量，可采用每日允许最大摄入量 ADI；bw 为人平均体重，kg；f 为校正因子，如果安全摄入量采用 ADI，则 f 取 1。

$IFS_c \ll 1$，农药 c 对食品安全没有影响；$IFS_c \leq 1$，农药 c 对食品安全的影响可以接受；$IFS_c > 1$，农药 c 对食品安全的影响不可接受。

本次评价中：

$IFS_c \leq 0.1$，农药 c 对茶叶安全没有影响；

$0.1 < IFS_c \leq 1$，农药 c 对茶叶安全的影响可以接受；

$IFS_c > 1$，农药 c 对茶叶安全的影响不可接受。

本次评价中残留水平 R_i 取值为中国检验检疫科学研究院庞国芳院士课题组利用以高分辨精确质量数(0.0001 m/z)为基准的 GC-Q-TOF/MS 侦测技术于 2019 年 3 月期间对南昌市茶叶农药残留的侦测结果，估计日消费量 F_i 取值 0.0047 kg/(人·天)，$E_i=1$，$P_i=1$，$f=1$，SI_c 采用《食品安全国家标准 食品中农药最大残留限量》(GB 2763—2016)中 ADI 值(具体数值见表 8-3)，人平均体重(bw)取值 60 kg。

表 8-3　南昌市茶叶中侦测出农药的 ADI 值

序号	农药	ADI	序号	农药	ADI	序号	农药	ADI
1	涕灭威	0.003	11	毒死蜱	0.01	21	氟唑菌酰胺	—
2	异丙威	0.002	12	二苯胺	0.08	22	炔丙菊酯	—
3	克百威	0.001	13	三唑酮	0.03	23	烯虫炔酯	—
4	联苯菊酯	0.01	14	毒草胺	0.54	24	烯虫酯	—
5	异丙草胺	0.013	15	吡喃灵	—	25	猛杀威	—
6	噻嗪酮	0.009	16	呋嘧醇	—	26	甲醚菊酯	—
7	甲草胺	0.01	17	呋草黄	—	27	莠去通	—
8	乙草胺	0.02	18	戊草丹	—	28	解草腈	—
9	联苯三唑醇	0.01	19	氟丁酰草胺	—	29	速灭威	—
10	甲氰菊酯	0.03	20	氟丙菊酯	—			

注："—"表示为国家标准中无 ADI 值规定；ADI 值单位为 mg/kg bw

2) 计算 IFS_c 的平均值 $\overline{IFS}$，评价农药对食品安全的影响程度

以 $\overline{IFS}$ 评价各种农药对人体健康危害的总程度，评价模型见公式(8-2)。

$$\overline{IFS} = \frac{\sum_{i=1}^{n} IFS_c}{n} \tag{8-2}$$

$\overline{IFS} \ll 1$，所研究消费者人群的食品安全状态很好；$\overline{IFS} \leq 1$，所研究消费者人群的食品安全状态可以接受；$\overline{IFS} > 1$，所研究消费者人群的食品安全状态不可接受。

本次评价中：

$\overline{\text{IFS}} \leqslant 0.1$，所研究消费者人群的茶叶安全状态很好；

$0.1 < \overline{\text{IFS}} \leqslant 1$，所研究消费者人群的茶叶安全状态可以接受；

$\overline{\text{IFS}} > 1$，所研究消费者人群的茶叶安全状态不可接受。

8.1.2.2 预警风险评估模型

2003年，我国检验检疫食品安全管理的研究人员根据WTO的有关原则和我国的具体规定，结合危害物本身的敏感性、风险程度及其相应的施检频率，首次提出了食品中危害物风险系数R的概念[12]。R是衡量一个危害物的风险程度大小最直观的参数，即在一定时期内其超标率或阳性检出率的高低，但受其施检频率的高低及其本身的敏感性（受关注程度）影响。该模型综合考察了农药在茶叶中的超标率、施检频率及其本身敏感性，能直观而全面地反映出农药在一段时间内的风险程度[13]。

1) R计算方法

危害物的风险系数综合考虑了危害物的超标率或阳性检出率、施检频率和其本身的敏感性影响，并能直观而全面地反映出危害物在一段时间内的风险程度。风险系数R的计算公式如式(8-3)：

$$R = aP + \frac{b}{F} + S \tag{8-3}$$

式中，P为该种危害物的超标率；F为危害物的施检频率；S为危害物的敏感因子；a, b分别为相应的权重系数。

本次评价中$F=1$；$S=1$；$a=100$；$b=0.1$，对参数P进行计算，计算时首先判断是否为禁用农药，如果为非禁用农药，P=超标的样品数（侦测出的含量高于食品最大残留限量标准值，即MRL）除以总样品数（包括超标、不超标、未侦测出）；如果为禁用农药，则侦测出即为超标，P=能侦测出的样品数除以总样品数。判断南昌市茶叶农药残留是否超标的标准限值MRL分别以MRL中国国家标准[14]和MRL欧盟标准作为对照，具体值列于本报告附表一中。

2) 评价风险程度

$R \leqslant 1.5$，受检农药处于低度风险；

$1.5 < R \leqslant 2.5$，受检农药处于中度风险；

$R > 2.5$，受检农药处于高度风险。

8.1.2.3 食品膳食暴露风险和预警风险评估应用程序的开发

1) 应用程序开发的步骤

为成功开发膳食暴露风险和预警风险评估应用程序，与软件工程师多次沟通讨论，逐步提出并描述清楚计算需求，开发了初步应用程序。为明确出不同茶叶、不同农药、不同地域和不同季节的风险水平，向软件工程师提出不同的计算需求，软件工程师对计算需求进行逐一地分析，经过反复的细节沟通，需求分析得到明确后，开始进行解决方案的设计，在保证需求的完整性、一致性的前提下，编写出程序代码，最后设计出满足需求的风险评估专用计算软件，并通过一系列的软件测试和改进，完成专用程序的开发。软件开发基本步骤见图8-3。

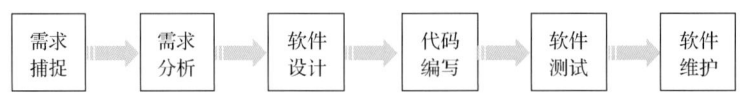

图 8-3 专用程序开发总体步骤

2) 膳食暴露风险评估专业程序开发的基本要求

首先直接利用公式(8-1)，分别计算 GC-Q-TOF/MS 和 LC-Q-TOF/MS 仪器侦测出的各茶叶样品中每种农药 IFS_c，将结果列出。为考察超标农药和禁用农药的使用安全性，分别以我国《食品安全国家标准 食品中农药最大残留限量》(GB 2763—2016)和欧盟食品中农药最大残留限量(以下简称 MRL 中国国家标准和 MRL 欧盟标准)为标准，对侦测出的禁用农药和超标的非禁用农药 IFS_c 单独进行评价；按 IFS_c 大小列表，并找出 IFS_c 值排名前 20 的样本重点关注。

对不同茶叶 i 中每一种侦测出的农药 c 的安全指数进行计算，多个样品时求平均值。按农药种类，计算整个监测时间段内每种农药的 IFS_c，不区分茶叶种类。

3) 预警风险评估专业程序开发的基本要求

分别以 MRL 中国国家标准和 MRL 欧盟标准，按公式(8-3)逐个计算不同茶叶、不同农药的风险系数，禁用农药和非禁用农药分别列表。

为清楚了解各种农药的预警风险，不分时间，不分茶叶，按禁用农药和非禁用农药分类，分别计算各种侦测出农药全部检测时段内风险系数。由于有 MRL 中国国家标准的农药种类太少，无法计算超标数，非禁用农药的风险系数只以 MRL 欧盟标准为标准，进行计算。

4) 风险程度评价专业应用程序的开发方法

采用 Python 计算机程序设计语言，Python 是一个高层次地结合了解释性、编译性、互动性和面向对象的脚本语言。风险评价专用程序主要功能包括：分别读入每例样品 GC-Q-TOF/MS 和 LC-Q-TOF/MS 农药残留检测数据，根据风险评价工作要求，依次对不同农药、不同食品、不同时间、不同采样点的 IFS_c 值和 R 值分别进行数据计算，筛选出禁用农药、超标农药(分别与 MRL 中国国家标准、MRL 欧盟标准限值进行对比)单独重点分析，再分别对各农药、各茶叶种类分类处理，设计出计算和排序程序，编写计算机代码，最后将生成的膳食暴露风险评估和超标风险评估定量计算结果列入设计好的各个表格中，并定性判断风险对目标的影响程度，直接用文字描述风险发生的高低，如"不可接受"、"可以接受"、"没有影响"、"高度风险"、"中度风险"、"低度风险"。

8.2 GC-Q-TOF/MS 侦测南昌市市售茶叶农药残留膳食暴露风险评估

8.2.1 每例茶叶样品中农药残留安全指数分析

基于 2019 年 3 月的农药残留侦测数据，发现在 60 例样品中侦测出农药 145 频次，计算样品中每种残留农药的安全指数 IFS_c，并分析农药对样品安全的影响程度，结果详见附表二，农药残留对茶叶样品安全的影响程度频次分布情况如图 8-4 所示。

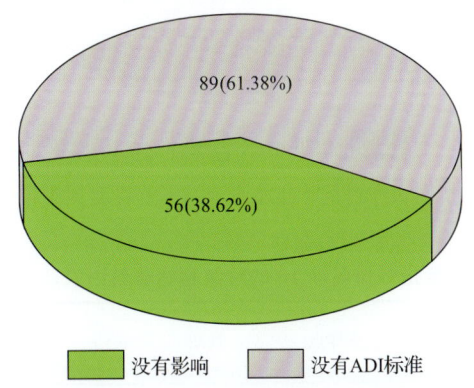

图 8-4 农药残留对茶叶样品安全的影响程度频次分布图

由图 8-4 可以看出，农药残留对样品安全的影响没有 ADI 标准的频次为 89，占 61.38%；农药残留对样品安全的没有影响的频次为 56，占 38.62%。

部分样品侦测出禁用农药 3 种 8 频次，为了明确残留的禁用农药对样品安全的影响，分析侦测出禁用农药残留的样品安全指数，禁用农药残留对茶叶样品安全的影响程度频次分布情况如图 8-5 所示，农药残留对样品安全没有影响的频次为 8，占 100%。

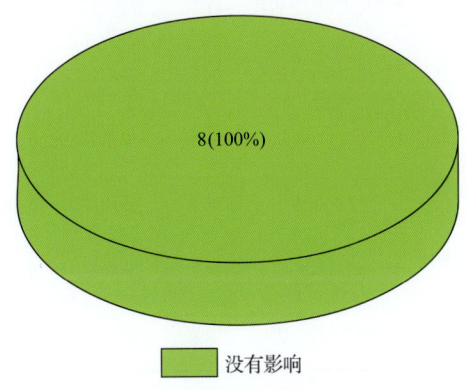

图 8-5 禁用农药对茶叶样品安全影响程度的频次分布图

此外，本次侦测发现部分样品中非禁用农药残留量超过了 MRL 欧盟标准，为了明确超标的非禁用农药对样品安全的影响，分析了非禁用农药残留超标的样品安全指数。

残留量超过 MRL 欧盟标准的非禁用农药对茶叶样品安全的影响程度频次分布情况如图 8-6 所示。可以看出超过 MRL 欧盟标准的非禁用农药共 52 频次,其中农药没有 ADI 的频次为 41,占 78.85%;农药残留对样品安全没有影响的频次为 11,占 21.15%。表 8-4 为茶叶样品中安全指数排名前 10 的残留超标非禁用农药列表。

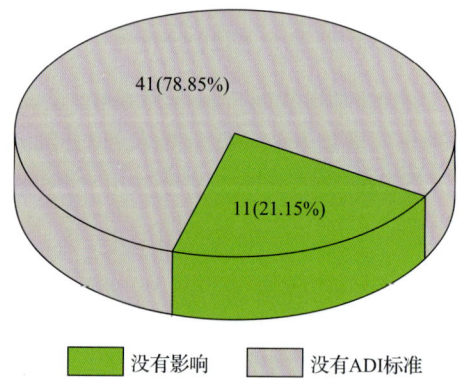

图 8-6　残留超标的非禁用农药对茶叶样品安全的影响程度频次分布图(MRL 欧盟标准)

表 8-4　茶叶样品中安全指数排名前 10 的残留超标非禁用农药列表(MRL 欧盟标准)

序号	样品编号	采样点	基质	农药	含量 (mg/kg)	欧盟标准	IFS$_c$	影响程度
1	20190307-360100-AHCIQ-GT-03B	***茶业店	红茶	异丙威	0.0425	0.01	0.0017	没有影响
2	20190307-360100-AHCIQ-GT-04F	***茶业店	绿茶	异丙威	0.0212	0.01	0.0008	没有影响
3	20190307-360100-AHCIQ-GT-05I	***超市(八一店)	红茶	异丙威	0.0202	0.01	0.0008	没有影响
4	20190307-360100-AHCIQ-GT-01A	***茶庄	红茶	异丙威	0.0143	0.01	0.0006	没有影响
5	20190307-360100-AHCIQ-GT-01B	***超市(八一店)	红茶	异丙草胺	0.0891	0.05	0.0005	没有影响
6	20190307-360100-AHCIQ-GT-01D	***超市(八一店)	绿茶	异丙威	0.0137	0.01	0.0005	没有影响
7	20190307-360100-AHCIQ-GT-01F	***超市(八一店)	红茶	甲草胺	0.0681	0.05	0.0005	没有影响
8	20190307-360100-AHCIQ-GT-04A	***茶业店	红茶	异丙威	0.0132	0.01	0.0005	没有影响
9	20190307-360100-AHCIQ-GT-04D	***超市(八一店)	绿茶	异丙威	0.0111	0.01	0.0004	没有影响
10	20190307-360100-AHCIQ-GT-05J	***超市(八一店)	绿茶	异丙威	0.011	0.01	0.0004	没有影响

8.2.2　单种茶叶中农药残留安全指数分析

本次 2 种茶叶侦测 29 种农药,检出频次为 145 次,其中 15 种农药没有 ADI,14 种农药存在 ADI 标准。2 种茶叶按不同种类分别计算侦测出的具有 ADI 标准的各种农药的 IFS_c 值，农药残留对茶叶的安全指数分布图如图 8-7 所示。

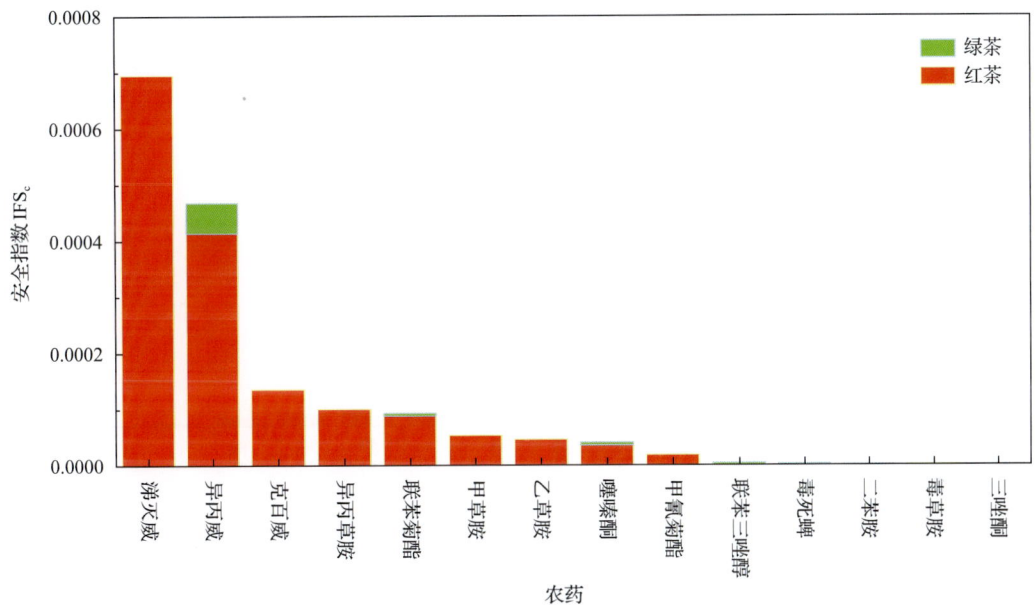

图 8-7　2 种茶叶中 14 种残留农药的安全指数分布图

本次侦测中，2 种茶叶和 29 种残留农药(包括没有 ADI)共涉及 39 个分析样本，农药对单种茶叶安全的影响程度分布情况如图 8-8 所示。可以看出，43.59%的样本中农药对茶叶安全没有影响。

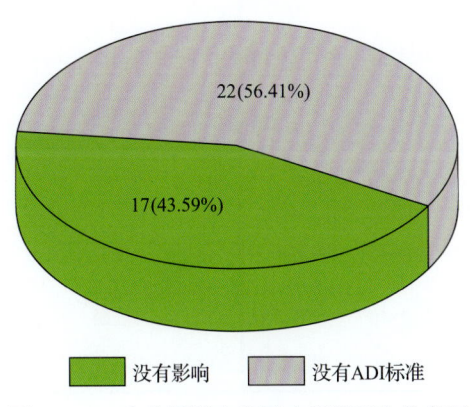

图 8-8　39 个分析样本的影响程度频次分布图

8.2.3　所有茶叶中农药残留安全指数分析

计算所有茶叶中 14 种农药的 IFS_c 值，结果如图 8-9 及表 8-5 所示。

分析发现，所有的农药对茶叶安全的影响程度均为没有影响，说明茶叶中残留的农药不会对茶叶安全造成影响。

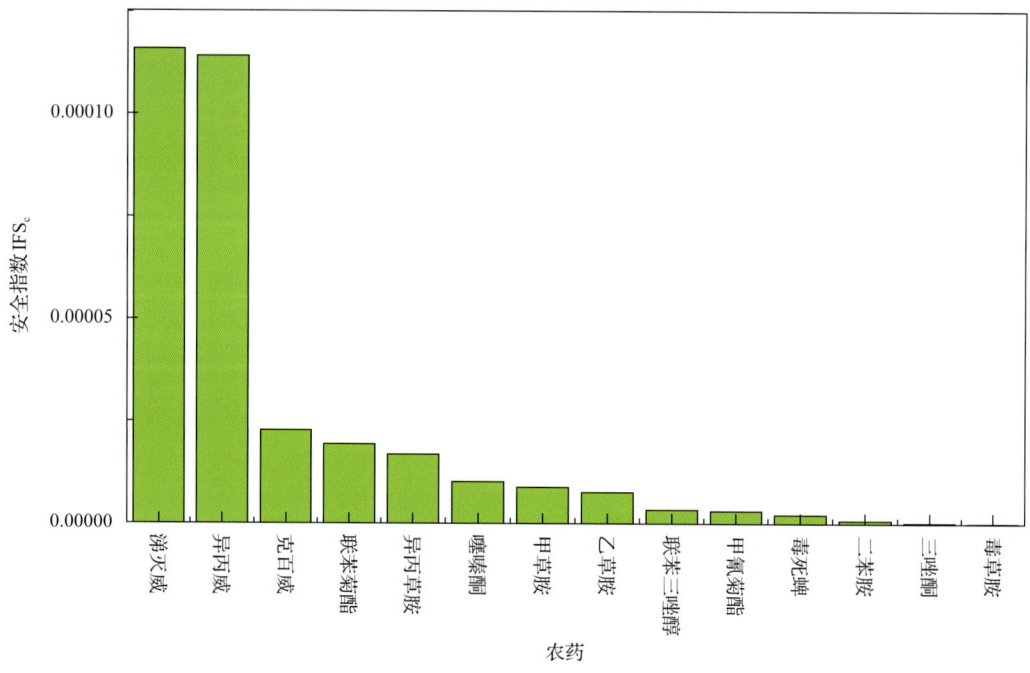

图 8-9 14 种残留农药对茶叶的安全影响程度统计图

表 8-5 茶叶中 14 种农药残留的安全指数表

序号	农药	检出频次	检出率(%)	IFS_e	影响程度	序号	农药	检出频次	检出率(%)	IFS_e	影响程度
1	涕灭威	5	8	1.16×10^{-4}	没有影响	8	乙草胺	3	5	7.66×10^{-6}	没有影响
2	异丙威	12	20	1.14×10^{-4}	没有影响	9	联苯三唑醇	3	5	3.41×10^{-6}	没有影响
3	克百威	1	2	2.27×10^{-5}	没有影响	10	甲氰菊酯	3	5	3.12×10^{-6}	没有影响
4	联苯菊酯	5	8	1.93×10^{-5}	没有影响	11	毒死蜱	2	3	2.10×10^{-6}	没有影响
5	异丙草胺	3	5	1.69×10^{-5}	没有影响	12	二苯胺	10	17	7.39×10^{-7}	没有影响
6	噻嗪酮	4	7	1.02×10^{-5}	没有影响	13	三唑酮	2	3	2.22×10^{-7}	没有影响
7	甲草胺	1	2	8.89×10^{-6}	没有影响	14	毒草胺	2	3	9.38×10^{-8}	没有影响

8.3 GC-Q-TOF/MS 侦测南昌市市售茶叶农药残留预警风险评估

基于南昌市茶叶样品中农药残留 GC-Q-TOF/MS 侦测数据,分析禁用农药的检出率,同时参照中华人民共和国国家标准 GB 2763—2016 和欧盟农药最大残留限量(MRL)标准分析非禁用农药残留的超标率,并计算农药残留风险系数。分析单种茶叶中农药残留以及所有茶叶中农药残留的风险程度。

8.3.1 单种茶叶中农药残留风险系数分析

8.3.1.1 单种茶叶中禁用农药残留风险系数分析

侦测出的 29 种残留农药中有 3 种为禁用农药,且它们分布在 2 种茶叶中,计算 2 种茶叶中禁用农药的检出率,根据检出率计算风险系数 R,进而分析茶叶中禁用农药的风险程度,结果如图 8-10 与表 8-6 所示。分析发现 3 种禁用农药在 2 种茶叶中的残留均处于高度风险。

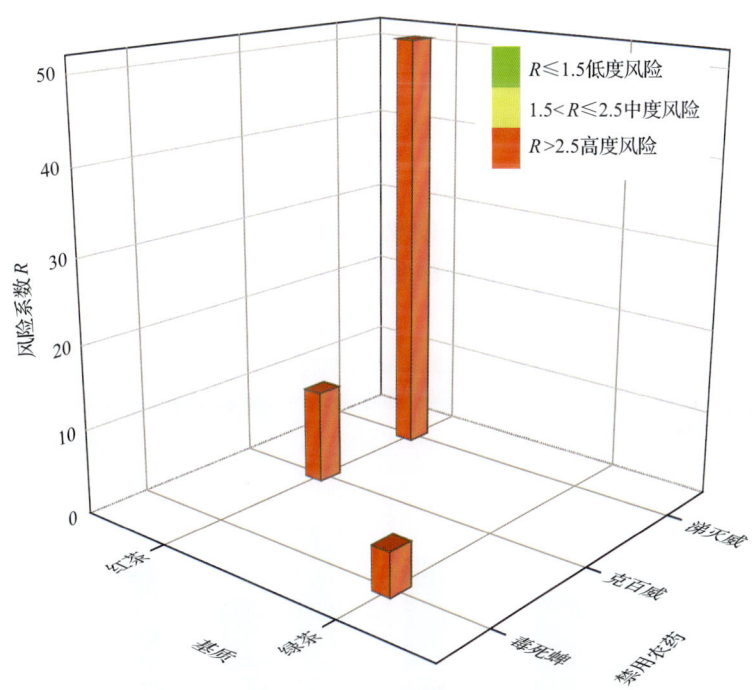

图 8-10　2 种茶叶中 3 种禁用农药残留的风险系数

表 8-6　2 种茶叶中 3 种禁用农药残留的风险系数列表

序号	基质	农药	检出频次	检出率(%)	风险系数 R	风险程度
1	红茶	涕灭威	5	50	51.1	高度风险
2	红茶	克百威	1	10	11.1	高度风险
3	绿茶	毒死蜱	2	4	5.1	高度风险

8.3.1.2 基于 MRL 中国国家标准的单种茶叶中非禁用农药残留风险系数分析

参照中华人民共和国国家标准 GB 2763—2016 中农药残留限量计算每种茶叶中每种

非禁用农药的超标率，进而计算其风险系数，根据风险系数大小判断残留农药的预警风险程度，茶叶中非禁用农药残留风险程度分布情况如图 8-11 所示。

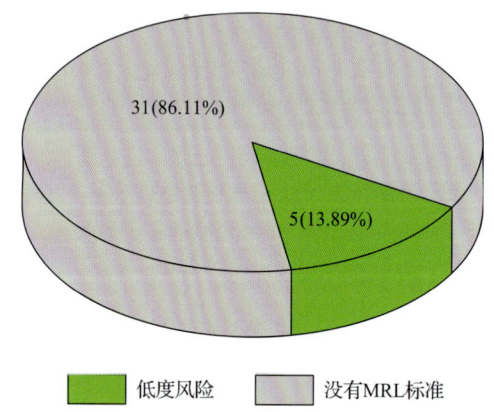

图 8-11　茶叶中非禁用农药残留的风险程度分布图（MRL 中国国家标准）

本次分析中，发现在 2 种茶叶检出 26 种残留非禁用农药，涉及样本 36 个，在 36 个样本中，13.89%处于低度风险，此外发现有 31 个样本没有 MRL 中国国家标准值，无法判断其风险程度，有 MRL 中国国家标准值的 5 个样本涉及 2 种茶叶中的 3 种非禁用农药，其风险系数 R 值如图 8-12 所示。

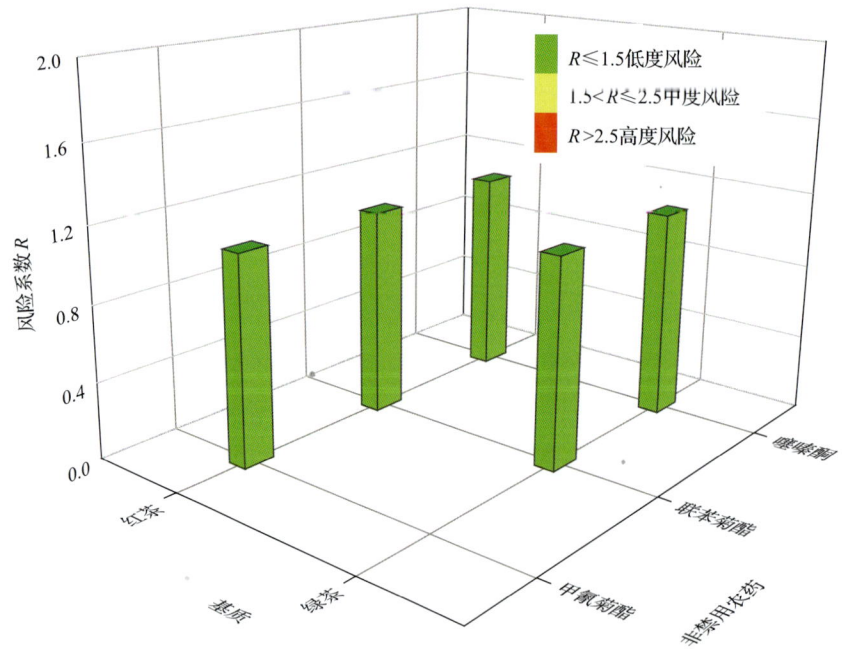

图 8-12　2 种茶叶中 3 种非禁用农药的风险系数分布图（MRL 中国国家标准）

8.3.1.3　基于 MRL 欧盟标准的单种茶叶中非禁用农药残留风险系数分析

参照 MRL 欧盟标准计算每种茶叶中每种非禁用农药的超标率，进而计算其风险系数,根据风险系数大小判断农药残留的预警风险程度,茶叶中非禁用农药残留风险程度分布情况如图 8-13 所示。

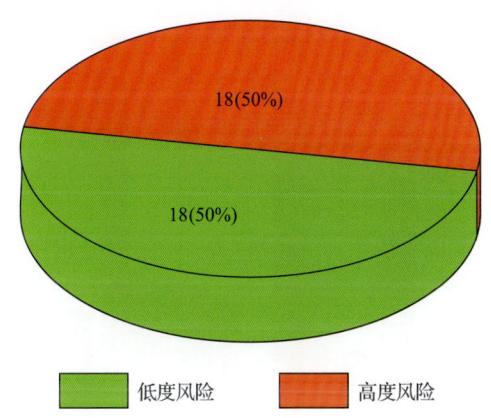

图 8-13　茶叶中非禁用农药残留的风险程度分布图(MRL 欧盟标准)

本次分析中,发现在 2 种茶叶中共侦测出 26 种非禁用农药,涉及样本 36 个,其中,50%处于高度风险,涉及 2 种茶叶和 14 种农药;50%处于低度风险,涉及 2 种茶叶和 14 种农药。单种茶叶中的非禁用农药风险系数分布图如图 8-14 所示。单种茶叶中处于高度风险的非禁用农药风险系数如图 8-15 和表 8-7 所示。

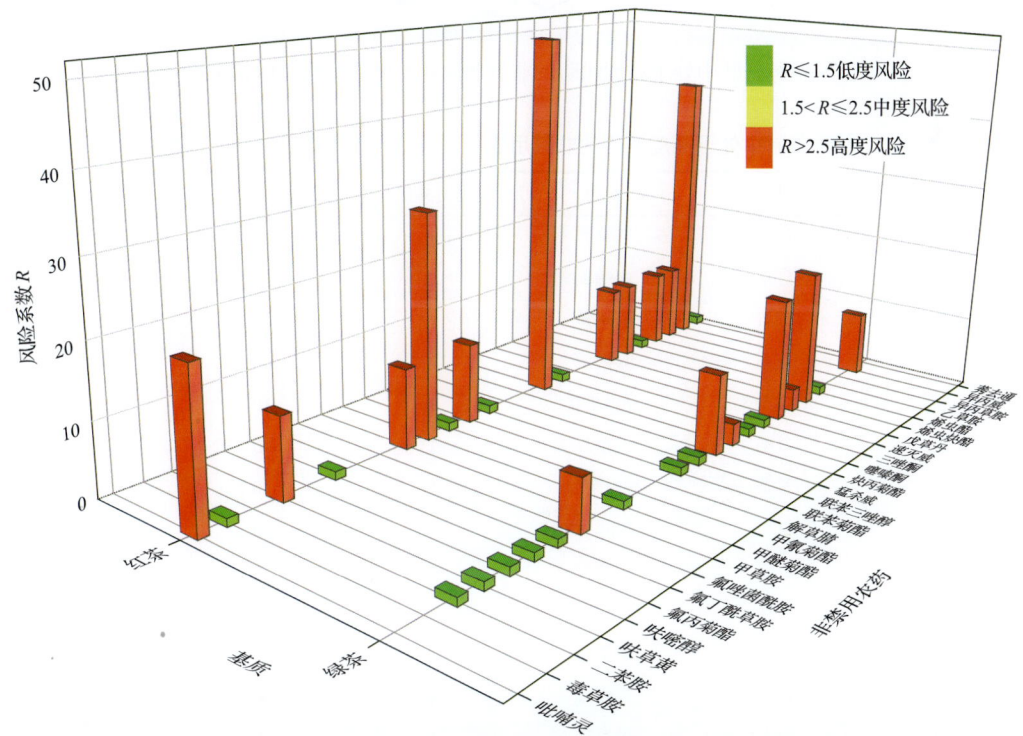

图 8-14　2 种茶叶中 26 种非禁用农药残留的风险系数(MRL 欧盟标准)

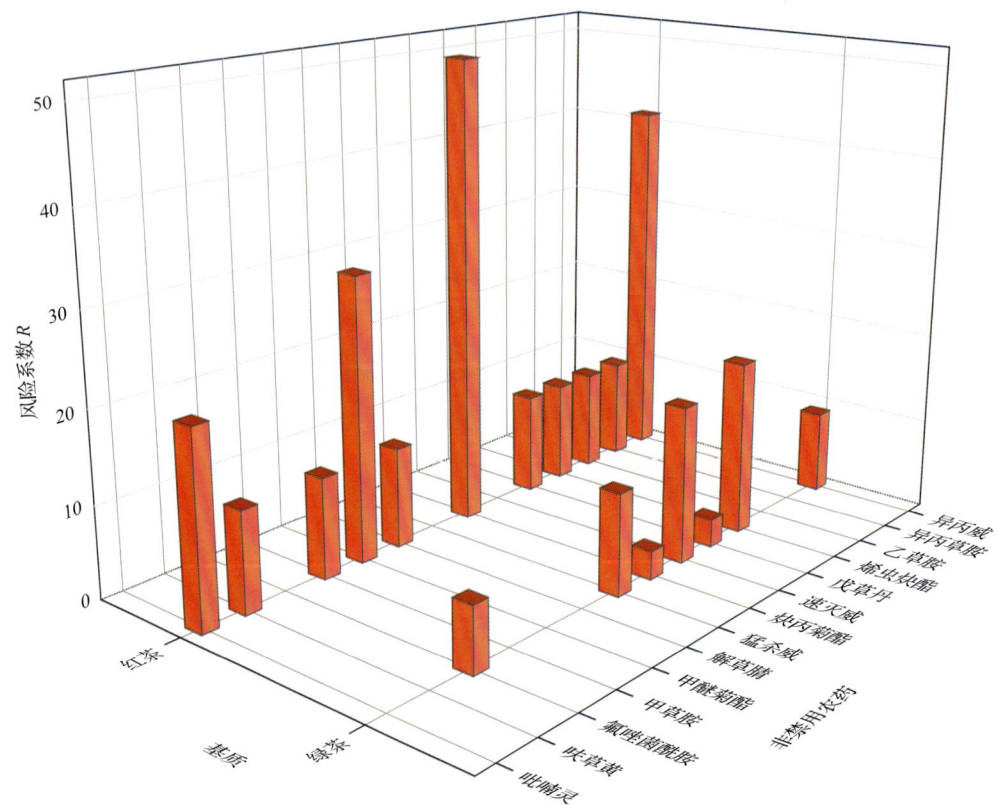

图 8-15 单种茶叶中处于高度风险的非禁用农药的风险系数（MRL 欧盟标准）

表 8-7 单种茶叶中处于高度风险的非禁用农药残留的风险系数表（MRL 欧盟标准）

序号	基质	农药	超标频次	超标率 $P(\%)$	风险系数 R
1	红茶	乙草胺	1	10	32.68
2	红茶	吡喃灵	2	20	31.10
3	红茶	呋草黄	1	10	28.88
4	红茶	异丙威	4	40	26.10
5	红茶	异丙草胺	1	10	22.15
6	红茶	戊草丹	1	10	22.15
7	红茶	炔丙菊酯	5	50	22.15
8	红茶	烯虫炔酯	1	10	21.10
9	红茶	甲草胺	1	10	21.10
10	红茶	甲醚菊酯	3	30	18.75
11	红茶	解草腈	1	10	16.89
12	绿茶	异丙威	4	8	16.10
13	绿茶	戊草丹	1	2	12.86
14	绿茶	氟唑菌酰胺	3	6	12.86
15	绿茶	炔丙菊酯	1	2	12.86

续表

序号	基质	农药	超标频次	超标率 $P(\%)$	风险系数 R
16	绿茶	烯虫炔酯	9	18	12.21
17	绿茶	猛杀威	5	10	11.63
18	绿茶	速灭威	8	16	11.63

8.3.2 所有茶叶中农药残留风险系数分析

8.3.2.1 所有茶叶中禁用农药残留风险系数分析

在侦测出的 29 种农药中有 3 种为禁用农药，计算所有茶叶中禁用农药的风险系数，结果如表 8-8 所示。在 3 种禁用农药中，3 种农药残留均处于高度风险。

表 8-8 茶叶中 3 种禁用农药的风险系数表

序号	农药	检出频次	检出率(%)	风险系数 R	风险程度
1	涕灭威	5	8.33	9.43	高度风险
2	毒死蜱	2	3.33	4.43	高度风险
3	克百威	1	1.67	2.77	高度风险

8.3.2.2 所有茶叶中非禁用农药残留风险系数分析

参照 MRL 欧盟标准计算所有茶叶中每种非禁用农药残留的风险系数，如图 8-16 与表 8-9 所示。在侦测出的 26 种非禁用农药中，14 种农药(53.85%)残留处于高度风险，12 种农药(46.15%)残留处于低度风险。

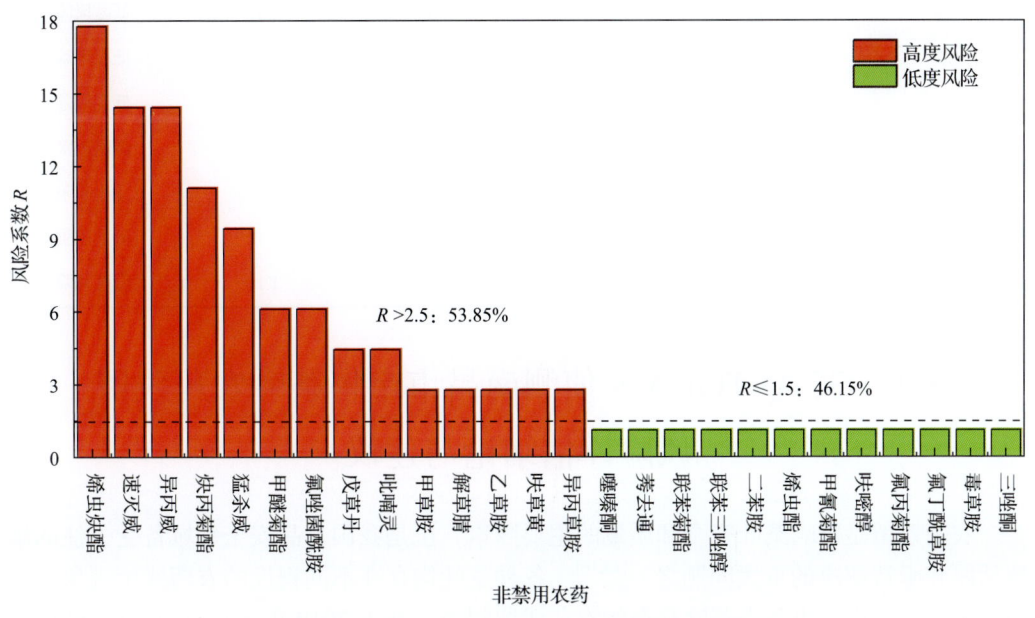

图 8-16 茶叶中 26 种非禁用农药的风险程度统计图

表 8-9　茶叶中 26 种非禁用农药的风险系数表

序号	农药	超标频次	超标率 P(%)	风险系数 R	风险程度
1	烯虫炔酯	10	16.67	17.77	高度风险
2	速灭威	8	13.33	14.43	高度风险
3	异丙威	8	13.33	14.43	高度风险
4	炔丙菊酯	6	10.00	11.10	高度风险
5	猛杀威	5	8.33	9.43	高度风险
6	甲醚菊酯	3	5.00	6.10	高度风险
7	氟唑菌酰胺	3	5.00	6.10	高度风险
8	戊草丹	2	3.33	4.43	高度风险
9	吡喃灵	2	3.33	4.43	高度风险
10	甲草胺	1	1.67	2.77	高度风险
11	解草腈	1	1.67	2.77	高度风险
12	乙草胺	1	1.67	2.77	高度风险
13	呋草黄	1	1.67	2.77	高度风险
14	异丙草胺	1	1.67	2.77	高度风险
15	噻嗪酮	0	0	1.10	低度风险
16	莠去通	0	0	1.10	低度风险
17	联苯菊酯	0	0	1.10	低度风险
18	联苯三唑醇	0	0	1.10	低度风险
19	二苯胺	0	0	1.10	低度风险
20	烯虫酯	0	0	1.10	低度风险
21	甲氰菊酯	0	0	1.10	低度风险
22	呋嘧醇	0	0	1.10	低度风险
23	氟丙菊酯	0	0	1.10	低度风险
24	氟丁酰草胺	0	0	1.10	低度风险
25	毒草胺	0	0	1.10	低度风险
26	三唑酮	0	0	1.10	低度风险

8.4　GC-Q-TOF/MS 侦测南昌市市售茶叶农药残留风险评估结论与建议

农药残留是影响茶叶安全和质量的主要因素，也是我国食品安全领域备受关注的敏感话题和亟待解决的重大问题之一[15,16]。各种茶叶均存在不同程度的农药残留现象，本研究主要针对南昌市各类茶叶存在的农药残留问题，基于 2019 年 3 月对南昌市 60 例茶叶样品中农药残留侦测得出的 145 个侦测结果，分别采用食品安全指数模型和风险系数模型，开展茶叶中农药残留的膳食暴露风险和预警风险评估。茶叶样品取自超市和茶叶专营店，符合大众的膳食来源，风险评价时更具有代表性和可信度。

本研究力求通用简单地反映食品安全中的主要问题，且为管理部门和大众容易接受，为政府及相关管理机构建立科学的食品安全信息发布和预警体系提供科学的规律与方法，加强对农药残留的预警和食品安全重大事件的预防，控制食品风险。

8.4.1 南昌市茶叶中农药残留膳食暴露风险评价结论

1) 茶叶样品中农药残留安全状态评价结论

采用食品安全指数模型，对 2019 年 3 月期间南昌市茶叶食品农药残留膳食暴露风险进行评价，根据 IFS_c 的计算结果发现，茶叶中农药的 $\overline{IFS}$ 为 2.33×10^{-5}，说明南昌市茶叶总体处于可以接受的安全状态，但部分禁用农药、高残留农药在茶叶中仍有侦测出，导致膳食暴露风险的存在，成为不安全因素。

2) 禁用农药膳食暴露风险评价

本次检测发现部分茶叶样品中有禁用农药侦测出，侦测出禁用农药 3 种，侦测出频次为 8，茶叶样品中的禁用农药 IFS_c 计算结果表明，禁用农药残留膳食暴露风险没有影响的频次为 8，占 100%。

8.4.2 南昌市茶叶中农药残留预警风险评价结论

1) 单种茶叶中禁用农药残留的预警风险评价结论

本次检测过程中，在 2 种茶叶中检测出 3 种禁用农药，禁用农药为：涕灭威、毒死蜱、克百威，茶叶为：红茶、绿茶，茶叶中禁用农药的风险系数分析结果显示，3 种禁用农药在 2 种茶叶中的残留均处于高度风险，说明在单种茶叶中禁用农药的残留会导致较高的预警风险。

2) 单种茶叶中非禁用农药残留的预警风险评价结论

以 MRL 中国国家标准为标准，计算茶叶中非禁用农药风险系数情况下，36 个样本中，5 个处于低度风险(13.89%)，31 个样本没有 MRL 中国国家标准(86.11%)。以 MRL 欧盟标准为标准，计算茶叶中非禁用农药风险系数情况下，发现有 18 个处于高度风险(50%)，18 个处于低度风险(50%)。基于两种 MRL 标准，评价的结果差异显著，可以看出 MRL 欧盟标准比中国国家标准更加严格和完善，过于宽松的 MRL 中国国家标准值能否有效保障人体的健康有待研究。

8.4.3 加强南昌市茶叶食品安全建议

我国食品安全风险评价体系仍不够健全，相关制度不够完善，多年来，由于农药用药次数多、用药量大或用药间隔时间短，产品残留量大，农药残留所造成的食品安全问题日益严峻，给人体健康带来了直接或间接的危害。据估计，美国与农药有关的癌症患者数约占全国癌症患者总数的 50%，中国更高。同样，农药对其他生物也会形成直接杀伤和慢性危害，植物中的农药可经过食物链逐级传递并不断蓄积，对人和动物构成潜在威胁，并影响生态系统。

基于本次农药残留侦测数据的风险评价结果，提出以下几点建议：

1）加快食品安全标准制定步伐

我国食品标准中对农药每日允许最大摄入量 ADI 的数据严重缺乏，在本次评价所涉及的 29 种农药中，仅有 48.3%的农药具有 ADI 值，而 51.7%的农药中国尚未规定相应的 ADI 值，亟待完善。

我国食品中农药最大残留限量值的规定严重缺乏，对评估涉及的不同茶叶中不同农药 39 个 MRL 限值进行统计来看，我国仅制定出 6 个标准，我国标准完整率仅为 15.4%，欧盟的完整率达到 100%（表 8-10）。因此，中国更应加快 MRL 的制定步伐。

表 8-10　我国国家食品标准农药的 ADI、MRL 值与欧盟标准的数量差异

分类		中国 ADI	MRL 中国国家标准	MRL 欧盟标准
标准限值（个）	有	14	6	39
	无	15	33	0
总数（个）		29	39	39
无标准限值比例（%）		51.7	84.6	0

此外，MRL 中国国家标准限值普遍高于欧盟标准限值，这些标准中共有 3 个高于欧盟。过高的 MRL 值难以保障人体健康，建议继续加强对限值基准和标准的科学研究，将农产品中的危险性减少到尽可能低的水平。

2）加强农药的源头控制和分类监管

在南昌市某些茶叶中仍有禁用农药残留，利用 GC-Q-TOF/MS 技术侦测出 3 种禁用农药，检出频次为 8 次，残留禁用农药均存在较大的膳食暴露风险和预警风险。早已列入黑名单的禁用农药在我国并未真正退出，有些药物由于价格便宜、工艺简单，此类高毒农药一直生产和使用。建议在我国采取严格有效的控制措施，从源头控制禁用农药。

对于非禁用农药，在我国作为"田间地头"最典型单位的县级茶叶产地中，农药残留的检测几乎缺失。建议根据农药的毒性，对高毒、剧毒、中毒农药实现分类管理，减少使用高毒和剧毒高残留农药，进行分类监管。

3）加强农药生物基准和降解技术研究

市售茶叶中残留农药的品种多、频次高、禁用农药多次检出这一现状，说明了我国的田间土壤和水体因农药长期、频繁、不合理的使用而遭到严重污染。为此，建议中国相关部门出台相关政策，鼓励高校及科研院所积极开展分子生物学、酶学等研究，加强土壤、水体中残留农药的生物修复及降解新技术研究，切实加大农药监管力度，以控制农药的面源污染问题。

综上所述，在本工作基础上，根据茶叶残留危害，可进一步针对其成因提出和采取

严格管理、大力推广无公害茶叶种植与生产、健全食品安全控制技术体系、加强茶叶质量检测体系建设和积极推行茶叶质量追溯制度等相应对策。建立和完善食品安全综合评价指数与风险监测预警系统，对食品安全进行实时、全面的监控与分析，为我国的食品安全科学监管与决策提供新的技术支持，可实现各类检验数据的信息化系统管理，降低食品安全事故的发生。

济 南 市

第 9 章 LC-Q-TOF/MS 侦测济南市 140 例市售茶叶样品农药残留报告

从济南市所属 5 个区，随机采集了 140 例茶叶样品，使用液相色谱-四极杆飞行时间质谱(LC-Q-TOF/MS)对 825 种农药化学污染物示范侦测(7 种负离子模式 ESI 未涉及)。

9.1 样品种类、数量与来源

9.1.1 样品采集与检测

为了真实反映百姓日常饮用的茶叶中农药残留污染状况，本次所有检测样品均由检验人员于 2019 年 2 月期间，从济南市所属 14 个采样点，包括 8 个茶叶专营店 6 个超市，以随机购买方式采集，总计 14 批 140 例样品，从中检出农药 25 种，321 频次。采样及监测概况见图 9-1 及表 9-1，样品及采样点明细见表 9-2 及表 9-3(侦测原始数据见附表 1)。

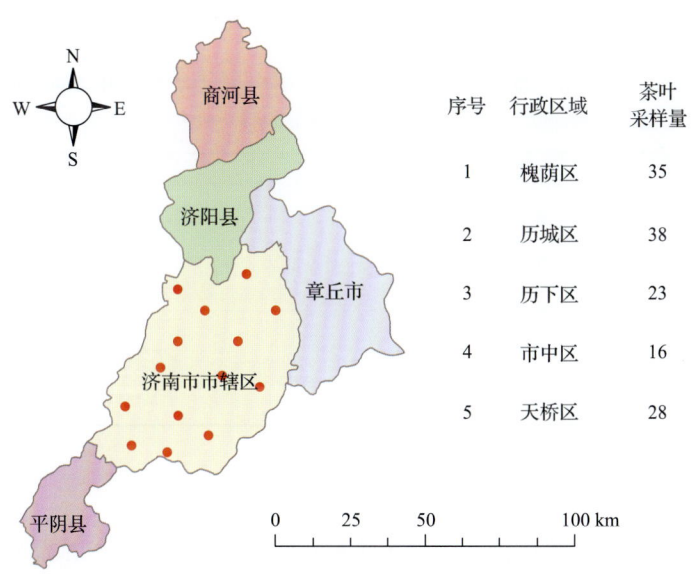

图 9-1 济南市所属 14 个采样点 140 例样品分布图

表 9-1 农药残留监测总体概况

行政区域	济南市所属 5 个区
采样点(茶叶专营店+超市)	14
样本总数	140
检出农药品种/频次	25/321
各采样点样本农药残留检出率范围	61.5%~100.0%

表 9-2　样品分类及数量

样品分类	样品名称(数量)	数量小计
1. 茶叶		140
1)发酵类茶叶	红茶(40)，乌龙茶(20)	60
2)未发酵类茶叶	花茶(30)，绿茶(50)	80
合计	1. 茶叶 4 种	140

表 9-3　济南市采样点信息

采样点序号	行政区域	采样点
茶叶专营店(8)		
1	槐荫区	***茶庄(济南分店)
2	槐荫区	***茶庄
3	历城区	***茶庄
4	历下区	***茶庄
5	市中区	***茶庄
6	市中区	***茶庄
7	天桥区	***茶庄(天桥店)
8	天桥区	***茶庄(世茂天城店)
超市(6)		
1	槐荫区	***超市(嘉华店)
2	槐荫区	***超市(和谐广场店)
3	历城区	***超市(洪楼店)
4	历城区	***超市(洪楼店)
5	历下区	***超市(泉城路分店)
6	天桥区	***超市(天桥区)

9.1.2　检测结果

这次使用的检测方法是庞国芳院士团队最新研发的无需使用标准品对照，而以高分辨精确质量数(0.0001 m/z)为基准的 LC-Q-TOF/MS 检测技术，对于 140 例样品，每个样品均侦测了 825 种农药化学污染物的残留现状。通过本次侦测，在 140 例样品中共计检出农药化学污染物 25 种，检出 321 频次。

9.1.2.1　各采样点样品检出情况

统计分析发现 14 个采样点中，被测样品的农药检出率范围为 61.5%~100.0%。其中，有 3 个采样点样品的检出率最高，达到了 100.0%，分别是：***超市(洪楼店)、***茶庄和***茶庄(世茂天城店)。***茶庄(济南分店)的检出率最低，为 61.5%，见图 9-2。

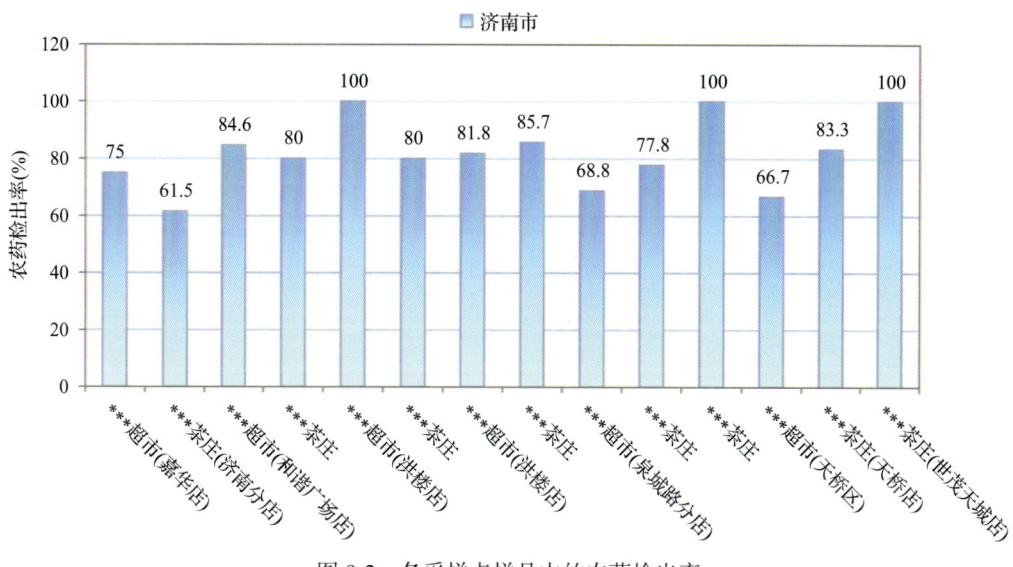

图 9-2　各采样点样品中的农药检出率

9.1.2.2　检出农药的品种总数与频次

统计分析发现,对于 140 例样品中 825 种农药化学污染物的侦测,共检出农药 321 频次,涉及农药 25 种,结果如图 9-3 所示。其中唑虫酰胺检出频次最高,共检出 77 次。检出频次排名前 10 的农药如下:①唑虫酰胺(77),②噻嗪酮(63),③啶虫脒(52),④哒螨灵(37),⑤吡唑醚菌酯(17),⑥茚虫威(11),⑦噻虫啉(7),⑧三唑磷(7),⑨苄氨基嘌呤(6),⑩嘧菌酯(6)。

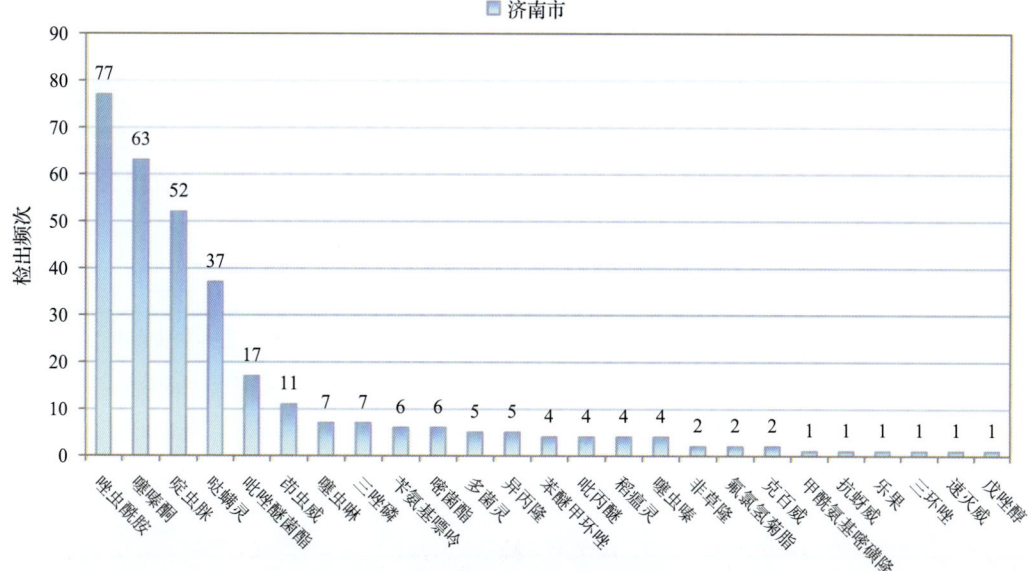

图 9-3　检出农药品种及频次

由图 9-4 可见，绿茶、红茶、花茶和乌龙茶这 4 种茶叶样品中检出的农药品种数较高，均超过 5 种，其中，绿茶检出农药品种最多，为 19 种。由图 9-5 可见，绿茶、红茶、乌龙茶和花茶这 4 种茶叶样品中的农药检出频次较高，均超过 40 次，其中，绿茶检出农药频次最高，为 144 次。

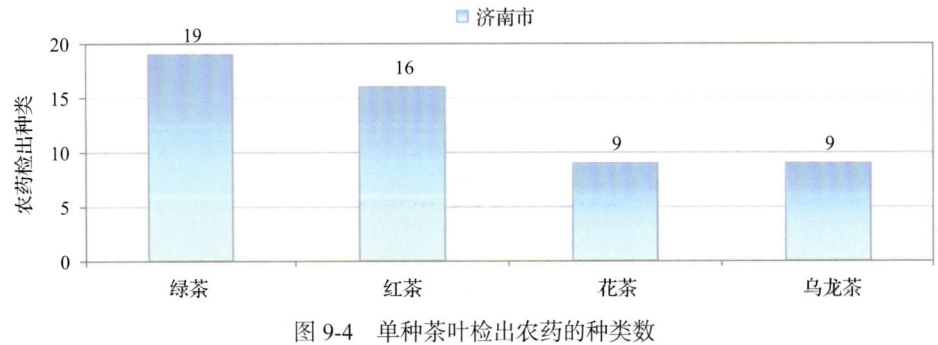

图 9-4　单种茶叶检出农药的种类数

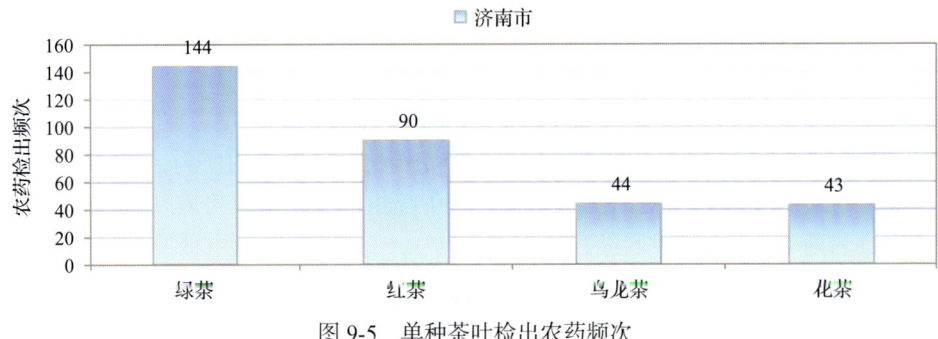

图 9-5　单种茶叶检出农药频次

9.1.2.3　单例样品农药检出种类与占比

对单例样品检出农药种类和频次进行统计发现，未检出农药的样品占总样品数的 18.6%，检出 1 种农药的样品占总样品数的 14.3%，检出 2~5 种农药的样品占总样品数的 62.9%，检出 6~10 种农药的样品占总样品数的 4.3%。每例样品中平均检出农药为 2.3 种，数据见表 9-4 及图 9-6。

表 9-4　单例样品检出农药品种占比

检出农药品种数	样品数量/占比(%)
未检出	26/18.6
1 种	20/14.3
2~5 种	88/62.9
6~10 种	6/4.3
单例样品平均检出农药品种	2.3 种

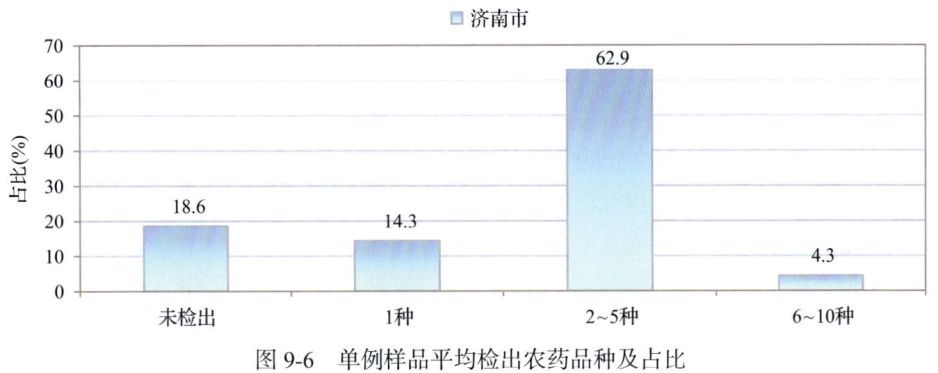

图 9-6　单例样品平均检出农药品种及占比

9.1.2.4　检出农药类别与占比

所有检出农药按功能分类,包括杀虫剂、杀菌剂、除草剂、杀螨剂、植物生长调节剂共 5 类。其中杀虫剂与杀菌剂为主要检出的农药类别,分别占总数的 48.0%和 28.0%,见表 9-5 及图 9-7。

表 9-5　检出农药所属类别/占比

农药类别	数量/占比(%)
杀虫剂	12/48.0
杀菌剂	7/28.0
除草剂	4/16.0
杀螨剂	1/4.0
植物生长调节剂	1/4.0

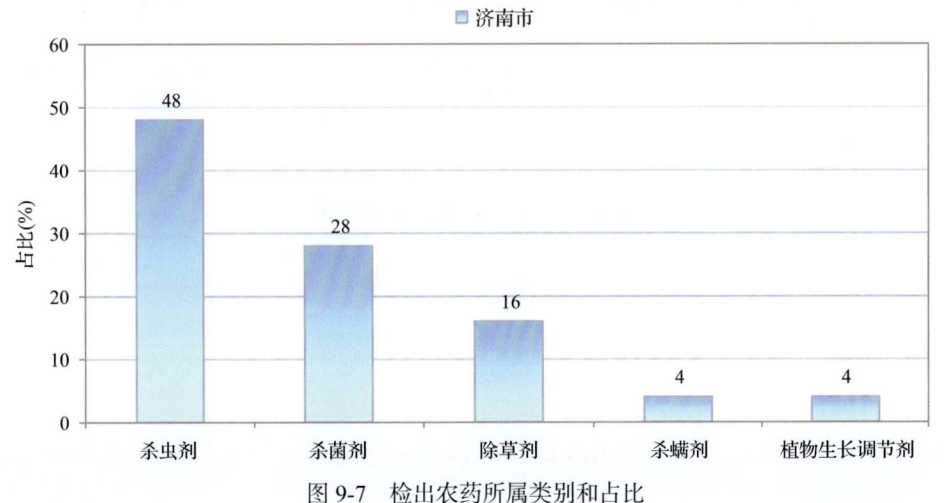

图 9-7　检出农药所属类别和占比

9.1.2.5 检出农药的残留水平

按检出农药残留水平进行统计，残留水平在 1~5 μg/kg（含）的农药占总数的 12.8%，在 5~10 μg/kg（含）的农药占总数的 15.9%，在 10~100 μg/kg（含）的农药占总数的 66.7%，在 100~1000 μg/kg 的农药占总数的 4.7%。

由此可见，这次检测的 14 批 140 例茶叶样品中农药多数处于中高残留水平。结果见表 9-6 及图 9-8，数据见附表 2。

表 9-6 农药残留水平/占比

残留水平(μg/kg)	检出频次数/占比(%)
1~5（含）	41/12.8
5~10（含）	51/15.9
10~100（含）	214/66.7
100~1000	15/4.7

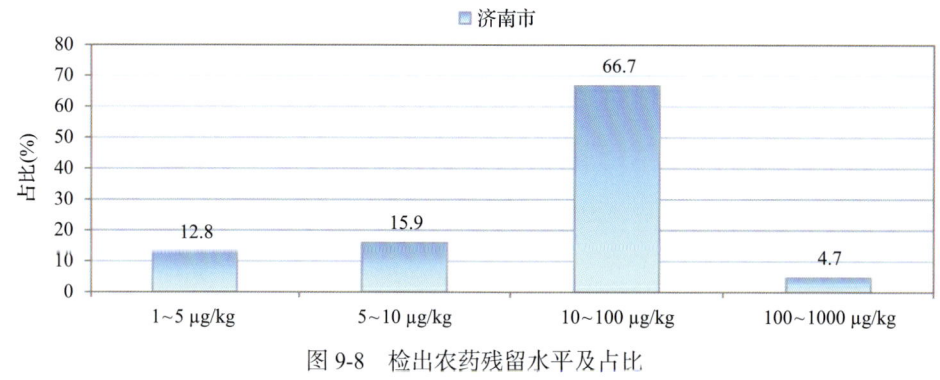

图 9-8 检出农药残留水平及占比

9.1.2.6 检出农药的毒性类别、检出频次和超标频次及占比

对这次检出的 25 种 321 频次的农药，按剧毒、高毒、中毒、低毒和微毒这五个毒性类别进行分类，从中可以看出，济南市目前普遍使用的农药为中低微毒农药，品种占 92.0%，频次占 97.2%。结果见表 9-7 及图 9-9。

表 9-7 检出农药毒性类别/占比

毒性分类	农药品种/占比(%)	检出频次/占比(%)	超标频次/超标率(%)
剧毒农药	0/0	0/0.0	0/0.0
高毒农药	2/8.0	9/2.8	0/0.0
中毒农药	14/56.0	219/68.2	0/0.0
低毒农药	5/20.0	76/23.7	0/0.0
微毒农药	4/16.0	17/5.3	0/0.0

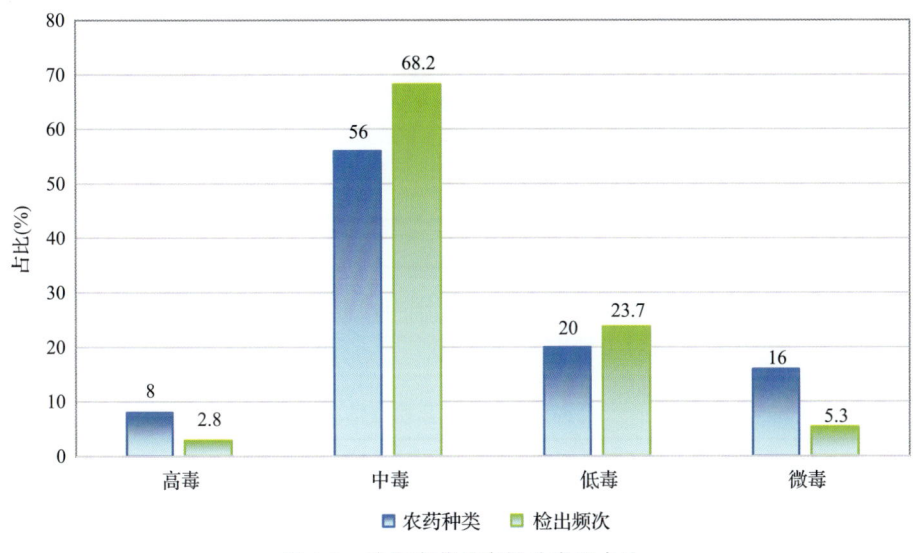

图 9-9 检出农药的毒性分类和占比

9.1.2.7 检出剧毒/高毒类农药的品种和频次

值得特别关注的是，在此次侦测的 140 例样品中有 3 种茶叶的 9 例样品检出了 2 种 9 频次的剧毒和高毒农药，占样品总量的 6.4%，详见图 9-10、表 9-8 及表 9-9。

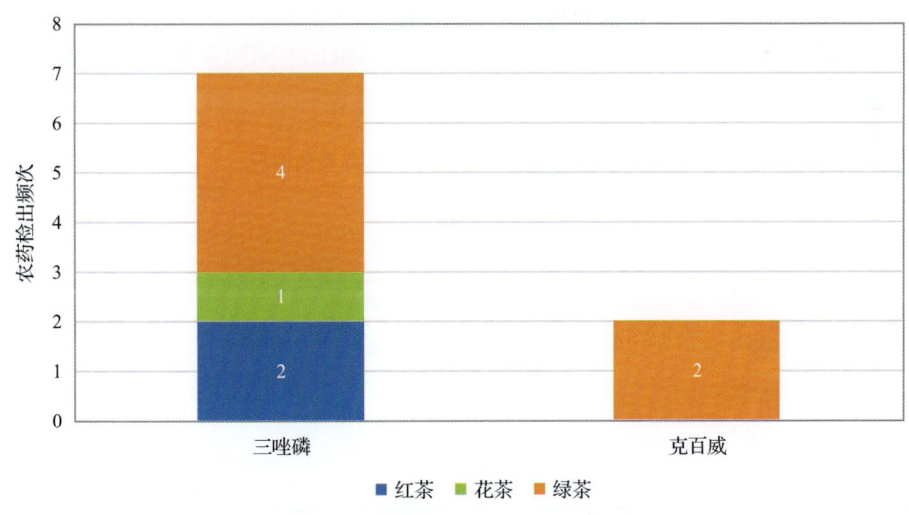

图 9-10 检出剧毒/高毒农药的样品情况

表 9-8 剧毒农药检出情况

序号	农药名称	检出频次	超标频次	超标率
	茶叶中未检出剧毒农药			
	合计	0	0	超标率：0.0%

表 9-9 高毒农药检出情况

序号	农药名称	检出频次	超标频次	超标率
从 3 种茶叶中检出 2 种高毒农药，共计检出 9 次				
1	三唑磷	7	0	0.0%
2	克百威	2	0	0.0%
合计		9	0	超标率：0.0%

在检出的剧毒和高毒农药中，有 2 种是我国早已禁止在茶叶上使用的，分别是：克百威和三唑磷。禁用农药的检出情况见表 9-10。

表 9-10 禁用农药检出情况

序号	农药名称	检出频次	超标频次	超标率
从 3 种茶叶中检出 3 种禁用农药，共计检出 10 次				
1	三唑磷	7	0	0.0%
2	克百威	2	0	0.0%
3	乐果	1	0	0.0%
合计		10	0	超标率：0.0%

注：表中*为剧毒农药；超标结果参考 MRL 中国国家标准计算

此次抽检的茶叶样品中，没有检出剧毒农药。

样品中检出剧毒和高毒农药残留水平没有超过 MRL 中国国家标准，但本次检出结果仍表明，高毒、剧毒农药的使用现象依旧存在。详见表 9-11。

表 9-11 各样本中检出剧毒/高毒农药情况

样品名称	农药名称	检出频次	超标频次	检出浓度（μg/kg）
茶叶 3 种				
红茶	三唑磷▲	2	0	8.6, 2.7
花茶	三唑磷▲	1	0	28.4
绿茶	三唑磷▲	4	0	71.6, 48.3, 21.2, 99.6
绿茶	克百威▲	2	0	14.8, 14.0
合计		9	0	超标率：0.0%

注：表中*为剧毒农药；▲为禁用农药；a 为超标结果（参考 MRL 中国国家标准）

9.2 农药残留检出水平与最大残留限量标准对比分析

我国于 2016 年 12 月 18 日正式颁布并于 2017 年 6 月 18 日正式实施食品农药残留限量国家标准《食品中农药最大残留限量》（GB 2763—2016）。该标准包括 417 个农药条目，涉及最大残留限量（MRL）标准 4140 项。将 321 频次检出农药的浓度水平与 4140

项 MRL 中国国家标准进行核对，其中只有 178 频次的结果找到了对应的 MRL，占 55.5%，还有 143 频次的结果则无相关 MRL 标准供参考，占 44.5%。

将此次侦测结果与国际上现行 MRL 对比发现，在 321 频次的检出结果中有 321 频次的结果找到了对应的 MRL 欧盟标准，占 100.0%，其中，233 频次的结果有明确对应的 MRL，占 72.6%，其余 88 频次按照欧盟一律标准判定，占 27.4%；有 321 频次的结果找到了对应的 MRL 日本标准，占 100.0%，其中，281 频次的结果有明确对应的 MRL，占 87.5%，其余 40 频次按照日本一律标准判定，占 12.5%；有 146 频次的结果找到了对应的 MRL 中国香港标准，占 45.5%；有 206 频次的结果找到了对应的 MRL 美国标准，占 64.2%；有 72 频次的结果找到了对应的 MRLCAC 标准，占 22.4%（见图 9-11 和图 9-12，数据见附表 3 至附表 8）。

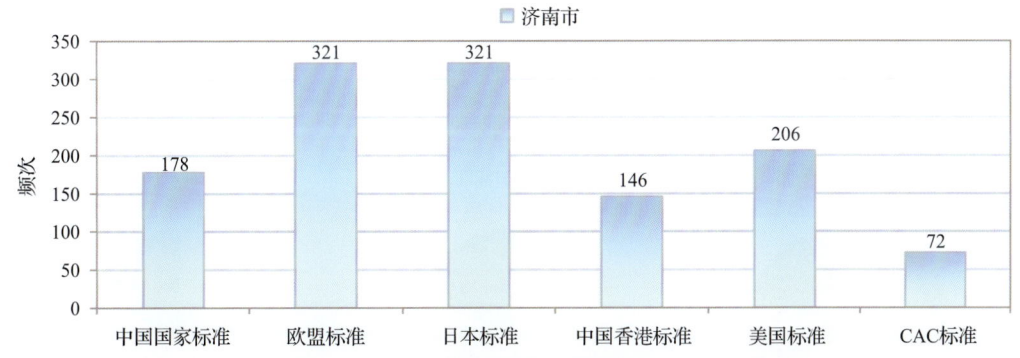

图 9-11　321 频次检出农药可用 MRL 中国国家标准、欧盟标准、日本标准、中国香港标准、美国标准、CAC 标准判定衡量的数量

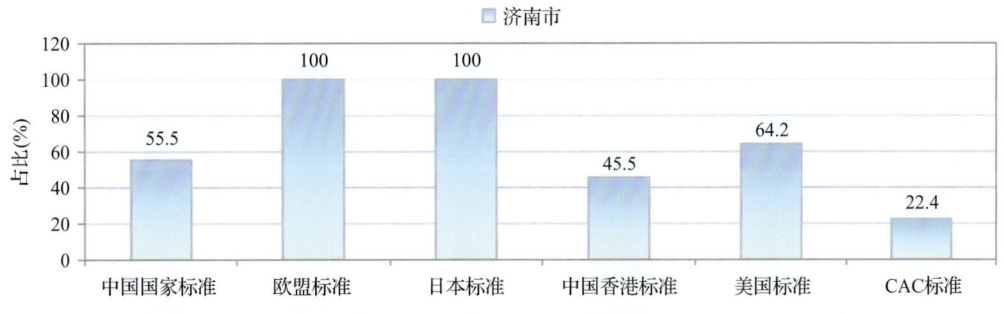

图 9-12　321 频次检出农药可用 MRL 中国国家标准、欧盟标准、日本标准、中国香港标准、美国标准、CAC 标准衡量的占比

9.2.1　超标农药样品分析

本次侦测的 140 例样品中，26 例样品未检出任何残留农药，占样品总量的 18.6%，114 例样品检出不同水平、不同种类的残留农药，占样品总量的 81.4%。在此，我们将本次侦测的农残检出情况与 MRL 中国国家标准、欧盟标准、日本标准、中国香港标准、美国标准和 CAC 标准这 6 大国际主流标准进行对比分析，样品农残检出与超标情况见表 9-12、图 9-13 和图 9-14，详细数据见附表 9 至附表 14。

表 9-12　各 MRL 标准下样本农残检出与超标数量及占比

	中国国家标准 数量/占比(%)	欧盟标准 数量/占比(%)	日本标准 数量/占比(%)	中国香港标准 数量/占比(%)	美国标准 数量/占比(%)	CAC 标准 数量/占比(%)
未检出	26/18.6	26/18.6	26/18.6	26/18.6	26/18.6	26/18.6
检出未超标	114/81.4	44/31.4	81/57.9	114/81.4	114/81.4	114/81.4
检出超标	0/0.0	70/50.0	33/23.6	0/0.0	0/0.0	0/0.0

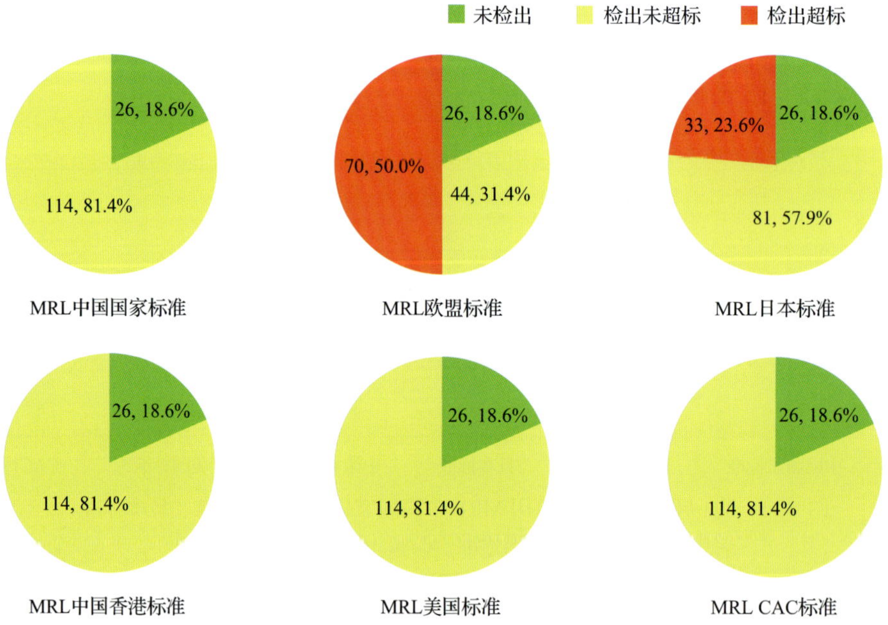

图 9-13　检出和超标样品比例情况

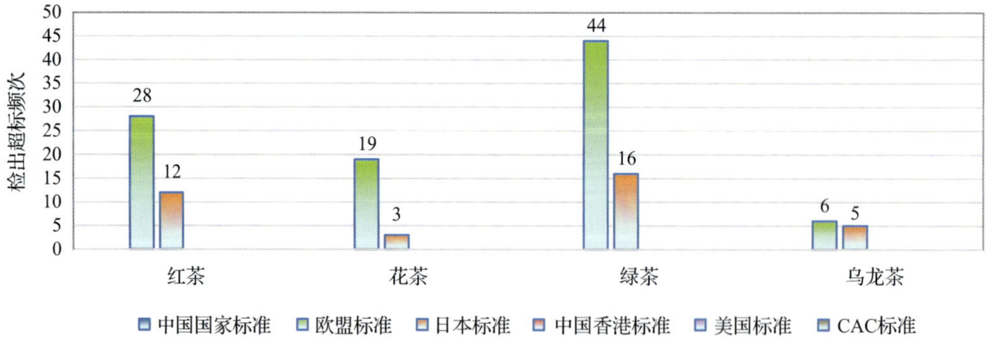

图 9-14　超过 MRL 中国国家标准、欧盟标准、日本标准、中国香港标准、美国标准和 CAC 标准判定结果在茶叶中的分布

9.2.2　超标农药种类分析

按 MRL 中国国家标准、欧盟标准、日本标准、中国香港标准、美国标准和 CAC 标准这 6 大国际主流标准衡量，本次侦测检出的农药超标品种及频次情况见表 9-13。

表 9-13　各 MRL 标准下超标农药品种及频次

	中国国家标准	欧盟标准	日本标准	中国香港标准	美国标准	CAC 标准
超标农药品种	0	13	11	0	0	0
超标农药频次	0	97	36	0	0	0

9.2.2.1　按 MRL 中国国家标准衡量

按 MRL 中国国家标准衡量，无样品检出超标农药残留。

9.2.2.2　按 MRL 欧盟标准衡量

按 MRL 欧盟标准衡量，共有 13 种农药超标，检出 97 频次，分别为高毒农药三唑磷，中毒农药苯醚甲环唑、稻瘟灵、异丙隆、速灭威、抗蚜威、啶虫脒、唑虫酰胺和哒螨灵，低毒农药苄氨基嘌呤、噻嗪酮和去异丙基莠去津，微毒农药非草隆。

按超标程度比较，花茶中唑虫酰胺超标 18.5 倍，绿茶中唑虫酰胺超标 11.5 倍，红茶中唑虫酰胺超标 6.5 倍，绿茶中稻瘟灵超标 6.2 倍，红茶中苄氨基嘌呤超标 4.5 倍。检测结果见图 9-15 和附表 15。

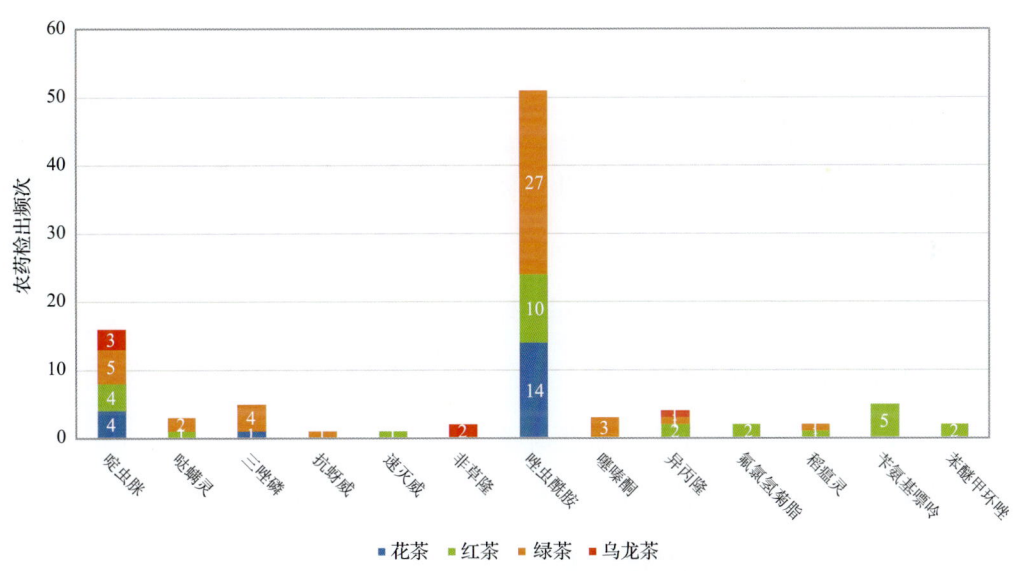

图 9-15　超过 MRL 欧盟标准农药品种及频次

9.2.2.3　按 MRL 日本标准衡量

按 MRL 日本标准衡量，共有 11 种农药超标，检出 36 频次，分别为高毒农药三唑磷，中毒农药稻瘟灵、异丙隆、速灭威、抗蚜威、三环唑和茚虫威，低毒农药苄氨基嘌呤、甲酰氨基嘧磺隆和去异丙基莠去津，微毒农药非草隆。

按超标程度比较，绿茶中抗蚜威超标 12.1 倍，绿茶中三唑磷超标 9.0 倍，红茶中异丙隆超标 9.0 倍，乌龙茶中茚虫威超标 8.7 倍，乌龙茶中异丙隆超标 7.6 倍。检测结果见图 9-16 和附表 16。

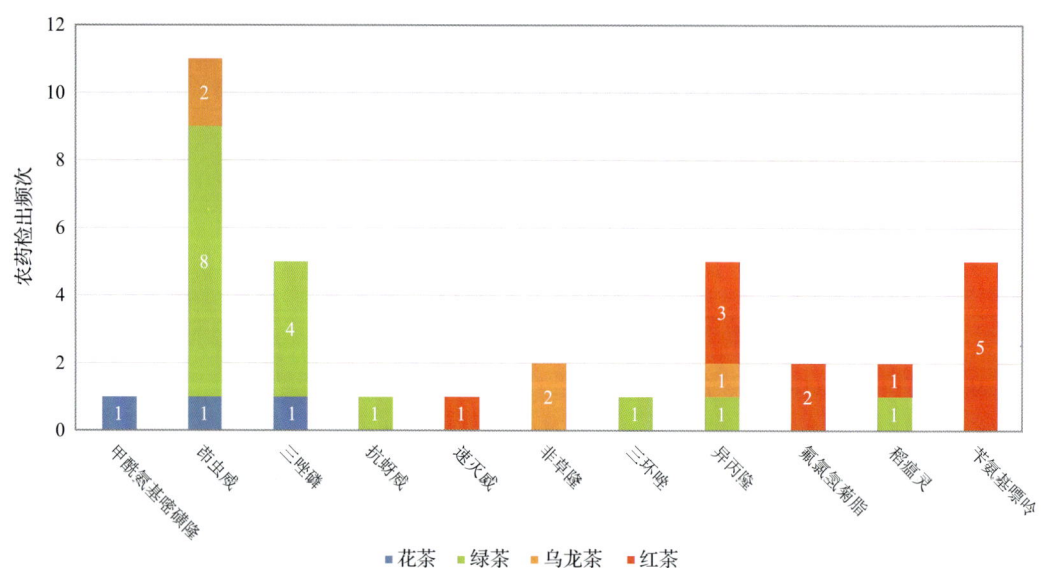

图 9-16 超过 MRL 日本标准农药品种及频次

9.2.2.4 按 MRL 中国香港标准衡量

按 MRL 中国香港标准衡量，无样品检出超标农药残留。

9.2.2.5 按 MRL 美国标准衡量

按 MRL 美国标准衡量，无样品检出超标农药残留。

9.2.2.6 按 MRLCAC 标准衡量

按 MRLCAC 标准衡量，无样品检出超标农药残留。

9.2.3 14 个采样点超标情况分析

9.2.3.1 按 MRL 中国国家标准衡量

按 MRL 中国国家标准衡量，所有采样点的样品均未检出超标农药残留。

9.2.3.2 按 MRL 欧盟标准衡量

按 MRL 欧盟标准衡量，所有采样点的样品存在不同程度的超标农药检出，其中***茶庄的超标率最高，为 100.0%，如表 9-14 和图 9-17 所示。

表 9-14 超过 MRL 欧盟标准茶叶在不同采样点分布

序号	采样点	样品总数	超标数量	超标率(%)	行政区域
1	***超市(泉城路分店)	16	5	31.2	历下区
2	***茶庄	15	6	40.0	历城区
3	***超市(和谐广场店)	13	6	46.2	槐荫区

续表

序号	采样点	样品总数	超标数量	超标率(%)	行政区域
4	***茶庄(济南分店)	13	6	46.2	槐荫区
5	***超市(洪楼店)	12	9	75.0	历城区
6	***茶庄(天桥店)	12	2	16.7	天桥区
7	***超市(洪楼店)	11	6	54.5	历城区
8	***茶庄(世茂天城店)	10	9	90.0	天桥区
9	***茶庄	9	3	33.3	市中区
10	***茶庄	7	4	57.1	历下区
11	***茶庄	7	7	100.0	市中区
12	***超市(天桥区)	6	3	50.0	天桥区
13	***茶庄	5	3	60.0	槐荫区
14	***超市(嘉华店)	4	1	25.0	槐荫区

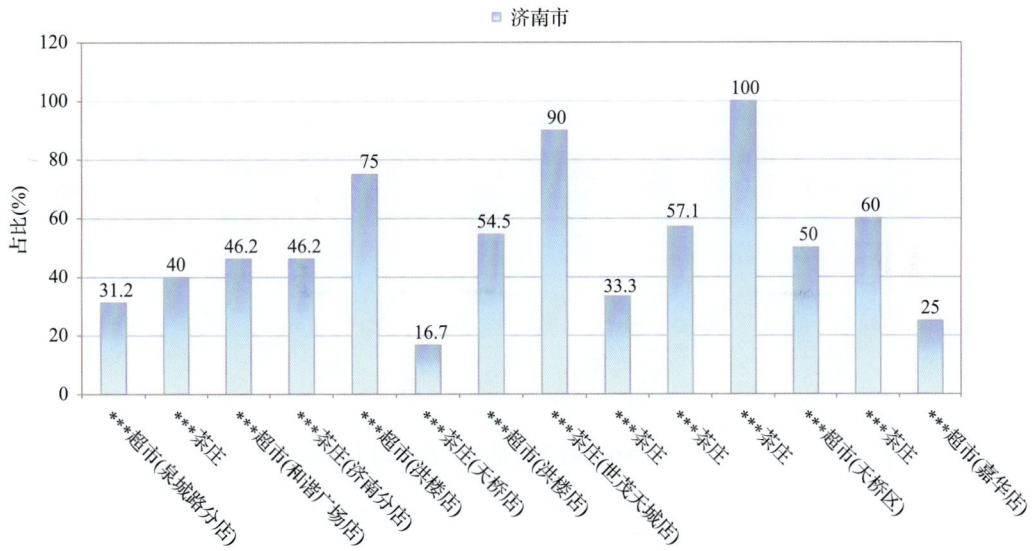

图 9-17 超过 MRL 欧盟标准茶叶在不同采样点分布

9.2.3.3 按 MRL 日本标准衡量

按 MRL 日本标准衡量，有 11 个采样点的样品存在不同程度的超标农药检出，其中***茶庄(世茂天城店)的超标率最高，为 60.0%，如表 9-15 和图 9-18 所示。

9.2.3.4 按 MRL 中国香港标准衡量

按 MRL 中国香港标准衡量，所有采样点的样品均未检出超标农药残留。

表 9-15 超过 MRL 日本标准茶叶在不同采样点分布

序号	采样点	样品总数	超标数量	超标率(%)	行政区域
1	***超市(泉城路分店)	16	3	18.8	历下区
2	***茶庄	15	2	13.3	历城区
3	***超市(和谐广场店)	13	6	46.2	槐荫区
4	***茶庄(济南分店)	13	3	23.1	槐荫区
5	***超市(洪楼店)	12	2	16.7	历城区
6	***茶庄(天桥店)	12	2	16.7	天桥区
7	***超市(洪楼店)	11	3	27.3	历城区
8	***茶庄(世茂天城店)	10	6	60.0	天桥区
9	***茶庄	9	2	22.2	市中区
10	***茶庄	7	3	42.9	历下区
11	***茶庄	7	1	14.3	市中区

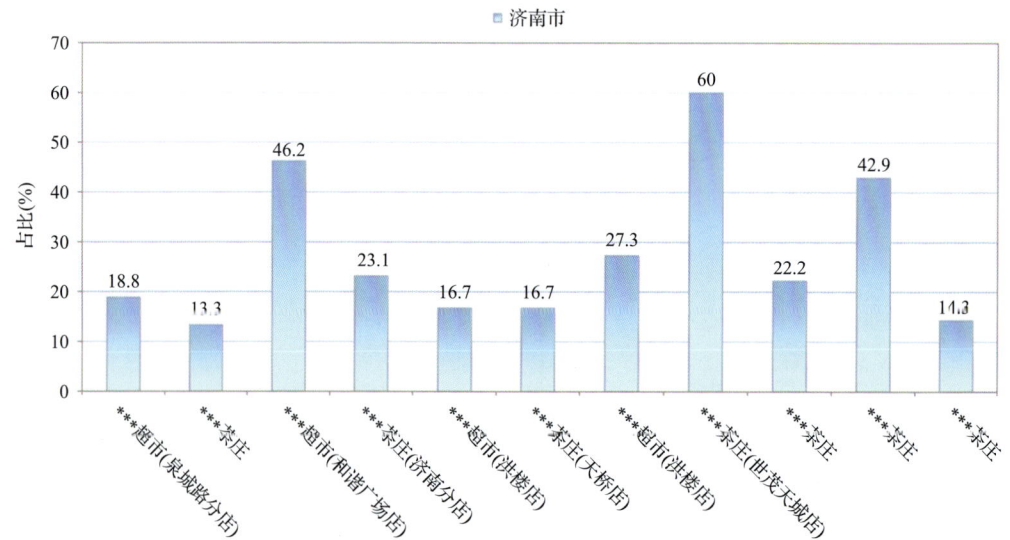

图 9-18 超过 MRL 日本标准茶叶在不同采样点分布

9.2.3.5 按 MRL 美国标准衡量

按 MRL 美国标准衡量,所有采样点的样品均未检出超标农药残留。

9.2.3.6 按 MRL CAC 标准衡量

按 MRL CAC 标准衡量,所有采样点的样品均未检出超标农药残留。

9.3 茶叶中农药残留分布

9.3.1 茶叶按检出农药品种和频次排名

本次残留侦测的茶叶共 4 种,包括红茶、乌龙茶、花茶和绿茶。

根据检出农药品种及频次进行排名,将各项排名茶叶样品检出情况列表说明,详见表 9-16。

表 9-16 茶叶按检出农药品种和频次排名

按检出农药品种排名(品种)	①绿茶(19),②红茶(16),③花茶(9),④乌龙茶(9)
按检出农药频次排名(频次)	①绿茶(144),②红茶(90),③乌龙茶(44),④花茶(43)
按检出禁用、高毒及剧毒农药品种排名(品种)	①绿茶(3),②红茶(1),③花茶(1)
按检出禁用、高毒及剧毒农药频次排名(频次)	①绿茶(7),②红茶(2),③花茶(1)

9.3.2 茶叶按超标农药品种和频次排名

鉴于 MRL 欧盟标准和日本标准的制定比较全面且覆盖率较高,我们参照 MRL 中国国家标准、欧盟标准和日本标准衡量茶叶样品中农残检出情况,将茶叶按超标农药品种及频次排名列表说明,详见表 9-17。

表 9-17 茶叶按超标农药品种和频次排名

按超标农药品种排名 (农药品种数)	MRL 中国国家标准	
	MRL 欧盟标准	①红茶(9),②绿茶(8),③花茶(3),④乌龙茶(3)
	MRL 日本标准	①绿茶(6),②红茶(5),③花茶(3),④乌龙茶(3)
按超标农药频次排名 (农药频次数)	MRL 中国国家标准	
	MRL 欧盟标准	①绿茶(44),②红茶(28),③花茶(19),④乌龙茶(6)
	MRL 日本标准	①绿茶(16),②红茶(12),③乌龙茶(5),④花茶(3)

通过对各品种茶叶样本总数及检出率进行综合分析发现,绿茶、红茶和乌龙茶的残留污染最为严重,在此,我们参照 MRL 中国国家标准、欧盟标准和日本标准对这 3 种茶叶的农残检出情况进行进一步分析。

9.3.3 农药残留检出率较高的茶叶样品分析

9.3.3.1 绿茶

这次共检测 50 例绿茶样品,42 例样品中检出了农药残留,检出率为 84.0%,检出农药共计 19 种。其中唑虫酰胺、噻嗪酮、啶虫脒、哒螨灵和茚虫威检出频次较高,分别检出了 31、26、25、16 和 8 次。绿茶中农药检出品种和频次见图 9-19,超标农药见表 9-18 和图 9-20。

表 9-18 绿茶中农药残留超标情况明细表

样品总数		检出农药样品数	样品检出率(%)	检出农药品种总数
50		42	84	19
	超标农药品种	超标农药频次	按照 MRL 中国国家标准、欧盟标准和日本标准衡量超标农药名称及频次	
中国国家标准	0	0		
欧盟标准	8	44	唑虫酰胺(27),啶虫脒(5),三唑磷(4),噻嗪酮(3),哒螨灵(2),稻瘟灵(1),抗蚜威(1),异丙隆(1)	
日本标准	6	16	茚虫威(8),三唑磷(4),稻瘟灵(1),抗蚜威(1),三环唑(1),异丙隆(1)	

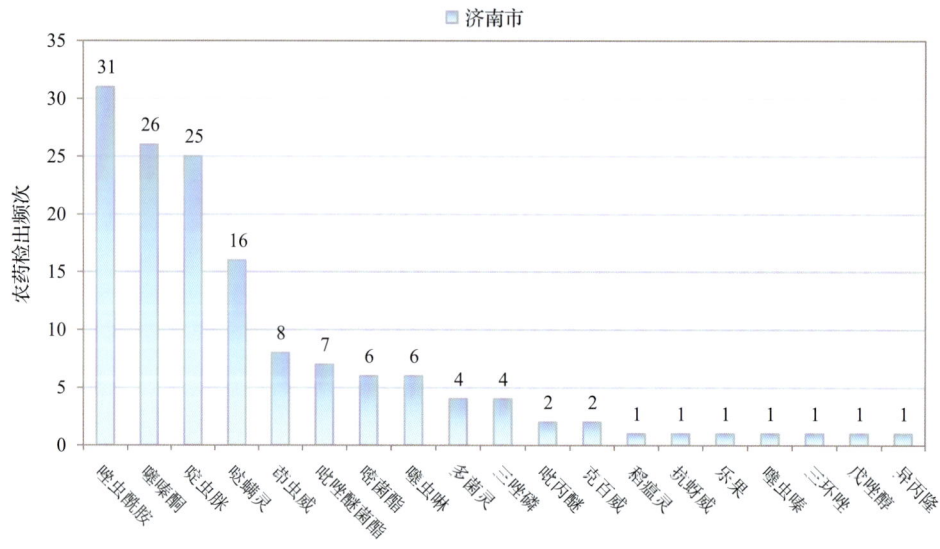

图 9-19 绿茶样品检出农药品种和频次分析

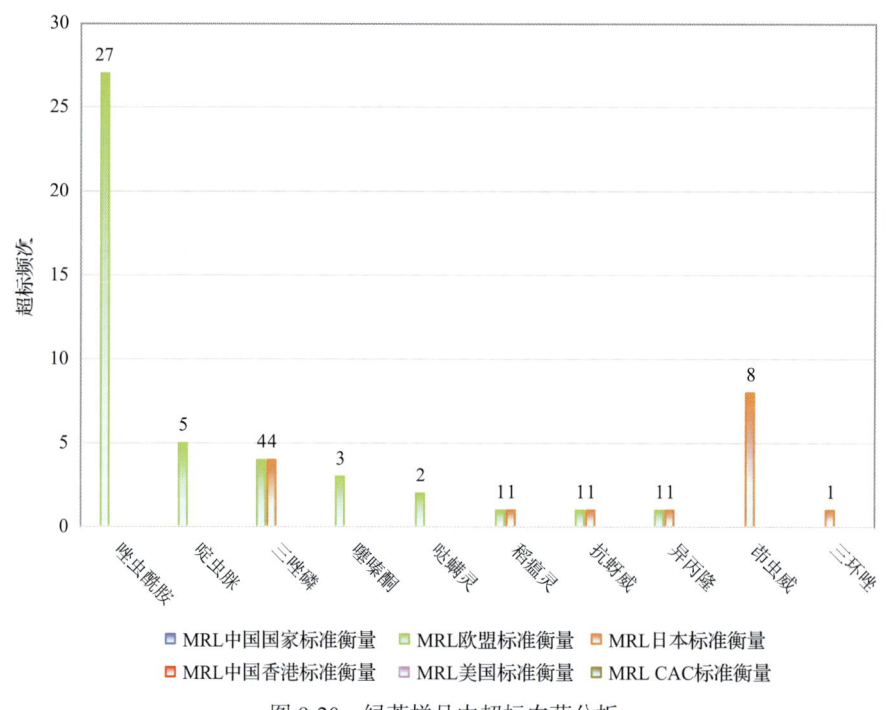

图 9-20 绿茶样品中超标农药分析

9.3.3.2 红茶

这次共检测 40 例红茶样品，34 例样品中检出了农药残留，检出率为 85.0%，检出农药共计 16 种。其中噻嗪酮、唑虫酰胺、啶虫脒、哒螨灵和苄氨基嘌呤检出频次较高，分别检出了 20、18、15、7 和 6 次。红茶中农药检出品种和频次见图 9-21，超标农药见图 9-22 和表 9-19。

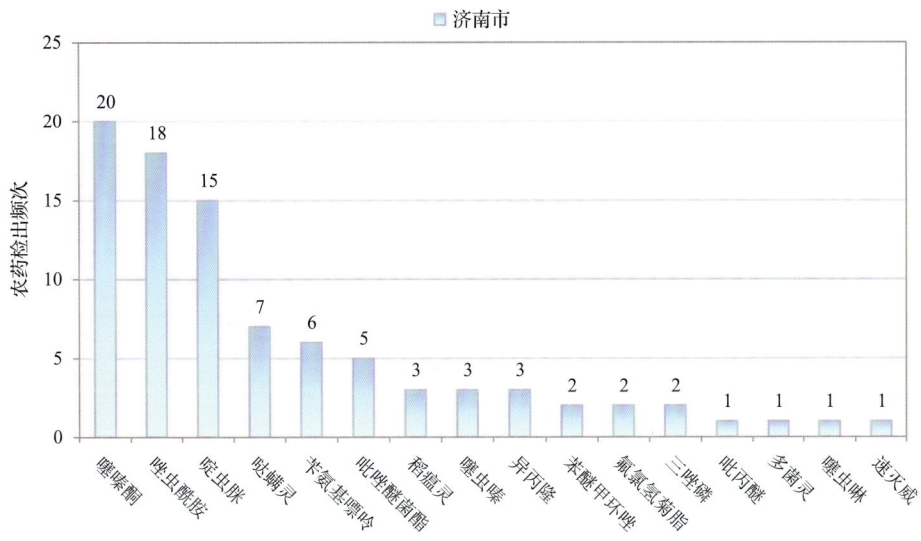

图 9-21　红茶样品检出农药品种和频次分析

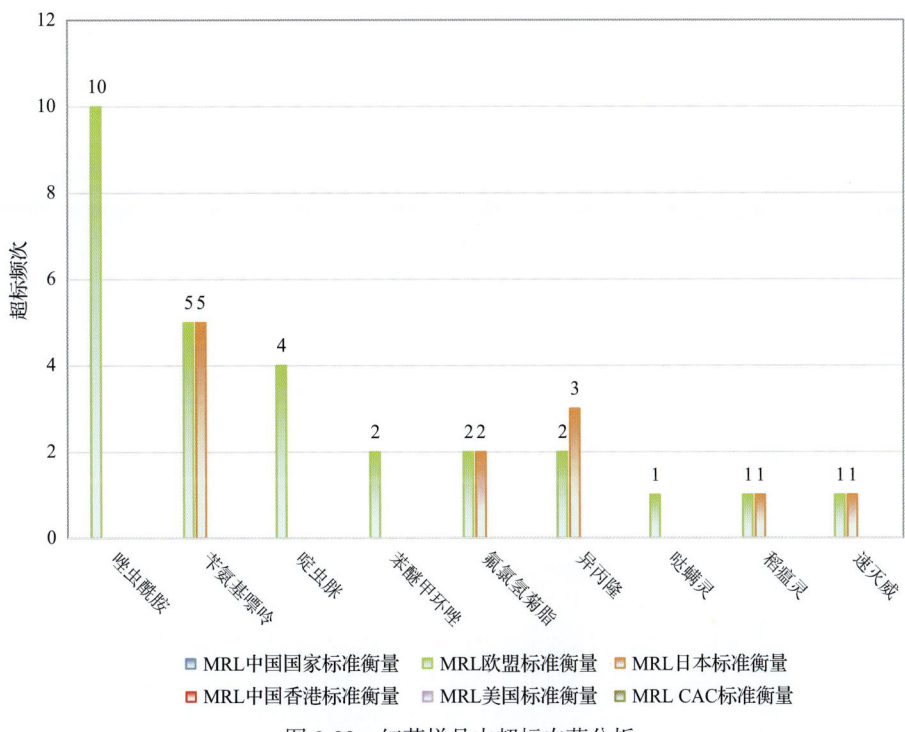

图 9-22　红茶样品中超标农药分析

9.3.3.3　乌龙茶

这次共检测 20 例乌龙茶样品，18 例样品中检出了农药残留，检出率为 90.0%，检出农药共计 9 种。其中唑虫酰胺、哒螨灵、噻嗪酮、吡唑醚菌酯和啶虫脒检出频次较高，分别检出了 12、11、7、4 和 3 次。乌龙茶中农药检出品种和频次见图 9-23，超标农药见图 9-24 和表 9-20。

表 9-19　红茶中农药残留超标情况明细表

样品总数		检出农药样品数	样品检出率(%)	检出农药品种总数
40		34	85	16
超标农药品种	超标农药频次	按照 MRL 中国国家标准、欧盟标准和日本标准衡量超标农药名称及频次		
中国国家标准　0	0			
欧盟标准　9	28	唑虫酰胺(10)，苄氨基嘌呤(5)，啶虫脒(4)，苯醚甲环唑(2)，去异丙基莠去津(2)，异丙隆(2)，哒螨灵(1)，稻瘟灵(1)，速灭威(1)		
日本标准　5	12	苄氨基嘌呤(5)，异丙隆(3)，去异丙基莠去津(2)，稻瘟灵(1)，速灭威(1)		

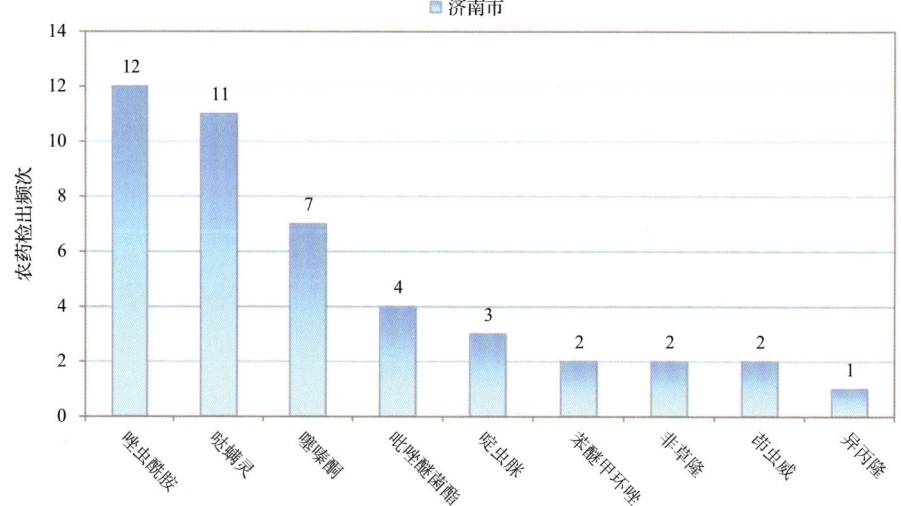

图 9-23　乌龙茶样品检出农药品种和频次分析

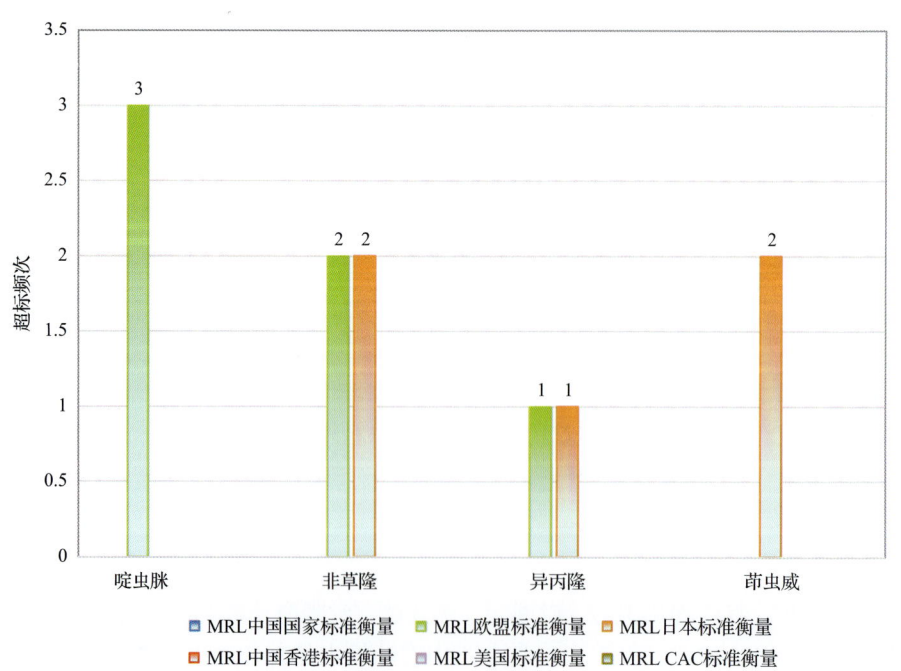

图 9-24　乌龙茶样品中超标农药分析

表 9-20 乌龙茶中农药残留超标情况明细表

样品总数	检出农药样品数	样品检出率(%)	检出农药品种总数
20	18	90	9
超标农药品种	超标农药频次	按照 MRL 中国国家标准、欧盟标准和日本标准衡量超标农药名称及频次	
中国国家标准 0	0		
欧盟标准 3	6	啶虫脒(3)，非草隆(2)，异丙隆(1)	
日本标准 3	5	非草隆(2)，茚虫威(2)，异丙隆(1)	

9.4 初步结论

9.4.1 济南市市售茶叶按 MRL 中国国家标准和国际主要 MRL 标准衡量的合格率

本次侦测的 140 例样品中，26 例样品未检出任何残留农药，占样品总量的 18.6%，114 例样品检出不同水平、不同种类的残留农药，占样品总量的 81.4%。

按 MRL 中国国家标准衡量，有 114 例样品检出残留农药但含量没有超标，占样品总数的 81.4%，无检出残留农药超标的样品。

按 MRL 欧盟标准衡量，有 44 例样品检出残留农药但含量没有超标，占样品总数的 31.4%，有 70 例样品检出了超标农药，占样品总数的 50.0%。

按 MRL 日本标准衡量，有 81 例样品检出残留农药但含量没有超标，占样品总数的 57.9%，有 33 例样品检出了超标农药，占样品总数的 23.6%。

按 MRL 中国香港标准衡量，有 114 例样品检出残留农药但含量没有超标，占样品总数的 81.4%，无检出残留农药超标的样品。

按 MRL 美国标准衡量，有 114 例样品检出残留农药但含量没有超标，占样品总数的 81.4%，无检出残留农药超标的样品。

按 MRLCAC 标准衡量，有 114 例样品检出残留农药但含量没有超标，占样品总数的 81.4%，无检出残留农药超标的样品。

9.4.2 济南市市售茶叶中检出农药以中低微毒农药为主，占市场主体的 92.0%

这次侦测的 140 例茶叶样品共检出了 25 种农药，检出农药的毒性以中低微毒为主，详见表 9-21。

表 9-21 市场主体农药毒性分布

毒性	检出品种	占比	检出频次	占比
高毒农药	2	8.0%	9	2.8%
中毒农药	14	56.0%	219	68.2%
低毒农药	5	20.0%	76	23.7%
微毒农药	4	16.0%	17	5.3%
中低微毒农药，品种占比 92.0%，频次占比 97.2%				

9.4.3 检出剧毒、高毒和禁用农药现象应该警醒

在此次侦测的 140 例样品中有 3 种茶叶的 10 例样品检出了 3 种 10 频次的剧毒和高毒或禁用农药，占样品总量的 7.1%。其中高毒农药三唑磷和克百威检出频次较高。

按 MRL 中国国家标准衡量，检出高毒农药按超标程度比较均未超标。

剧毒、高毒或禁用农药的检出情况及按照中国 MRL 标准衡量的超标情况见表 9-22。

表 9-22 剧毒、高毒或禁用农药的检出及超标明细

序号	农药名称	样品名称	检出频次	超标频次	最大超标倍数	超标率
1.1	克百威◇▲	绿茶	2	0	0	0.0%
2.1	三唑磷◇▲	绿茶	4	0	0	0.0%
2.2	三唑磷◇▲	红茶	2	0	0	0.0%
2.3	三唑磷◇▲	花茶	1	0	0	0.0%
3.1	乐果▲	绿茶	1	0	0	0.0%
合计			10	0		0.0%

注：表中*为剧毒农药；◇为高毒农药；▲为禁用农药；超标倍数参照 MRL 中国国家标准衡量

这些剧毒和高毒农药都是中国政府早有规定禁止在茶叶中使用的，为什么还屡次被检出，应该引起警惕。

9.4.4 残留限量标准与先进国家或地区差距较大

321 频次的检出结果与我国公布的《食品中农药最大残留限量》(GB 2763—2016) 对比，有 178 频次能找到对应的 MRL 中国国家标准，占 55.5%；还有 143 频次的侦测数据无相关 MRL 标准供参考，占 44.5%。

与国际上现行 MRL 对比发现：

有 321 频次能找到对应的 MRL 欧盟标准，占 100.0%；

有 321 频次能找到对应的 MRL 日本标准，占 100.0%；

有 146 频次能找到对应的 MRL 中国香港标准，占 45.5%；

有 206 频次能找到对应的 MRL 美国标准，占 64.2%；

有 72 频次能找到对应的 MRL CAC 标准，占 22.4%；

由上可见，MRL 中国国家标准与先进国家或地区还有很大差距，我们无标准，境外有标准，这就会导致我们在国际贸易中，处于受制于人的被动地位。

9.4.5 茶叶单种样品检出 9~19 种农药残留，拷问农药使用的科学性

通过此次监测发现，绿茶、红茶和花茶是检出农药品种最多的 3 种茶叶，从中检出农药品种及频次详见表 9-23。

表 9-23　单种样品检出农药品种及频次

样品名称	样品总数	检出农药样品数	检出率	检出农药品种数	检出农药(频次)
绿茶	50	42	84.0%	19	唑虫酰胺(31)，噻嗪酮(26)，啶虫脒(25)，哒螨灵(16)，茚虫威(8)，吡唑醚菌酯(7)，嘧菌酯(6)，噻虫啉(6)，多菌灵(4)，三唑磷(4)，吡丙醚(2)，克百威(2)，稻瘟灵(1)，抗蚜威(1)，乐果(1)，噻虫嗪(1)，三环唑(1)，戊唑醇(1)，异丙隆(1)
红茶	40	34	85.0%	16	噻嗪酮(20)，唑虫酰胺(18)，啶虫脒(15)，哒螨灵(7)，苄氨基嘌呤(6)，吡唑醚菌酯(5)，稻瘟灵(3)，噻虫嗪(3)，异丙隆(3)，苯醚甲环唑(2)，去异丙基莠去津(2)，三唑磷(2)，吡丙醚(1)，多菌灵(1)，噻虫啉(1)，速灭威(1)
花茶	30	20	66.7%	9	唑虫酰胺(16)，噻嗪酮(10)，啶虫脒(9)，哒螨灵(3)，吡丙醚(1)，吡唑醚菌酯(1)，甲酰氨基嘧磺隆(1)，三唑磷(1)，茚虫威(1)

上述 3 种茶叶，检出农药 9~19 种，是多种农药综合防治，还是未严格实施农业良好管理规范(GAP)，抑或根本就是乱施药，值得我们思考。

第10章 LC-Q-TOF/MS 侦测济南市市售茶叶农药残留膳食暴露风险与预警风险评估

10.1 农药残留风险评估方法

10.1.1 济南市农药残留侦测数据分析与统计

庞国芳院士科研团队建立的农药残留高通量侦测技术以高分辨精确质量数(0.0001 m/z 为基准)为识别标准，采用 LC-Q-TOF/MS 技术对 864 种农药化学污染物进行侦测。

科研团队于 2019 年 3 月期间在济南市 14 个采样点，随机采集了 140 例茶叶样品，具体位置如图 10-1 所示。

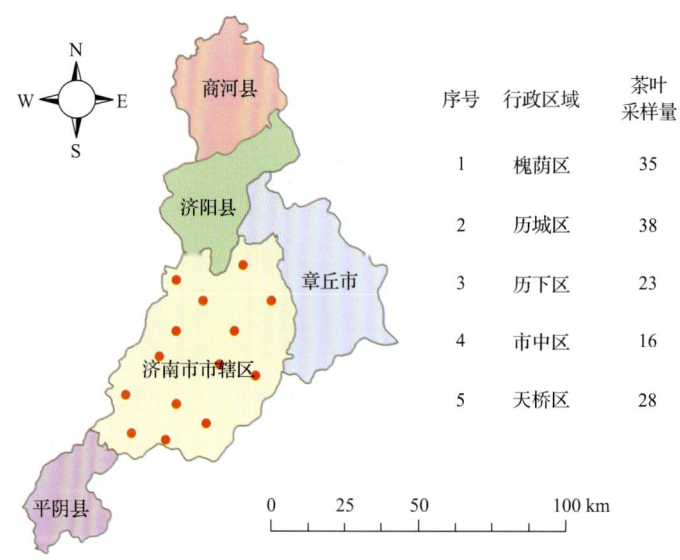

序号	行政区域	茶叶采样量
1	槐荫区	35
2	历城区	38
3	历下区	23
4	市中区	16
5	天桥区	28

图 10-1 LC-Q-TOF/MS 侦测济南市 14 个采样点 140 例样品分布示意图

利用 LC-Q-TOF/MS 技术对 140 例样品中的农药进行侦测，侦测出残留农药 25 种，321 频次。侦测出农药残留水平如表 10-1 和图 10-2 所示。检出频次最高的前 10 种农药

表 10-1 侦测出农药的不同残留水平及其所占比例列表

残留水平(μg/kg)	检出频次	占比(%)
1~5(含)	41	12.8
5~10(含)	51	15.9
10~100(含)	214	66.7
100~1000	15	4.6
合计	321	100

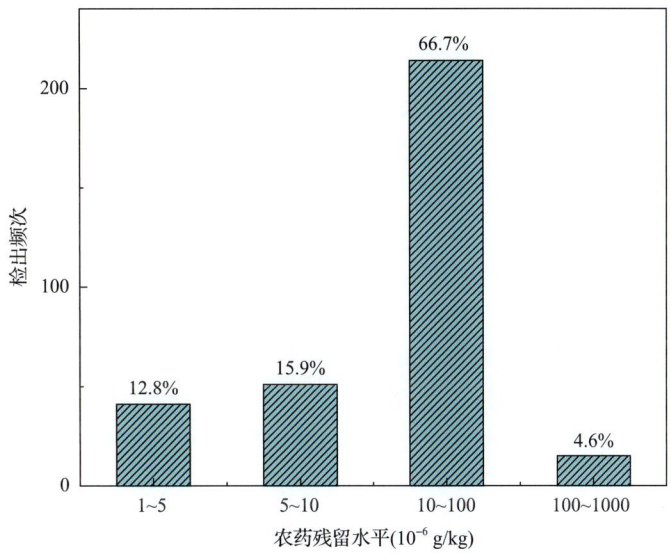

图 10-2　残留农药检出浓度频数分布图

如表 10-2 所示。从检测结果中可以看出，在茶叶中农药残留普遍存在，且有些茶叶存在高浓度的农药残留，这些可能存在膳食暴露风险，对人体健康产生危害，因此，为了定量地评价茶叶中农药残留的风险程度，有必要对其进行风险评价。

表 10-2　检出频次最高的前 10 种农药列表

序号	农药	检出频次（次）
1	唑虫酰胺	77
2	噻嗪酮	63
3	啶虫脒	52
4	哒螨灵	37
5	吡唑醚菌酯	17
6	甲基硫菌灵	11
7	茚虫威	7
8	三唑磷	7
9	苄氨基嘌呤	6
10	嘧菌酯	6

10.1.2　农药残留风险评价模型

对济南市茶叶中农药残留分别开展暴露风险评估和预警风险评估。膳食暴露风险评估利用食品安全指数模型对茶叶中的残留农药对人体可能产生的危害程度进行评价，该模型结合残留监测和膳食暴露评估评价化学污染物的危害；预警风险评价模型运用风险系数（risk index，R），风险系数综合考虑了危害物的超标率、施检频率及其本身敏感性的影响，能直观而全面地反映出危害物在一段时间内的风险程度。

10.1.2.1 食品安全指数模型

为了加强食品安全管理,《中华人民共和国食品安全法》第二章第十七条规定"国家建立食品安全风险评估制度,运用科学方法,根据食品安全风险监测信息、科学数据以及有关信息,对食品、食品添加剂、食品相关产品中生物性、化学性和物理性危害因素进行风险评估"[1],膳食暴露评估是食品危险度评估的重要组成部分,也是膳食安全性的衡量标准[2]。国际上最早研究膳食暴露风险评估的机构主要是 JMPR(FAO、WHO 农药残留联合会议),该组织自 1995 年就已制定了急性毒性物质的风险评估急性毒性农药残留摄入量的预测。1960 年美国规定食品中不得加入致癌物质进而提出零阈值理论,渐渐零阈值理论发展成在一定概率条件下可接受风险的概念[3],后衍变为食品中每日允许最大摄入量(ADI),而国际食品农药残留法典委员会(CCPR)认为 ADI 不是独立风险评估的唯一标准[4],1995 年 JMPR 开始研究农药急性膳食暴露风险评估,并对食品国际短期摄入量的计算方法进行了修正,亦对膳食暴露评估准则及评估方法进行了修正[5],2002 年,在对世界上现行的食品安全评价方法,尤其是国际公认的 CAC 评价方法、全球环境监测系统/食品污染监测和评估规划(WHO GEMS/Food)及 FAO、WHO 食品添加剂联合专家委员会(JECFA)和 JMPR 对食品安全风险评估工作研究的基础之上,检验检疫食品安全管理的研究人员提出了结合残留监控和膳食暴露评估,以食品安全指数 IFS 计算食品中各种化学污染物对消费者的健康危害程度[6]。IFS 是表示食品安全状态的新方法,可有效地评价某种农药的安全性,进而评价食品中各种农药化学污染物对消费者健康的整体危害程度[7,8]。从理论上分析,IFS_c 可指出食品中的污染物 c 对消费者健康是否存在危害及危害的程度[9]。其优点在于操作简单且结果容易被接受和理解,不需要大量的数据来对结果进行验证,使用默认的标准假设或者模型即可[10,11]。

1)IFS_c 的计算

IFS_c 计算公式如下:

$$IFS_c = \frac{EDI_c \times f}{SI_c \times bw} \quad (10\text{-}1)$$

式中,c 为所研究的农药;EDI_c 为农药 c 的实际日摄入量估算值,等于 $\sum(R_i \times F_i \times E_i \times P_i)$($i$ 为食品种类;R_i 为食品 i 中农药 c 的残留水平,mg/kg;F_i 为食品 i 的估计日消费量,g/(人·天);E_i 为食品 i 的可食用部分因子;P_i 为食品 i 的加工处理因子);SI_c 为安全摄入量,可采用每日允许最大摄入量 ADI;bw 为人平均体重,kg;f 为校正因子,如果安全摄入量采用 ADI,则 f 取 1。

$IFS_c \ll 1$,农药 c 对食品安全没有影响;$IFS_c \leqslant 1$,农药 c 对食品安全的影响可以接受;$IFS_c > 1$,农药 c 对食品安全的影响不可接受。

本次评价中:

$IFS_c \leqslant 0.1$,农药 c 对茶叶安全没有影响;

$0.1 < IFS_c \leqslant 1$,农药 c 对茶叶安全的影响可以接受;

$IFS_c > 1$,农药 c 对茶叶安全的影响不可接受。

本次评价中残留水平 R_i 取值为中国检验检疫科学研究院庞国芳院士课题组利用以高分辨精确质量数(0.0001 m/z)为基准的 LC-Q-TOF/MS 侦测技术于 2019 年 3 月期间对济南市茶叶农药残留的侦测结果，估计日消费量 F_i 取值 0.0047 kg/(人·天)，E_i=1，P_i=1，f=1，SI_c 采用《食品安全国家标准　食品中农药最大残留限量》(GB 2763—2016)中 ADI 值(具体数值见表 10-3)，人平均体重(bw)取值 60 kg。

表 10-3　济南市茶叶中侦测出农药的 ADI 值

序号	农药	ADI	序号	农药	ADI	序号	农药	ADI
1	唑虫酰胺	0.006	10	异丙隆	0.015	19	嘧菌酯	0.2
2	三唑磷	0.001	11	吡唑醚菌酯	0.03	20	戊唑醇	0.03
3	噻嗪酮	0.009	12	稻瘟灵	0.016	21	去异丙基莠去津	—
4	哒螨灵	0.01	13	抗蚜威	0.02	22	甲酰氨基嘧磺隆	—
5	茚虫威	0.01	14	乐果	0.002	23	苄氨基嘌呤	—
6	啶虫脒	0.07	15	噻虫嗪	0.08	24	速灭威	—
7	噻虫啉	0.01	16	多菌灵	0.03	25	非草隆	—
8	苯醚甲环唑	0.01	17	吡丙醚	0.1			
9	克百威	0.001	18	三环唑	0.04			

注："—"表示为国家标准中无 ADI 值规定；ADI 值单位为 mg/kg bw

2) 计算 IFS_c 的平均值 $\overline{IFS}$，评价农药对食品安全的影响程度

以 $\overline{IFS}$ 评价各种农药对人体健康危害的总程度，评价模型见公式(10-2)。

$$\overline{IFS} = \frac{\sum_{i=1}^{n} IFS_c}{n} \tag{10-2}$$

$\overline{IFS} \ll 1$，所研究消费者人群的食品安全状态很好；$\overline{IFS} \leqslant 1$，所研究消费者人群的食品安全状态可以接受；$\overline{IFS} > 1$，所研究消费者人群的食品安全状态不可接受。

本次评价中：

$\overline{IFS} \leqslant 0.1$，所研究消费者人群的茶叶安全状态很好；

$0.1 < \overline{IFS} \leqslant 1$，所研究消费者人群的茶叶安全状态可以接受；

$\overline{IFS} > 1$，所研究消费者人群的茶叶安全状态不可接受。

10.1.2.2　预警风险评估模型

2003 年，我国检验检疫食品安全管理的研究人员根据 WTO 的有关原则和我国的具体规定，结合危害物本身的敏感性、风险程度及其相应的施检频率，首次提出了食品中危害物风险系数 R 的概念[12]。R 是衡量一个危害物的风险程度大小最直观的参数，即在一定时期内其超标率或阳性检出率的高低，但受其施检频率的高低及其本身的敏感性(受关注程度)影响。该模型综合考察了农药在茶叶中的超标率、施检频率及其本身敏感性，能直观而全面地反映出农药在一段时间内的风险程度[13]。

1) R 计算方法

危害物的风险系数综合考虑了危害物的超标率或阳性检出率、施检频率和其本身的敏感性影响,并能直观而全面地反映出危害物在一段时间内的风险程度。风险系数 R 的计算公式如式(10-3):

$$R = aP + \frac{b}{F} + S \qquad (10\text{-}3)$$

式中,P 为该种危害物的超标率;F 为危害物的施检频率;S 为危害物的敏感因子;a,b 分别为相应的权重系数。

本次评价中 $F=1$;$S=1$;$a=100$;$b=0.1$,对参数 P 进行计算,计算时首先判断是否为禁用农药,如果为非禁用农药,P=超标的样品数(侦测出的含量高于食品最大残留限量标准值,即 MRL)除以总样品数(包括超标、不超标、未侦测出);如果为禁用农药,则侦测出即为超标,P=能侦测出的样品数除以总样品数。判断济南市茶叶农药残留是否超标的标准限值 MRL 分别以 MRL 中国国家标准[14]和 MRL 欧盟标准作为对照,具体值列于本报告附表一中。

2) 评价风险程度

$R \leqslant 1.5$,受检农药处于低度风险;

$1.5 < R \leqslant 2.5$,受检农药处于中度风险;

$R > 2.5$,受检农药处于高度风险。

10.1.2.3 食品膳食暴露风险和预警风险评估应用程序的开发

1) 应用程序开发的步骤

为成功开发膳食暴露风险和预警风险评估应用程序,与软件工程师多次沟通讨论,逐步提出并描述清楚计算需求,开发了初步应用程序。为明确出不同茶叶、不同农药、不同地域和不同季节的风险水平,向软件工程师提出不同的计算需求,软件工程师对计算需求进行逐一分析,经过反复的细节沟通,需求分析得到明确后,开始进行解决方案的设计,在保证需求的完整性、一致性的前提下,编写出程序代码,最后设计出满足需求的风险评估专用计算软件,并通过一系列的软件测试和改进,完成专用程序的开发。软件开发基本步骤见图 10-3。

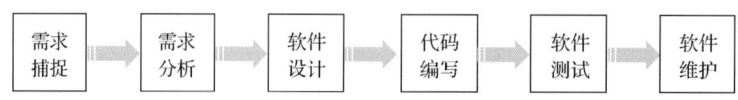

图 10-3 专用程序开发总体步骤

2) 膳食暴露风险评估专业程序开发的基本要求

首先直接利用公式(10-1),分别计算 LC-Q-TOF/MS 和 GC-Q-TOF/MS 仪器侦测出的各茶叶样品中每种农药 IFS_c,将结果列出。为考察超标农药和禁用农药的使用安全性,分别以我国《食品安全国家标准 食品中农药最大残留限量》(GB 2763—2016)和欧盟食品中农药最大残留限量(以下简称 MRL 中国国家标准和 MRL 欧盟标准)为标准,对侦测出的禁用农药和超标的非禁用农药 IFS_c 单独进行评价;按 IFS_c 大小列表,并找出 IFS_c 值排名前 20 的样本重点关注。

对不同茶叶 i 中每一种侦测出的农药 c 的安全指数进行计算,多个样品时求平均值。按农药种类,计算整个监测时间段内每种农药的 IFS_c,不区分茶叶种类。

3) 预警风险评估专业程序开发的基本要求

分别以 MRL 中国国家标准和 MRL 欧盟标准,按公式(10-3)逐个计算不同茶叶、不同农药的风险系数,禁用农药和非禁用农药分别列表。

为清楚了解各种农药的预警风险,不分时间,不分茶叶,按禁用农药和非禁用农药分类,分别计算各种侦测出农药全部检测时段内风险系数。由于有 MRL 中国国家标准的农药种类太少,无法计算超标数,非禁用农药的风险系数只以 MRL 欧盟标准为标准,进行计算。若检测数据为多个月的,则按月计算每个月、每个季度内每种禁用农药残留的风险系数和以 MRL 欧盟标准为标准的非禁用农药残留的风险系数。

4) 风险程度评价专业应用程序的开发方法

采用 Python 计算机程序设计语言,Python 是一个高层次地结合了解释性、编译性、互动性和面向对象的脚本语言。风险评价专用程序主要功能包括:分别读入每例样品 LC-Q-TOF/MS 和 GC-Q-TOF/MS 农药残留检测数据,根据风险评价工作要求,依次对不同农药、不同食品、不同时间、不同采样点的 IFS_c 值和 R 值分别进行数据计算,筛选出禁用农药、超标农药(分别与 MRL 中国国家标准、MRL 欧盟标准限值进行对比)单独重点分析,再分别对各农药、各茶叶种类分类处理,设计出计算和排序程序,编写计算机代码,最后将生成的膳食暴露风险评估和超标风险评估定量计算结果列入设计好的各个表格中,并定性判断风险对目标的影响程度,直接用文字描述风险发生的高低,如"不可接受"、"可以接受"、"没有影响"、"高度风险"、"中度风险"、"低度风险"。

10.2 LC-Q-TOF/MS 侦测济南市市售茶叶农药残留膳食暴露风险评估

10.2.1 每例茶叶样品中农药残留安全指数分析

基于 2019 年 3 月的农药残留侦测数据,发现在 140 例样品中侦测出农药 321 频次,计算样品中每种残留农药的安全指数 IFS_c,并分析农药对样品安全的影响程度,结果详见附表二,农药残留对茶叶样品安全的影响程度频次分布情况如图 10-4 所示。

由图 10-4 可以看出,农药残留对样品安全的没有影响的频次为 309,占 96.26%。

部分样品侦测出禁用农药 3 种 10 频次,为了明确残留的禁用农药对样品安全的影响,分析侦测出禁用农药残留的样品安全指数,禁用农药残留对茶叶样品安全的影响程度频次分布情况如图 10-5 所示,农药残留对样品安全没有影响的频次为 10,占 100%。

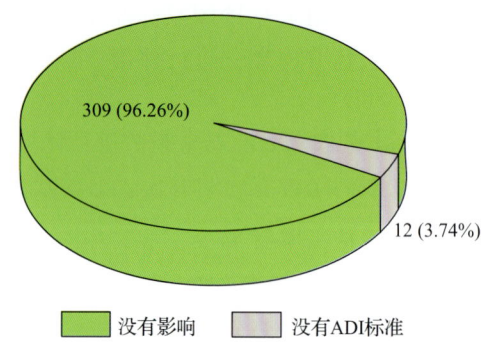

图 10-4 农药残留对茶叶样品安全的影响程度频次分布图

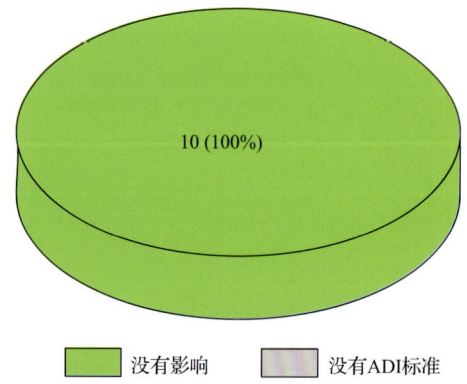

图 10-5 禁用农药对茶叶样品安全影响程度的频次分布图

此外，本次侦测发现部分样品中非禁用农药残留量超过了 MRL 中国国家标准和欧盟标准，为了明确超标的非禁用农药对样品安全的影响，分析了非禁用农药残留超标的样品安全指数。

残留量超过 MRL 欧盟标准的非禁用农药对茶叶样品安全的影响程度频次分布情况如图 10-6 所示。可以看出超过 MRL 欧盟标准的非禁用农药共 97 频次，其中农药没有 ADI 的频次为 10，占 10.31%；农药残留对样品安全没有影响的频次为 87，占 89.69%。表 10-4 为茶叶样品中安全指数排名前 10 的残留超标非禁用农药列表。

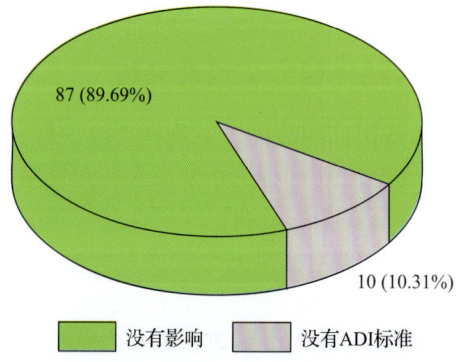

图 10-6 残留超标的非禁用农药对茶叶样品安全的影响程度频次分布图（MRL 欧盟标准）

表 10-4　茶叶样品中安全指数排名前 10 的残留超标非禁用农药列表（MRL 欧盟标准）

序号	样品编号	采样点	基质	农药	含量 (mg/kg)	欧盟标准	IFS_c	影响程度
1	20190213-370100-AHCIQ-GT-01B	***超市（和谐广场店）	绿茶	三唑磷	0.0996	0.02	7.80×10^{-3}	没有影响
2	20190214-370100-AHCIQ-GT-10A	***茶庄	绿茶	三唑磷	0.0716	0.02	5.61×10^{-3}	没有影响
3	20190213-370100-AHCIQ-GT-06B	***茶庄	绿茶	三唑磷	0.0483	0.02	3.78×10^{-3}	没有影响
4	20190214-370100-AHCIQ-FT-07C	***茶庄（世茂天城店）	花茶	唑虫酰胺	0.1953	0.01	2.55×10^{-3}	没有影响
5	20190214-370100-AHCIQ-FT-07A	***茶庄（世茂天城店）	花茶	三唑磷	0.0284	0.02	2.22×10^{-3}	没有影响
6	20190214-370100-AHCIQ-FT-07A	***茶庄（世茂天城店）	花茶	唑虫酰胺	0.151	0.01	1.97×10^{-3}	没有影响
7	20190213-370100-AHCIQ-GT-01D	***超市（和谐广场店）	绿茶	三唑磷	0.0212	0.02	1.66×10^{-3}	没有影响
8	20190213-370100-AHCIQ-GT-06C	***茶庄	绿茶	唑虫酰胺	0.1252	0.01	1.63×10^{-3}	没有影响
9	20190213-370100-AHCIQ-GT-05B	***超市（洪楼店）	绿茶	唑虫酰胺	0.123	0.01	1.61×10^{-3}	没有影响
10	20190213-370100-AHCIQ-GT-03A	***茶庄（济南分店）	绿茶	噻嗪酮	0.164	0.05	1.43×10^{-3}	没有影响

10.2.2　单种茶叶中农药残留安全指数分析

本次 4 种茶叶侦测 25 种农药，检出频次为 321 次，其中 5 种农药没有 ADI，20 种农药存在 ADI 标准。4 种茶叶按不同种类分别计算侦测出的具有 ADI 标准的各种农药的 IFS_c 值，农药残留对茶叶的安全指数分布图如图 10-7 所示。

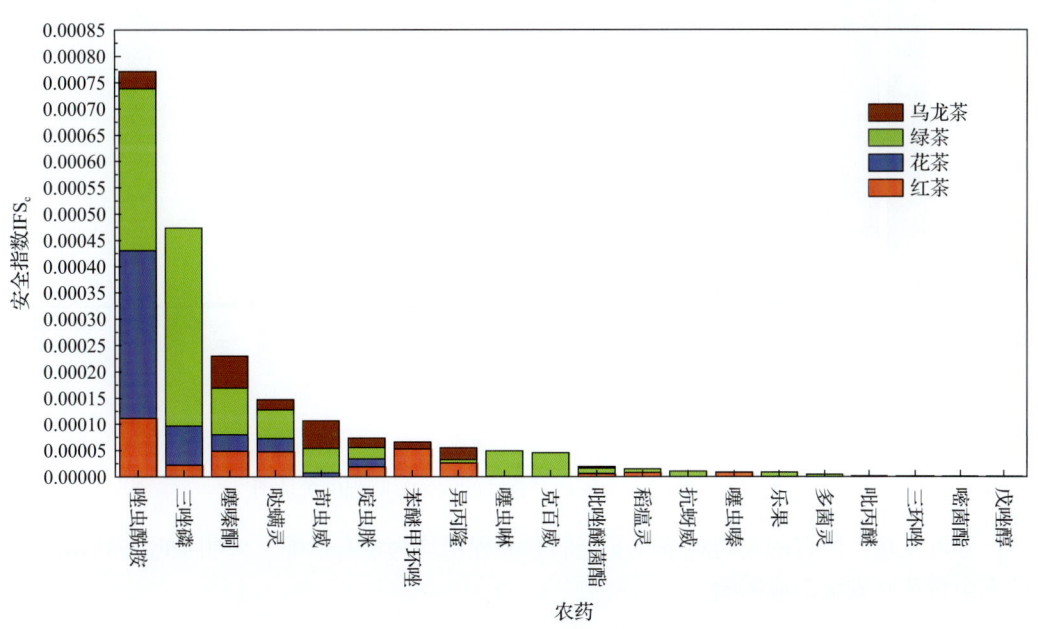

图 10-7　4 种茶叶中 20 种残留农药的安全指数分布图

本次侦测中，4 种茶叶和 25 种残留农药(包括没有 ADI)共涉及 53 个分析样本，农药对单种茶叶安全的影响程度分布情况如图 10-8 所示。可以看出，90.57%的样本中农药对茶叶安全没有影响。

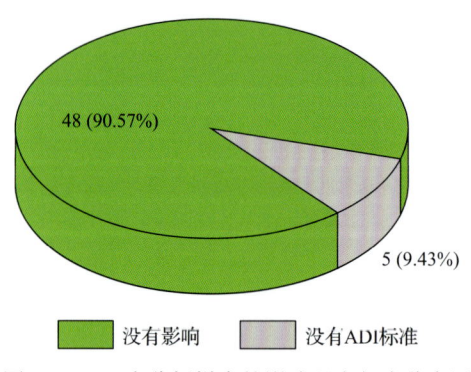

图 10-8 53 个分析样本的影响程度频次分布图

10.2.3 所有茶叶中农药残留安全指数分析

计算所有茶叶中 20 种农药的 IFS_c 值，结果如图 10-9 及表 10-5 所示。

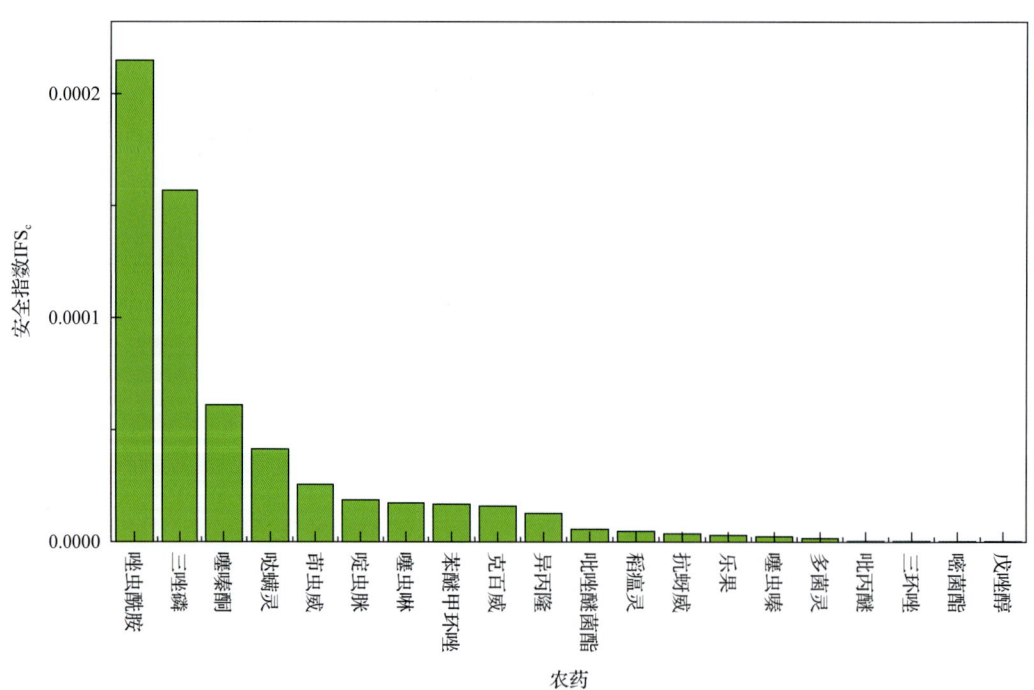

图 10-9 20 种残留农药对茶叶的安全影响程度统计图

分析发现，所有的农药对茶叶安全的影响程度均为没有影响，说明茶叶中残留的农药不会对茶叶安全造成影响。

表 10-5 茶叶中 20 种农药残留的安全指数表

序号	农药	检出频次	检出率(%)	IFS$_c$	影响程度	序号	农药	检出频次	检出率(%)	IFS$_c$	影响程度
1	唑虫酰胺	77	0.55	2.15×10^{-4}	没有影响	11	吡唑醚菌酯	17	0.12	5.69×10^{-6}	没有影响
2	三唑磷	7	0.05	1.57×10^{-4}	没有影响	12	稻瘟灵	4	0.03	4.72×10^{-6}	没有影响
3	噻嗪酮	63	0.45	6.11×10^{-5}	没有影响	13	抗蚜威	1	0.01	3.65×10^{-6}	没有影响
4	哒螨灵	37	0.26	4.14×10^{-5}	没有影响	14	乐果	1	0.01	2.97×10^{-6}	没有影响
5	茚虫威	11	0.08	2.57×10^{-5}	没有影响	15	噻虫嗪	4	0.03	2.44×10^{-6}	没有影响
6	啶虫脒	52	0.37	1.88×10^{-5}	没有影响	16	多菌灵	5	0.04	1.64×10^{-6}	没有影响
7	噻虫啉	7	0.05	1.74×10^{-5}	没有影响	17	吡丙醚	4	0.03	4.45×10^{-7}	没有影响
8	苯醚甲环唑	4	0.03	1.70×10^{-5}	没有影响	18	三环唑	1	0.01	4.00×10^{-7}	没有影响
9	克百威	2	0.01	1.61×10^{-5}	没有影响	19	嘧菌酯	6	0.04	2.79×10^{-7}	没有影响
10	异丙隆	5	0.04	1.28×10^{-5}	没有影响	20	戊唑醇	1	0.01	2.13×10^{-7}	没有影响

10.3 LC-Q-TOF/MS 侦测济南市市售茶叶农药残留预警风险评估

基于济南市茶叶样品中农药残留 LC-Q-TOF/MS 侦测数据,分析禁用农药的检出率,同时参照中华人民共和国国家标准 GB 2763—2016 和欧盟农药最大残留限量(MRL)标准分析非禁用农药残留的超标率,并计算农药残留风险系数。分析单种茶叶中农药残留以及所有茶叶中农药残留的风险程度。

10.3.1 单种茶叶中农药残留风险系数分析

10.3.1.1 单种茶叶中禁用农药残留风险系数分析

侦测出的 25 种残留农药中有 3 种为禁用农药,且它们分布在 3 种茶叶中,计算 3 种茶叶中禁用农药的检出率,根据检出率计算风险系数 R,进而分析茶叶中禁用农药的风险程度,结果如表 10-6 与图 10-10 所示。分析发现 3 种禁用农药在 3 种茶叶中的残留处均于高度风险。

表 10-6 3 种茶叶中 3 种禁用农药残留的风险系数表

序号	基质	农药	检出频次	检出率(%)	风险系数 R	风险程度
1	绿茶	三唑磷	4	0.08	9.1	高度风险
2	红茶	三唑磷	2	0.05	6.1	高度风险
3	绿茶	克百威	2	0.04	5.1	高度风险
4	花茶	三唑磷	1	0.03	4.4	高度风险
5	绿茶	乐果	1	0.02	3.1	高度风险

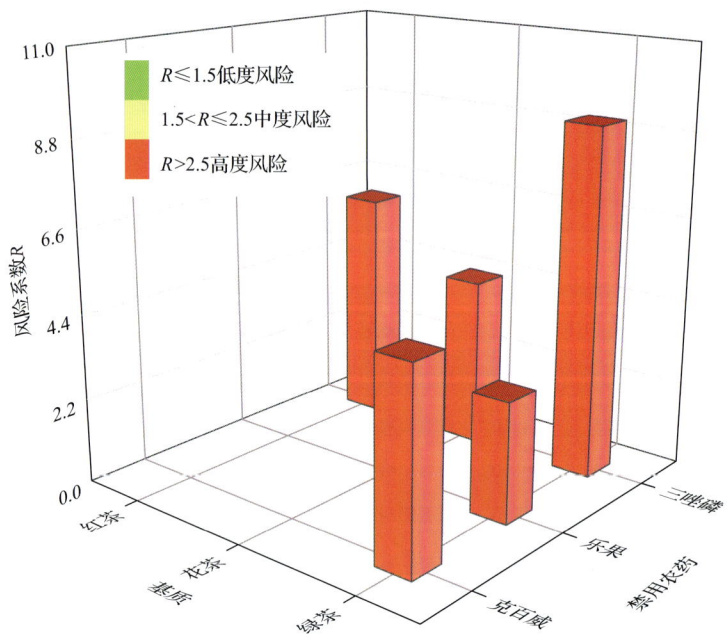

图 10-10　3 种茶叶中 3 种禁用农药残留的风险系数

10.3.1.2　基于 MRL 中国国家标准的单种茶叶中非禁用农药残留风险系数分析

参照中华人民共和国国家标准 GB 2763—2016 中农药残留限量计算每种茶叶中每种非禁用农药的超标率，进而计算其风险系数，根据风险系数大小判断残留农药的预警风险程度，茶叶中非禁用农药残留风险程度分布情况如图 10-11 所示。

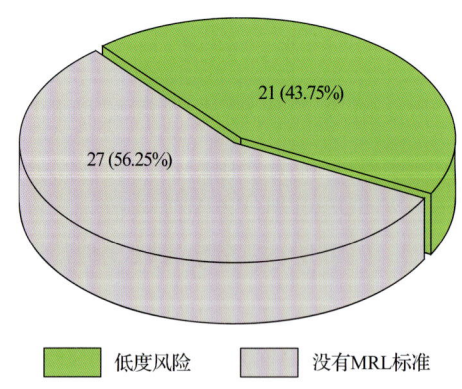

图 10-11　茶叶中非禁用农药残留的风险程度分布图（MRL 中国国家标准）

本次分析中，发现在 4 种茶叶检出 22 种残留非禁用农药，涉及样本 48 个，在 48 个样本中，43.75%处于低度风险，此外发现有 27 个样本没有 MRL 中国国家标准值，无法判断其风险程度，有 MRL 中国国家标准值的 21 个样本涉及 4 种茶叶中的 7 种非禁用农药，其风险系数 R 值如图 10-12 所示。表 10-7 为非禁用农药残留处于高度风险的茶叶列表。

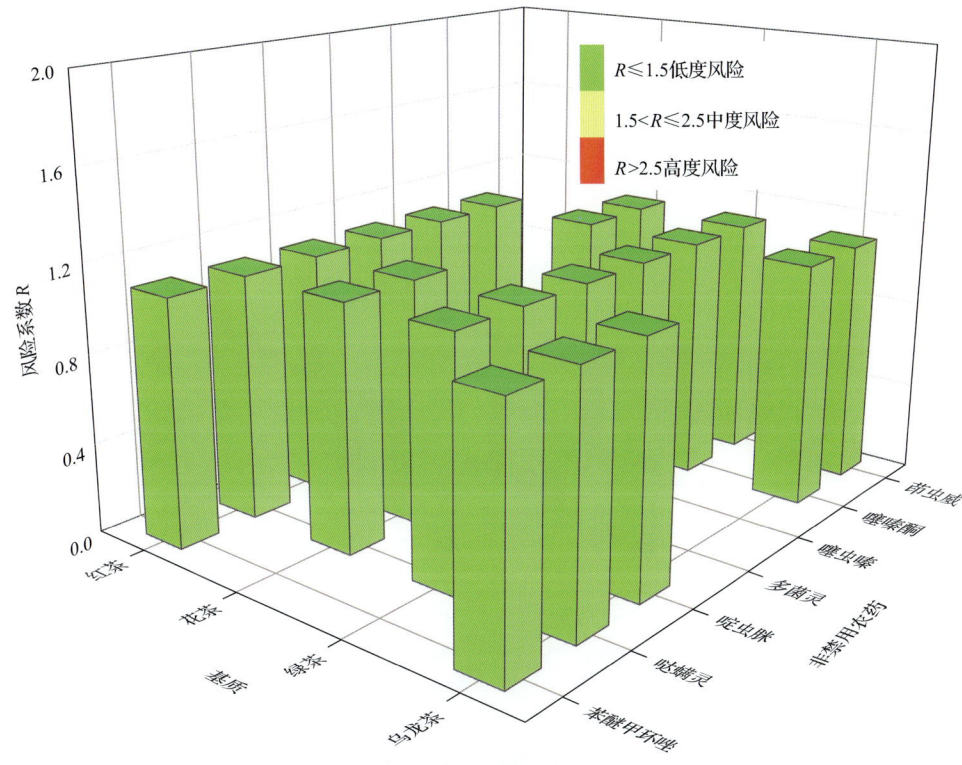

图 10-12　4 种茶叶中 7 种非禁用农药的风险系数分布图（MRL 中国国家标准）

10.3.1.3　基于 MRL 欧盟标准的单种茶叶中非禁用农药残留风险系数分析

参照 MRL 欧盟标准计算每种茶叶中每种非禁用农药的超标率，进而计算其风险系数，根据风险系数大小判断农药残留的预警风险程度，茶叶中非禁用农药残留风险程度分布情况如图 10-13 所示。

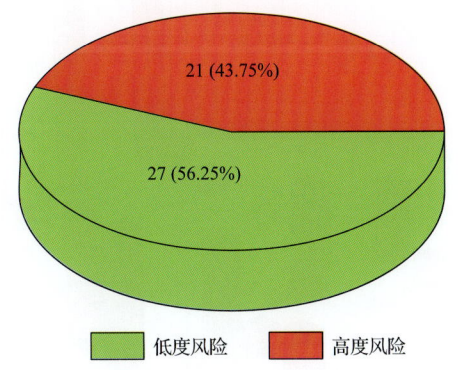

图 10-13　茶叶中非禁用农药的风险程度的频次分布图（MRL 欧盟标准）

本次分析中，发现在 4 种茶叶中共侦测出 22 种非禁用农药，涉及样本 48 个，其中，43.75%处于高度风险，涉及 4 种茶叶和 12 种农药；56.25%处于低度风险，涉及 4 种茶叶和 14 种农药。单种茶叶中的非禁用农药风险系数分布图如图 10-14 所示。单种茶叶中处于高度风险的非禁用农药风险系数如图 10-15 和表 10-7 所示。

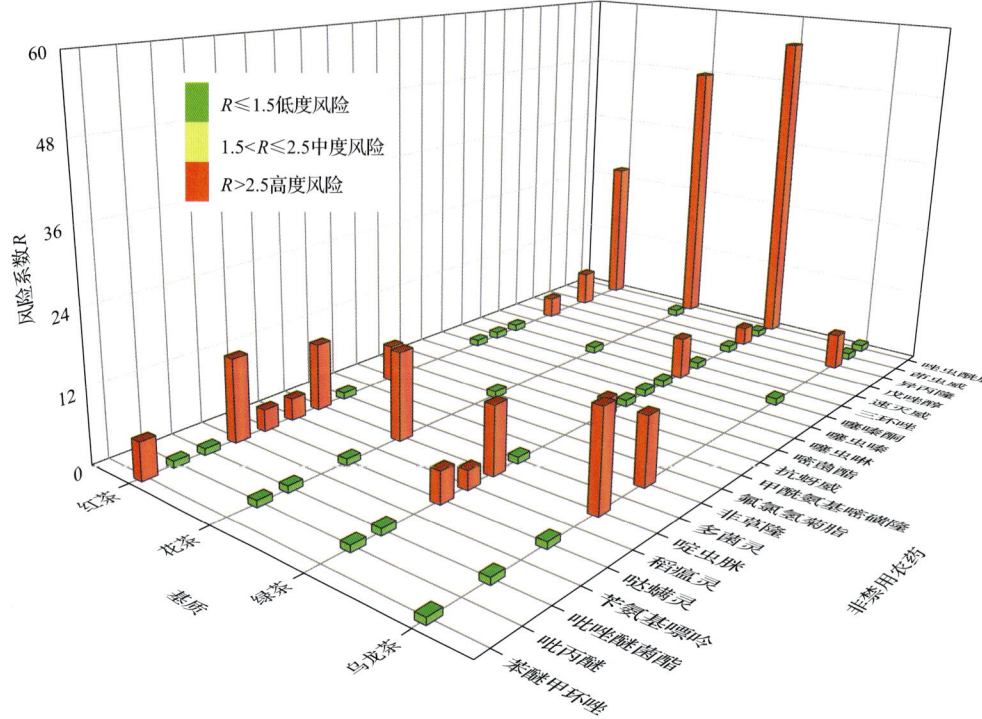

图 10-14　4 种茶叶中 22 种非禁用农药残留的风险系数（MRL 欧盟标准）

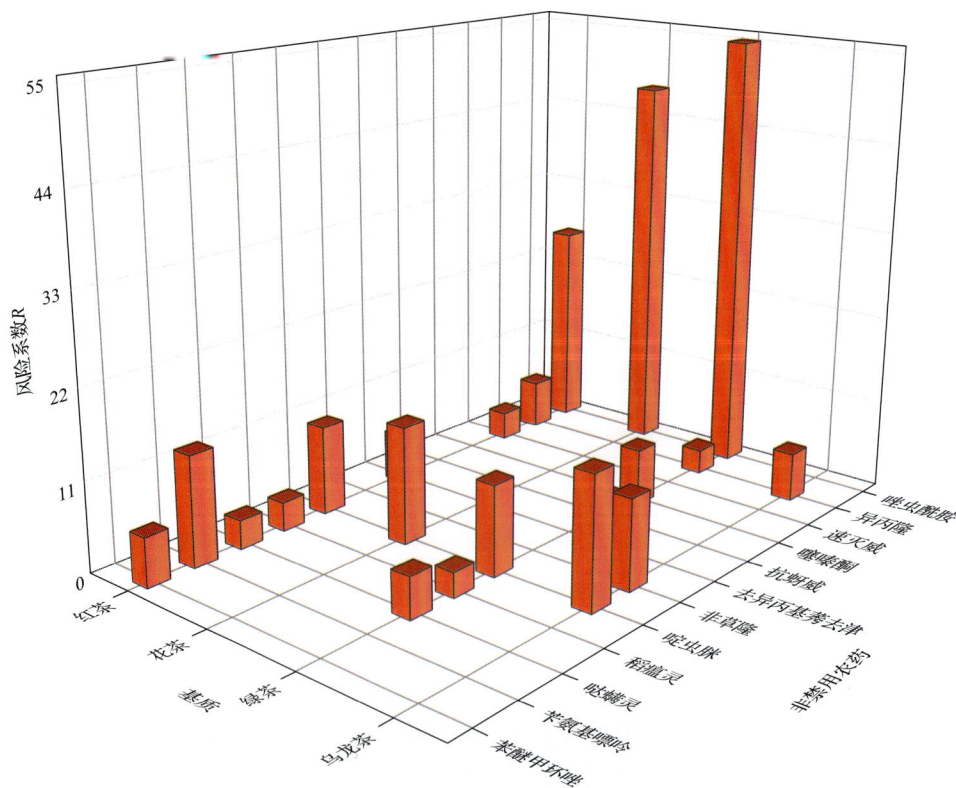

图 10-15　单种茶叶中处于高度风险的非禁用农药的风险系数分布图（MRL 欧盟标准）

表 10-7　单种茶叶中处于高度风险的非禁用农药的风险系数表（MRL 欧盟标准）

序号	基质	农药	超标频次	超标率 P(%)	风险系数 R
1	绿茶	唑虫酰胺	27	0.54	55.1
2	花茶	唑虫酰胺	14	0.47	47.8
3	红茶	唑虫酰胺	10	0.25	26.1
4	乌龙茶	啶虫脒	3	0.15	16.1
5	花茶	啶虫脒	4	0.13	14.4
6	红茶	苄氨基嘌呤	5	0.125	13.6
7	绿茶	啶虫脒	5	0.1	11.1
8	乌龙茶	非草隆	2	0.1	11.1
9	红茶	啶虫脒	4	0.1	11.1
10	绿茶	噻嗪酮	3	0.06	7.1
11	乌龙茶	异丙隆	1	0.05	6.1
12	红茶	异丙隆	2	0.05	6.1
13	红茶	去异丙基莠去津	2	0.05	6.1
14	红茶	苯醚甲环唑	2	0.05	6.1
15	绿茶	哒螨灵	2	0.04	5.1
16	红茶	哒螨灵	1	0.025	3.6
17	红茶	稻瘟灵	1	0.025	3.6
18	红茶	速灭威	1	0.025	3.6
19	绿茶	异丙隆	1	0.02	3.1
20	绿茶	抗蚜威	1	0.02	3.1
21	绿茶	稻瘟灵	1	0.02	3.1

10.3.2　所有茶叶中农药残留风险系数分析

10.3.2.1　所有茶叶中禁用农药残留风险系数分析

在侦测出的 25 种农药中有 3 种为禁用农药，计算所有茶叶中禁用农药的风险系数，结果如表 10-8 所示。禁用农药克百威和三唑磷处于高度风险，乐果禁用农药处于中度风险。

表 10-8　茶叶中 3 种禁用农药的风险系数表

序号	农药	检出频次	检出率(%)	风险系数 R	风险程度
1	三唑磷	7	0.05	6.10	高度风险
2	克百威	2	0.01	2.53	高度风险
3	乐果	1	0.01	1.81	中度风险

10.3.2.2 所有茶叶中非禁用农药残留风险系数分析

参照 MRL 欧盟标准计算所有茶叶中每种非禁用农药残留的风险系数，如图 10-16 与表 10-9 所示。在侦测出的 22 种非禁用农药中，10 种农药(45.45%)残留处于高度风险，2 种农药(9.09%)残留处于中度风险，10 种农药(45.45%)残留处于低度风险。

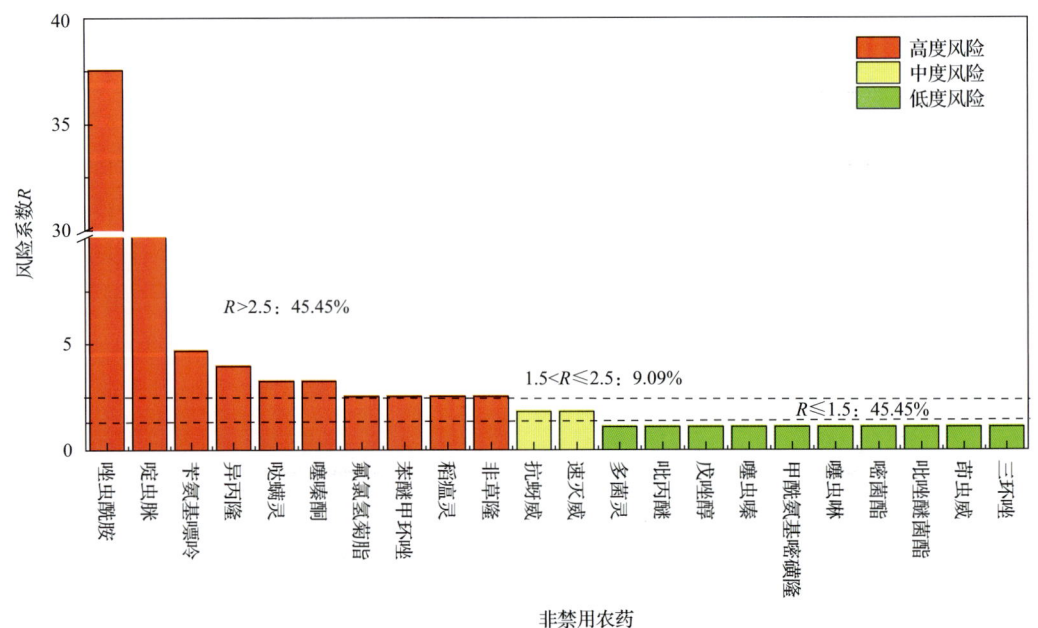

图 10-16　茶叶中 22 种非禁用农药的风险程度统计图

表 10-9　茶叶中 22 种非禁用农药的风险系数表

序号	农药	超标频次	超标率 $P(\%)$	风险系数 R	风险程度
1	唑虫酰胺	51	0.36	37.53	高度风险
2	啶虫脒	16	0.11	12.53	高度风险
3	苄氨基嘌呤	5	0.04	4.67	高度风险
4	异丙隆	4	0.03	3.96	高度风险
5	哒螨灵	3	0.02	3.24	高度风险
6	噻嗪酮	3	0.02	3.24	高度风险
7	去异丙基莠去津	2	0.01	2.53	高度风险
8	苯醚甲环唑	2	0.01	2.53	高度风险
9	稻瘟灵	2	0.01	2.53	高度风险
10	非草隆	2	0.01	2.53	高度风险
11	抗蚜威	1	0.01	1.81	中度风险
12	速灭威	1	0.01	1.81	中度风险

续表

序号	农药	超标频次	超标率 $P(\%)$	风险系数 R	风险程度
13	多菌灵	0	0.00	1.10	低度风险
14	吡丙醚	0	0.00	1.10	低度风险
15	戊唑醇	0	0.00	1.10	低度风险
16	噻虫嗪	0	0.00	1.10	低度风险
17	甲酰氨基嘧磺隆	0	0.00	1.10	低度风险
18	噻虫啉	0	0.00	1.10	低度风险
19	嘧菌酯	0	0.00	1.10	低度风险
20	吡唑醚菌酯	0	0.00	1.10	低度风险
21	茚虫威	0	0.00	1.10	低度风险
22	三环唑	0	0.00	1.10	低度风险

10.4 LC-Q-TOF/MS 侦测济南市市售茶叶农药残留风险评估结论与建议

农药残留是影响茶叶安全和质量的主要因素，也是我国食品安全领域备受关注的敏感话题和亟待解决的重大问题之一[15,16]。各种茶叶均存在不同程度的农药残留现象，本研究主要针对济南市各类茶叶存在的农药残留问题,基于2019年3月对济南市140例茶叶样品中农药残留侦测得出的321个侦测结果，分别采用食品安全指数模型和风险系数模型，开展茶叶中农药残留的膳食暴露风险和预警风险评估。茶叶样品取自超市和茶叶专营店，符合大众的膳食来源，风险评价时更具有代表性和可信度。

本研究力求通用简单地反映食品安全中的主要问题，且为管理部门和大众容易接受，为政府及相关管理机构建立科学的食品安全信息发布和预警体系提供科学的规律与方法，加强对农药残留的预警和食品安全重大事件的预防，控制食品风险。

10.4.1 济南市茶叶中农药残留膳食暴露风险评价结论

1) 茶叶样品中农药残留安全状态评价结论

采用食品安全指数模型，对2019年3月期间济南市茶叶食品农药残留膳食暴露风险进行评价，根据 IFS_c 的计算结果发现，茶叶中农药的 $\overline{IFS}$ 为 3×10^{-5}，说明济南市茶叶总体处于良好的安全状态，但部分禁用农药、高残留农药在茶叶中仍有侦测出，导致膳食暴露风险的存在，成为不安全因素。

2) 禁用农药膳食暴露风险评价

本次检测发现部分茶叶样品中有禁用农药侦测出，侦测出禁用农药3种，侦测出频次为10，茶叶样品中的禁用农药 IFS_c 计算结果表明，没有影响的频次为10，占100%。

10.4.2 济南市茶叶中农药残留预警风险评价结论

1) 单种茶叶中禁用农药残留的预警风险评价结论

本次检测过程中,在 3 种茶叶中检测出 3 种禁用农药,禁用农药为:克百威、三唑磷、乐果,茶叶为:红茶、绿茶、花茶,茶叶中禁用农药的风险系数分析结果显示,3 种禁用农药在 3 种茶叶中的残留均处于高度风险,说明在单种茶叶中禁用农药的残留会导致较高的预警风险。

2) 单种茶叶中非禁用农药残留的预警风险评价结论

以 MRL 中国国家标准为标准,计算茶叶中非禁用农药风险系数情况下,48 个样本中,21 个处于低度风险(43.75%),27 个样本没有 MRL 中国国家标准(56.25%)。以 MRL 欧盟标准为标准,计算茶叶中非禁用农药风险系数情况下,发现有 21 个处于高度风险(43.75%),27 个处于低度风险(56.25%)。基于两种 MRL 标准,评价的结果差异显著,可以看出 MRL 欧盟标准比中国国家标准更加严格和完善,过于宽松的 MRL 中国国家标准值能否有效保障人体的健康有待研究。

10.4.3 加强济南市茶叶食品安全建议

我国食品安全风险评价体系仍不够健全,相关制度不够完善,多年来,由于农药用药次数多、用药量大或用药间隔时间短,产品残留量大,农药残留所造成的食品安全问题日益严峻,给人体健康带来了直接或间接的危害。据估计,美国与农药有关的癌症患者数约占全国癌症患者总数的 50%,中国更高。同样,农药对其他生物也会形成直接杀伤和慢性危害,植物中的农药可经过食物链逐级传递并不断蓄积,对人和动物构成潜在威胁,并影响生态系统。

基于本次农药残留侦测数据的风险评价结果,提出以下几点建议:

1) 加快食品安全标准制定步伐

我国食品标准中对农药每日允许最大摄入量 ADI 的数据严重缺乏,在本次评价所涉及的 25 种农药中,仅有 80%的农药具有 ADI 值,而 20%的农药中国尚未规定相应的 ADI 值,亟待完善。

我国食品中农药最大残留限量值的规定严重缺乏,对评估涉及的不同茶叶中不同农药 53 个 MRL 限值进行统计来看,我国仅制定出 22 个标准,我国标准完整率仅为 41.5%,欧盟的完整率达到 100%(表 10-10)。因此,中国更应加快 MRL 的制定步伐。

表 10-10 我国国家食品标准农药的 ADI、MRL 值与欧盟标准的数量差异

分类		中国 ADI	MRL 中国国家标准	MRL 欧盟标准
标准限值(个)	有	20	22	53
	无	5	31	0
总数(个)		25	53	53
无标准限值比例(%)		20	58.5	0

此外，MRL 中国国家标准限值普遍高于欧盟标准限值，这些标准中共有 16 个高于欧盟。过高的 MRL 值难以保障人体健康，建议继续加强对限值基准和标准的科学研究，将农产品中的危险性减少到尽可能低的水平。

2) 加强农药的源头控制和分类监管

在济南市某些茶叶中仍有禁用农药残留，利用 LC-Q-TOF/MS 技术侦测出 3 种禁用农药，检出频次为 10 次，残留禁用农药均存在较大的膳食暴露风险和预警风险。早已列入黑名单的禁用农药在我国并未真正退出，有些药物由于价格便宜、工艺简单，此类高毒农药一直生产和使用。建议在我国采取严格有效的控制措施，从源头控制禁用农药。

对于非禁用农药，在我国作为"田间地头"最典型单位的县级茶叶产地中，农药残留的检测几乎缺失。建议根据农药的毒性，对高毒、剧毒、中毒农药实现分类管理，减少使用高毒和剧毒高残留农药，进行分类监管。

3) 加强农药生物基准和降解技术研究

从市售茶叶中残留农药的品种多、频次高、禁用农药多次检出这一现状，说明了我国的田间土壤和水体因农药长期、频繁、不合理的使用而遭到严重污染。为此，建议中国相关部门出台相关政策，鼓励高校及科研院所积极开展分子生物学、酶学等研究，加强土壤、水体中残留农药的生物修复及降解新技术研究，切实加大农药监管力度，以控制农药的面源污染问题。

综上所述，在本工作基础上，根据茶叶残留危害，可进一步针对其成因提出和采取严格管理、大力推广无公害茶叶种植与生产、健全食品安全控制技术体系、加强茶叶质量检测体系建设和积极推行茶叶质量追溯制度等相应对策。建立和完善食品安全综合评价指数与风险监测预警系统，对食品安全进行实时、全面的监控与分析，为我国的食品安全科学监管与决策提供新的技术支持，可实现各类检验数据的信息化系统管理，降低食品安全事故的发生。

第 11 章 GC-Q-TOF/MS 侦测济南市 140 例市售茶叶样品农药残留报告

从济南市所属 5 个区，随机采集了 140 例茶叶样品，使用气相色谱-四极杆飞行时间质谱(GC-Q-TOF/MS)对 684 种农药化学污染物进行示范侦测。

11.1 样品种类、数量与来源

11.1.1 样品采集与检测

为了真实反映百姓日常饮用的茶叶中农药残留污染状况，本次所有检测样品均由检验人员于 2019 年 2 月期间，从济南市所属 14 个采样点，包括 8 个茶叶专营店 6 个超市，以随机购买方式采集，总计 14 批 140 例样品，从中检出农药 49 种，541 频次。采样及监测概况见图 11-1 及表 11-1，样品及采样点明细见表 11-2 及表 11-3(侦测原始数据见附表 1)。

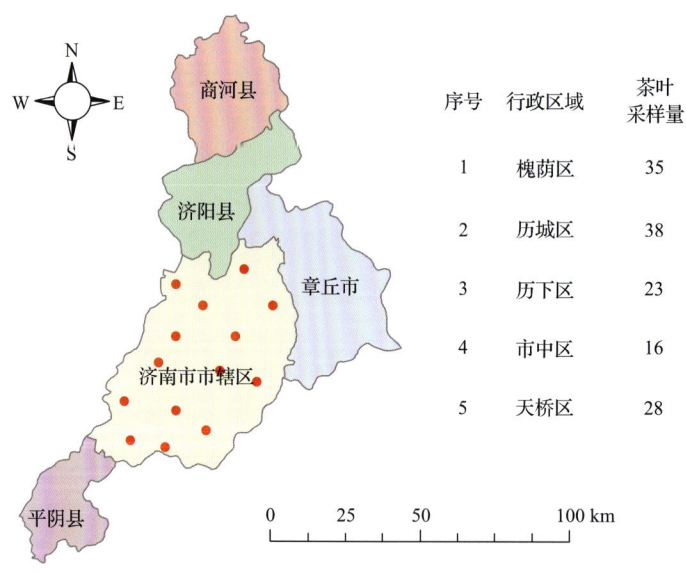

图 11-1　济南市所属 14 个采样点 140 例样品分布图

表 11-1　农药残留监测总体概况

行政区域	济南市所属 5 个区
采样点(茶叶专营店+超市)	14
样本总数	140
检出农药品种/频次	49/541
各采样点样本农药残留检出率范围	71.4%~100.0%

表 11-2　样品分类及数量

样品分类	样品名称(数量)	数量小计
1. 茶叶		140
1)发酵类茶叶	红茶(40)，乌龙茶(20)	60
2)未发酵类茶叶	花茶(30)，绿茶(50)	80
合计	1. 茶叶 4 种	140

表 11-3　济南市采样点信息

采样点序号	行政区域	采样点
茶叶专营店(8)		
1	槐荫区	***茶庄(济南分店)
2	槐荫区	***茶庄
3	历城区	***茶庄
4	历下区	***茶庄
5	市中区	***茶庄
6	市中区	***茶庄
7	天桥区	***茶庄(天桥店)
8	天桥区	***茶庄(世茂天城店)
超市(6)		
1	槐荫区	***超市(嘉华店)
2	槐荫区	***超市(和谐广场店)
3	历城区	***超市(洪楼店)
4	历城区	***超市(洪楼店)
5	历下区	***超市(泉城路分店)
6	天桥区	***超市(天桥区)

11.1.2　检测结果

这次使用的检测方法是庞国芳院士团队最新研发的无需使用标准品对照，而以高分辨精确质量数(0.0001 m/z)为基准的 GC-Q-TOF/MS 检测技术，对于 140 例样品，每个样品均侦测了 684 种农药化学污染物的残留现状。通过本次侦测，在 140 例样品中共计检出农药化学污染物 49 种，检出 541 频次。

11.1.2.1　各采样点样品检出情况

统计分析发现 14 个采样点中，被测样品的农药检出率范围为 71.4%~100.0%。其中，有 5 个采样点样品的检出率最高，达到了 100.0%，分别是：***茶庄、***超市(洪楼店)、***茶庄、***超市(天桥区)和***茶庄(世茂天城店)。***茶庄的检出率最低，为 71.4%，见图 11-2。

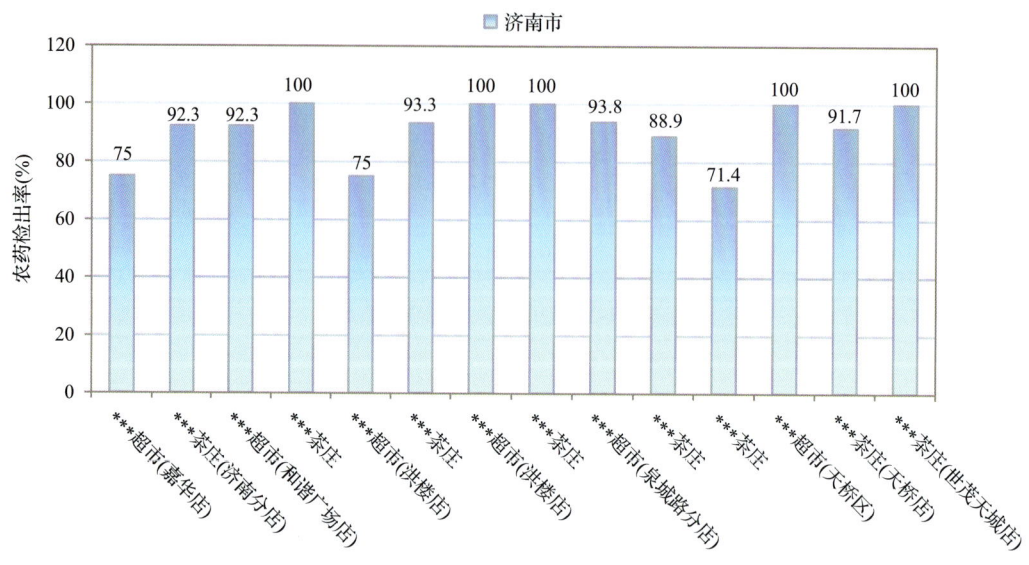

图 11-2　各采样点样品中的农药检出率

11.1.2.2　检出农药的品种总数与频次

统计分析发现，对于 140 例样品中 684 种农药化学污染物的侦测，共检出农药 541 频次，涉及农药 49 种，结果如图 11-3 所示。其中烯虫炔酯检出频次最高，共检出 54 次。检出频次排名前 10 的农药如下：①烯虫炔酯(54)，②异丙威(54)，③联苯菊酯(53)，④烯虫酯(31)，⑤三唑酮(26)，⑥仲丁威(24)，⑦呋草黄(21)，⑧莠去通(20)，⑨扑火通(17)，⑩甲醚菊酯(15)。

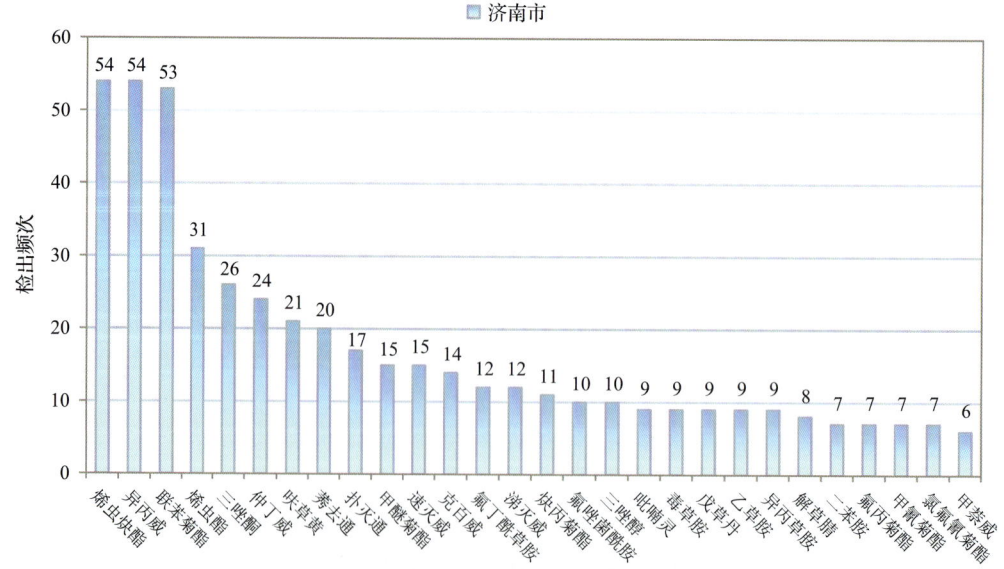

图 11-3　检出农药品种及频次(仅列出 6 频次及以上的数据)

由图 11-4 可见，红茶、绿茶、花茶和乌龙茶这 4 种茶叶样品中检出的农药品种数较高，均超过 5 种，其中，红茶检出农药品种最多，为 40 种。由图 11-5 可见，红茶、绿茶和花茶这 3 种茶叶样品中的农药检出频次较高，均超过 50 次，其中，红茶检出农药频次最高，为 346 次。

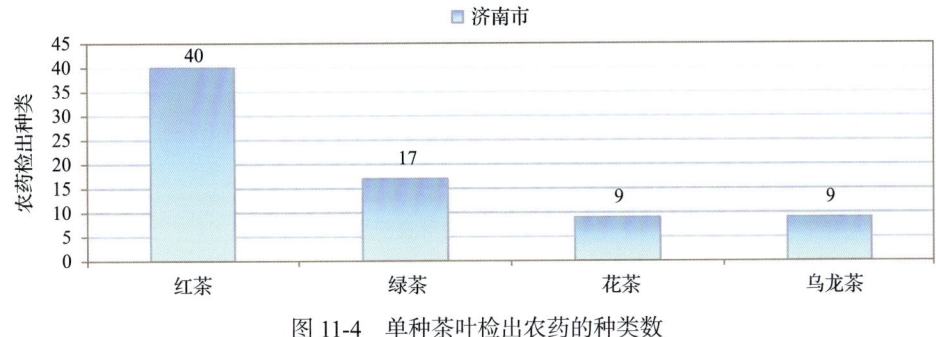

图 11-4　单种茶叶检出农药的种类数

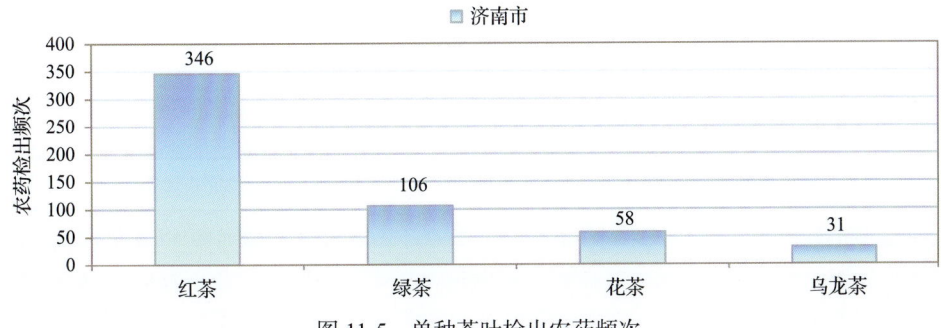

图 11-5　单种茶叶检出农药频次

11.1.2.3　单例样品农药检出种类与占比

对单例样品检出农药种类和频次进行统计发现，未检出农药的样品占总样品数的 8.6%，检出 1 种农药的样品占总样品数的 22.9%，检出 2~5 种农药的样品占总样品数的 47.9%，检出 6~10 种农药的样品占总样品数的 11.4%，检出大于 10 种农药的样品占总样品数的 9.3%。每例样品中平均检出农药为 3.9 种，数据见表 11-4 及图 11-6。

表 11-4　单例样品检出农药品种与占比

检出农药品种数	样品数量/占比（%）
未检出	12/8.6
1 种	32/22.9
2~5 种	67/47.9
6~10 种	16/11.4
大于 10 种	13/9.3
单例样品平均检出农药品种	3.9 种

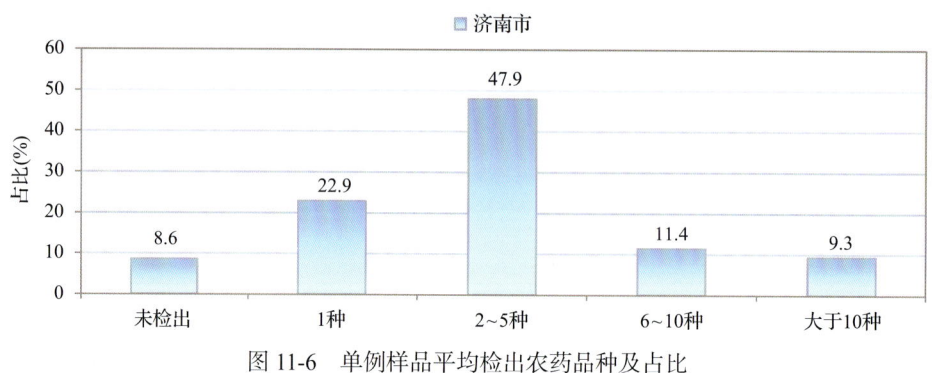

图 11-6 单例样品平均检出农药品种及占比

11.1.2.4 检出农药类别与占比

所有检出农药按功能分类，包括除草剂、杀虫剂、杀菌剂、杀螨剂、植物生长调节剂和其他共 6 类。其中除草剂与杀虫剂为主要检出的农药类别，分别占总数的 36.7%和 34.7%，见表 11-5 及图 11-7。

表 11-5 检出农药所属类别/占比

农药类别	数量/占比(%)
除草剂	18/36.7
杀虫剂	17/34.7
杀菌剂	8/16.3
杀螨剂	3/6.1
植物生长调节剂	1/2.0
其他	2/4.1

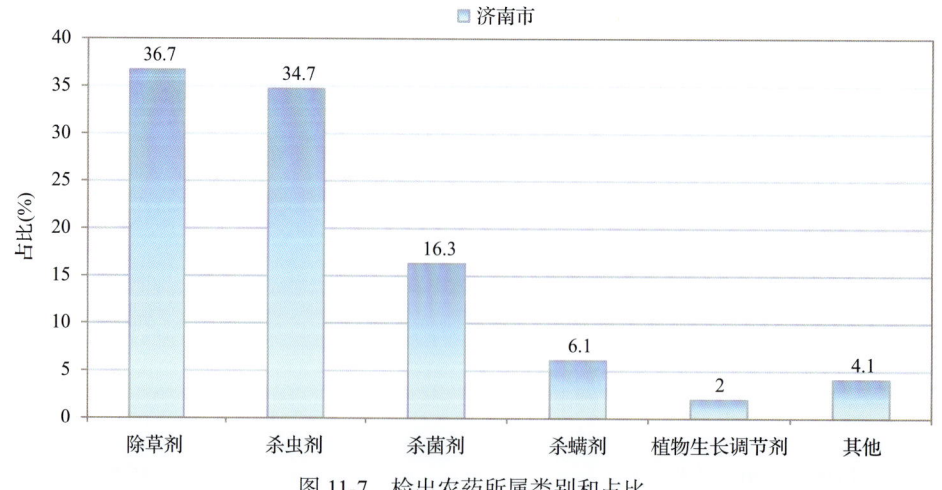

图 11-7 检出农药所属类别和占比

11.1.2.5 检出农药的残留水平

按检出农药残留水平进行统计，残留水平在 1~5 µg/kg（含）的农药占总数的 9.2%，在 5~10 µg/kg（含）的农药占总数的 14.4%，在 10~100 µg/kg（含）的农药占总数的 70.8%，在 100~1000 µg/kg（含）的农药占总数的 5.5%。

由此可见，这次检测的 14 批 140 例茶叶样品中农药多数处于中高残留水平。结果见表 11-6 及图 11-8，数据见附表 2。

表 11-6　农药残留水平/占比

残留水平（µg/kg）	检出频次数/占比（%）
1~5（含）	50/9.2
5~10（含）	78/14.4
10~100（含）	383/70.8
100~1000	30/5.5

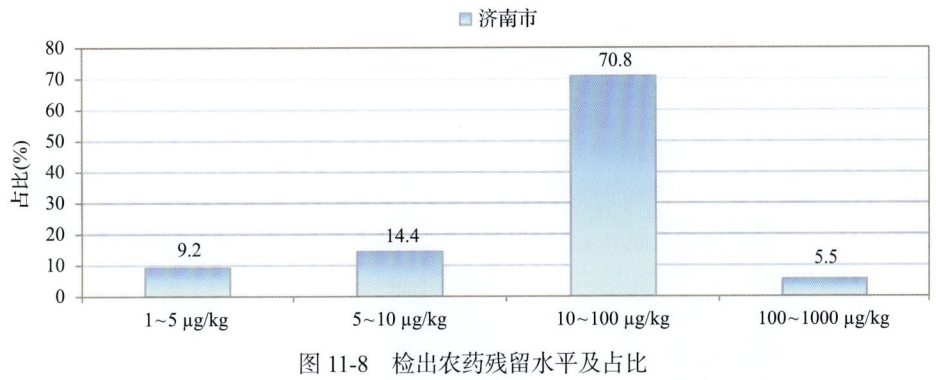

图 11-8　检出农药残留水平及占比

11.1.2.6 检出农药的毒性类别、检出频次和超标频次及占比

对这次检出的 49 种 541 频次的农药，按剧毒、高毒、中毒、低毒和微毒这五个毒性类别进行分类，从中可以看出，济南市目前普遍使用的农药为中低微毒农药，品种占 93.9%，频次占 95.0%。结果见表 11-7 及图 11-9。

表 11-7　检出农药毒性类别/占比

毒性分类	农药品种/占比（%）	检出频次/占比（%）	超标频次/超标率（%）
剧毒农药	1/2.0	12/2.2	0/0.0
高毒农药	2/4.1	15/2.8	4/26.7
中毒农药	22/44.9	248/45.8	0/0.0
低毒农药	15/30.6	138/25.5	0/0.0
微毒农药	9/18.4	128/23.7	0/0.0

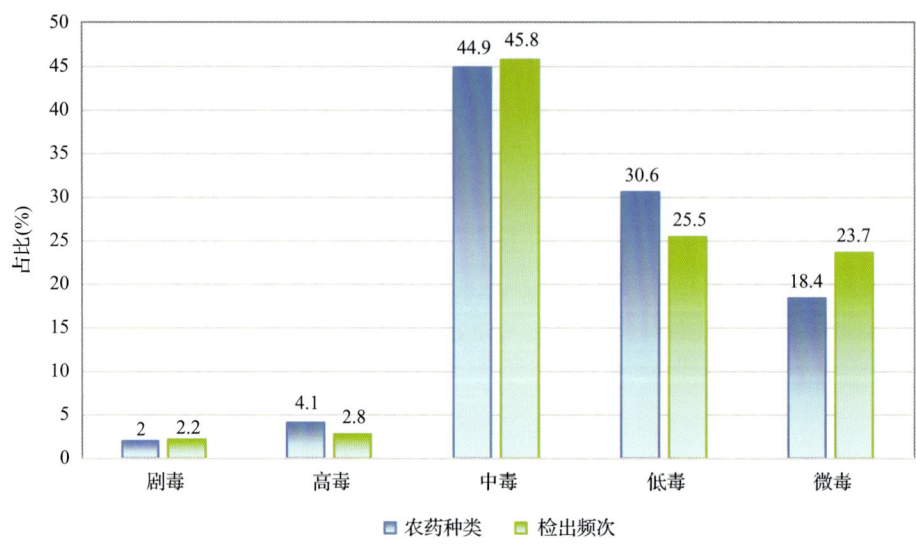

图 11-9　检出农药的毒性分类和占比

11.1.2.7　检出剧毒/高毒类农药的品种和频次

值得特别关注的是，在此次侦测的 140 例样品中有 1 种茶叶的 19 例样品检出了 3 种 27 频次的剧毒和高毒农药，占样品总量的 13.6%，详见图 11-10、表 11-8 及表 11-9。

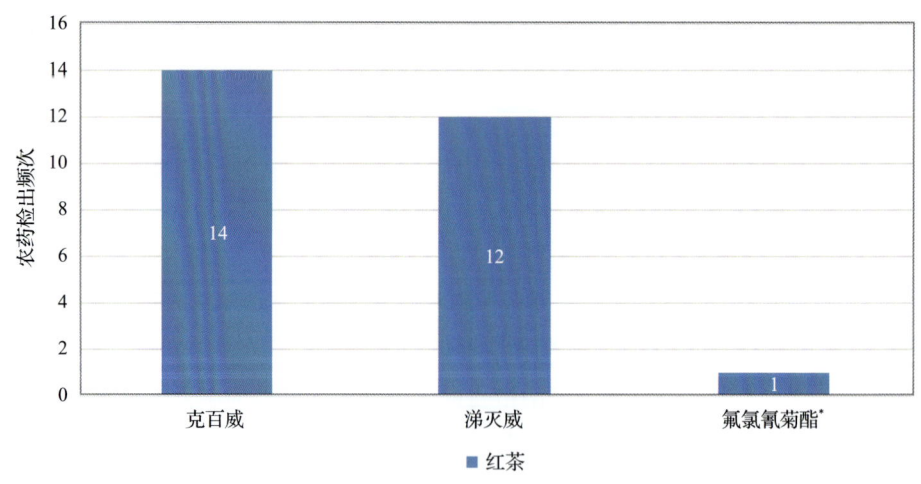

图 11-10　检出剧毒/高毒农药的样品情况

*表示允许在茶叶上使用的农药

表 11-8　剧毒农药检出情况

序号	农药名称	检出频次	超标频次	超标率
	从 1 种茶叶中检出 1 种剧毒农药，共计检出 12 次			
1	涕灭威*	12	0	0.0%
	合计	12	0	超标率：0.0%

表 11-9 高毒农药检出情况

序号	农药名称	检出频次	超标频次	超标率
从 1 种茶叶中检出 2 种高毒农药,共计检出 15 次				
1	克百威	14	4	28.6%
2	去异丙基莠去津	1	0	0.0%
	合计	15	4	超标率:26.7%

在检出的剧毒和高毒农药中,有 2 种是我国早已禁止在茶叶上使用的,分别是:克百威和涕灭威。禁用农药的检出情况见表 11-10。

表 11-10 禁用农药检出情况

序号	农药名称	检出频次	超标频次	超标率
从 2 种茶叶中检出 4 种禁用农药,共计检出 32 次				
1	克百威	14	4	28.6%
2	涕灭威*	12	0	0.0%
3	毒死蜱	5	0	0.0%
4	硫丹	1	0	0.0%
	合计	32	4	超标率:12.5%

注:表中*为剧毒农药;超标结果参考 MRL 中国国家标准计算

此次抽检的茶叶样品中,有 1 种茶叶检出了剧毒农药,为:红茶中检出涕灭威 12 次。

样品中检出剧毒和高毒农药残留水平超过 MRL 中国国家标准的频次为 4 次,其中:红茶检出克百威超标 4 次。本次检出结果表明,高毒、剧毒农药的使用现象依旧存在。详见表 11-11。

表 11-11 各样本中检出剧毒/高毒农药情况

样品名称	农药名称	检出频次	超标频次	检出浓度(μg/kg)
茶叶 1 种				
红茶	涕灭威*▲	12	0	13.7、4.4、3.4、46.3、4.1、6.0、4.6、6.1、12.0、1.9、34.0、4.6
红茶	克百威▲	14	4	4.7、18.3、8.6、9.5、26.0、94.4[a]、74.5[a]、11.3、88.2[a]、15.0、29.7、112.6[a]、40.2、15.2
红茶	去异丙基莠去津	1	0	8.5
	合计	27	4	超标率:14.8%

注:表中*为剧毒农药;▲为禁用农药;a 为超标结果(参考 MRL 中国国家标准)

11.2 农药残留检出水平与最大残留限量标准对比分析

我国于 2016 年 12 月 18 日正式颁布并于 2017 年 6 月 18 日正式实施食品农药残留

限量国家标准《食品中农药最大残留限量》(GB 2763—2016)。该标准包括 417 个农药条目，涉及最大残留限量(MRL)标准 4140 项。将 541 频次检出农药的浓度水平与 4140 项 MRL 中国国家标准进行核对，其中只有 91 频次的结果找到了对应的 MRL，占 16.8%，还有 450 频次的结果则无相关 MRL 标准供参考，占 83.2%。

将此次侦测结果与国际上现行 MRL 对比发现，在 541 频次的检出结果中有 541 频次的结果找到了对应的 MRL 欧盟标准，占 100.0%，其中，255 频次的结果有明确对应的 MRL，占 47.1%，其余 286 频次按照欧盟一律标准判定，占 52.9%；有 541 频次的结果找到了对应的 MRL 日本标准，占 100.0%，其中，154 频次的结果有明确对应的 MRL，占 28.5%，其余 387 频次按照日本一律标准判定，占 71.5%；有 72 频次的结果找到了对应的 MRL 中国香港标准，占 13.3%；有 68 频次的结果找到了对应的 MRL 美国标准，占 12.6%；有 67 频次的结果找到了对应的 MRL CAC 标准，占 12.4%。(见图 11-11 和图 11-12，数据见附表 3 至附表 8)。

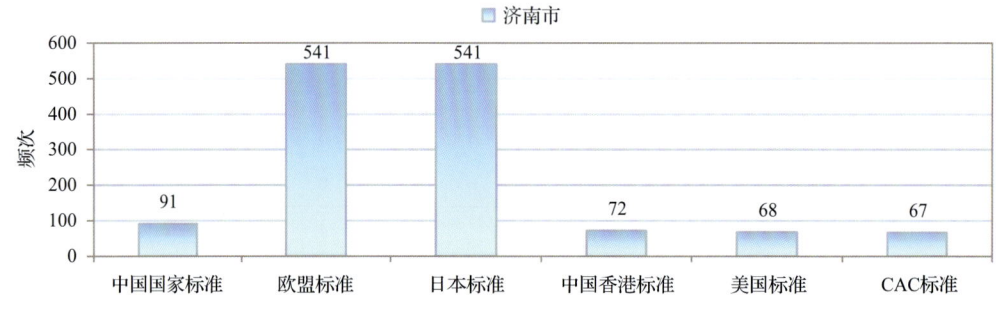

图 11-11　541 频次检出农药可用 MRL 中国国家标准、欧盟标准、日本标准、中国香港标准、美国标准、CAC 标准判定衡量的数量

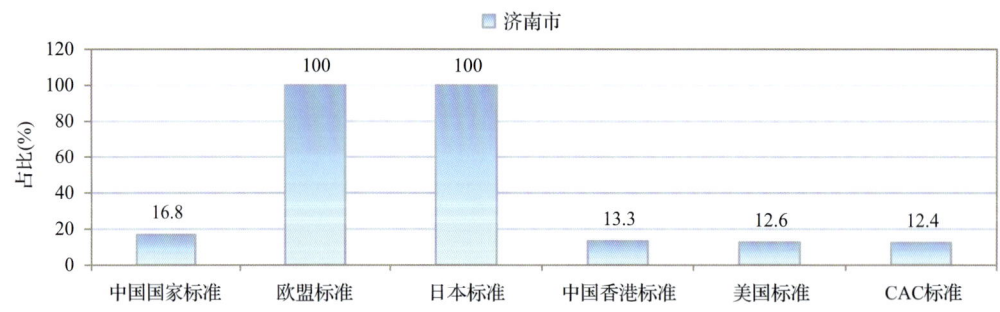

图 11-12　541 频次检出农药可用 MRL 中国国家标准、欧盟标准、日本标准、中国香港标准、美国标准、CAC 标准衡量的占比

11.2.1　超标农药样品分析

本次侦测的 140 例样品中，12 例样品未检出任何残留农药，占样品总量的 8.6%，128 例样品检出不同水平、不同种类的残留农药，占样品总量的 91.4%。在此，我们将本次侦测的农残检出情况与 MRL 中国国家标准、欧盟标准、日本标准、中国香港标准、美国标准和 CAC 标准这 6 大国际主流 MRL 标准进行对比分析，样品农残检出与超标情况见表 11-12、图 11-13 和图 11-14，详细数据见附表 9 至附表 14。

表 11-12　各 MRL 标准下样本农残检出与超标数量及占比

	中国国家标准 数量/占比(%)	欧盟标准 数量/占比(%)	日本标准 数量/占比(%)	中国香港标准 数量/占比(%)	美国标准 数量/占比(%)	CAC 标准 数量/占比(%)
未检出	12/8.6	12/8.6	12/8.6	12/8.6	12/8.6	12/8.6
检出未超标	124/88.6	28/20.0	26/18.6	128/91.4	128/91.4	128/91.4
检出超标	4/2.9	100/71.4	102/72.9	0/0.0	0/0.0	0/0.0

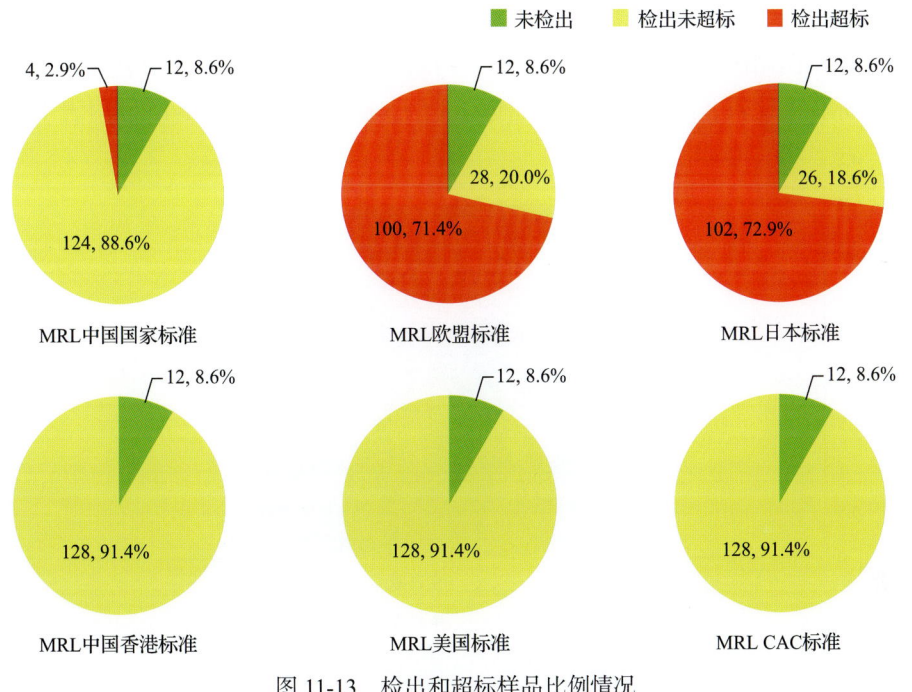

图 11-13　检出和超标样品比例情况

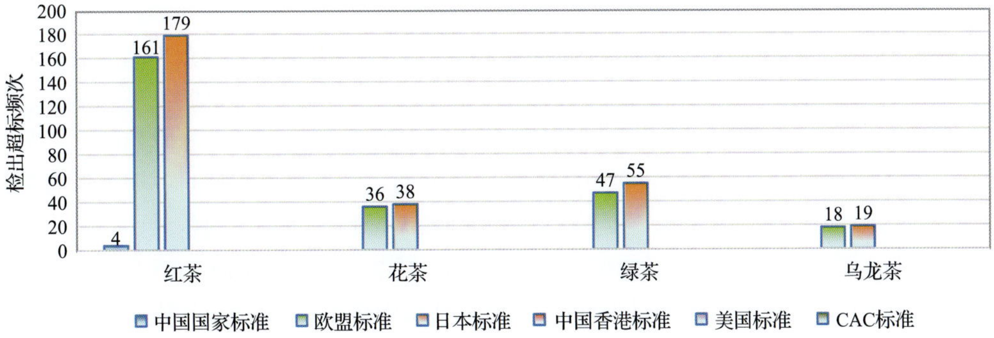

图 11-14　超过 MRL 中国国家标准、欧盟标准、日本标准、中国香港标准、美国标准和 CAC 标准判定结果在茶叶中的分布

11.2.2　超标农药种类分析

按照 MRL 中国国家标准、欧盟标准、日本标准、中国香港标准、美国标准和 CAC

标准这 6 大国际主流标准衡量，本次侦测检出的农药超标品种及频次情况见表 11-13。

表 11-13　各 MRL 标准下超标农药品种及频次

	中国国家标准	欧盟标准	日本标准	中国香港标准	美国标准	CAC 标准
超标农药品种	1	30	30	0	0	0
超标农药频次	4	262	291	0	0	0

11.2.2.1　按 MRL 中国国家标准衡量

按 MRL 中国国家标准衡量，有 1 种农药超标，检出 4 频次，为高毒农药克百威。按超标程度比较，红茶中克百威超标 1.3 倍。检测结果见图 11-15 和附表 15。

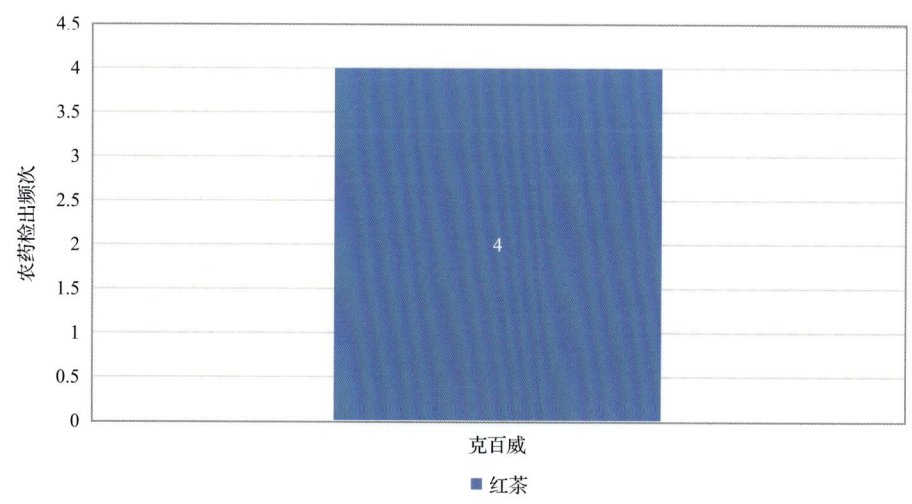

图 11-15　超过 MRL 中国国家标准农药品种及频次

11.2.2.2　按 MRL 欧盟标准衡量

按 MRL 欧盟标准衡量，共有 30 种农药超标，检出 262 频次，分别为高毒农药克百威，中毒农药速灭威、氯氟氰菊酯、毒草胺、异丙威、特丁通、甲草胺、三唑酮、三唑醇、仲丁威、唑虫酰胺、炔丙菊酯、辛酰溴苯腈和克草敌，低毒农药氟唑菌酰胺、异丙草胺、乙草胺、莠去通、呋草黄、甲醚菊酯、扑灭通、威杀灵、戊草丹、甲氧苄氟菊酯和环草敌，微毒农药烯虫炔酯、氟丁酰草胺、吡喃灵、解草腈和异丙乐灵。

按超标程度比较，花茶中异丙威超标 23.0 倍，红茶中威杀灵超标 16.3 倍，红茶中呋草黄超标 16.3 倍，红茶中戊草丹超标 14.3 倍，红茶中莠去通超标 13.9 倍。检测结果见图 11-16 和附表 16。

11.2.2.3　按 MRL 日本标准衡量

按 MRL 日本标准衡量，共有 30 种农药超标，检出 291 频次，分别为剧毒农药涕灭威，中毒农药速灭威、异丙威、毒草胺、特丁通、仲丁威、甲草胺、呋嘧醇、炔丙菊酯、辛酰溴苯腈和克草敌，低毒农药异丙草胺、氟唑菌酰胺、乙草胺、莠去通、呋草黄、甲

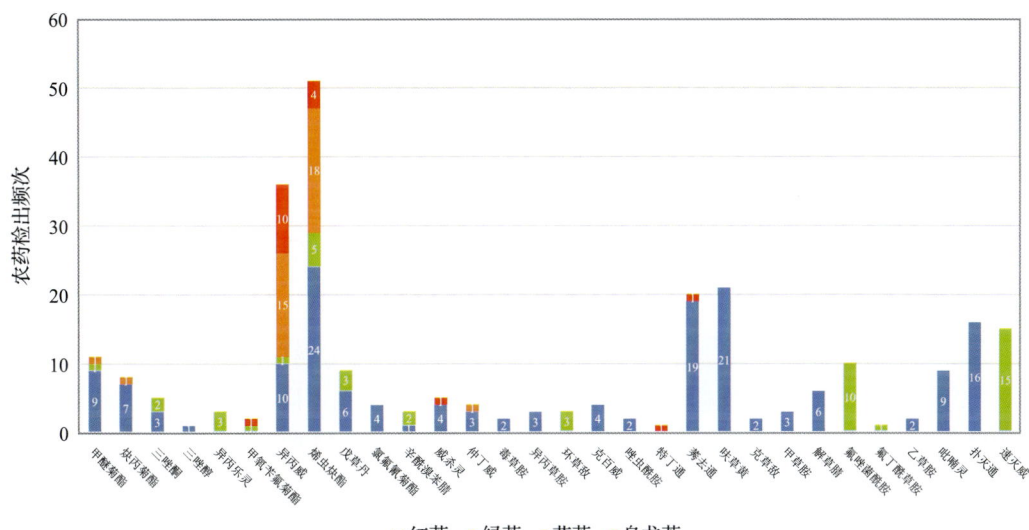

图 11-16　超过 MRL 欧盟标准农药品种及频次

醚菊酯、扑灭通、威杀灵、戊草丹、甲氧苄氟菊酯和环草敌，微毒农药烯虫酯、烯虫炔酯、绿麦隆、吡喃灵、氟丁酰草胺、霜霉威、解草腈和异丙乐灵。

按超标程度比较，红茶中毒草胺超标 25.0 倍，红茶中异丙草胺超标 23.2 倍，花茶中异丙威超标 23.0 倍，红茶中甲草胺超标 21.7 倍，红茶中威杀灵超标 16.3 倍。检测结果见图 11-17 和附表 17。

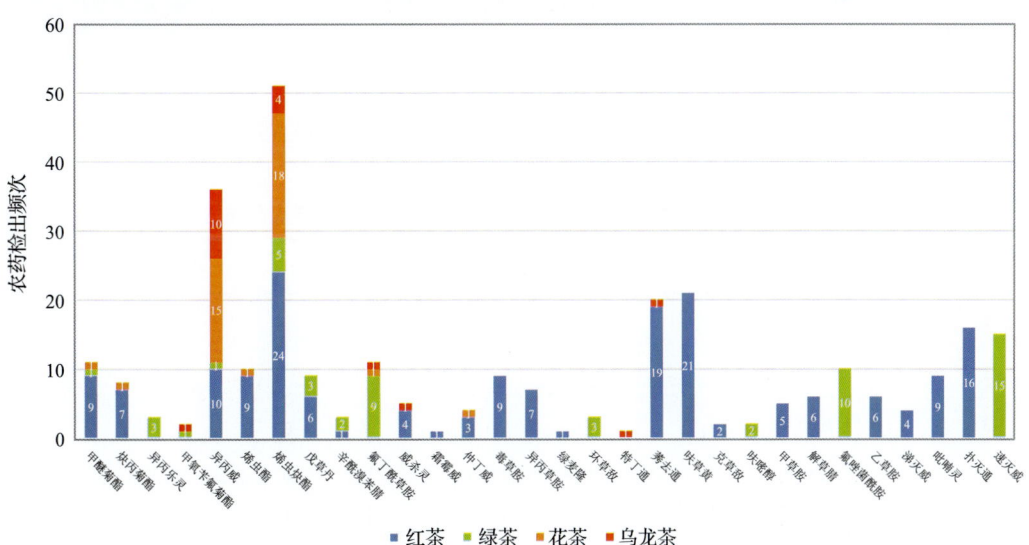

图 11-17　超过 MRL 日本标准农药品种及频次

11.2.2.4　按 MRL 中国香港标准衡量

按 MRL 中国香港标准衡量，无样品检出超标农药残留。

11.2.2.5 按 MRL 美国标准衡量

按 MRL 美国标准衡量，无样品检出超标农药残留。

11.2.2.6 按 MRL CAC 标准衡量

按 MRLCAC 标准衡量，无样品检出超标农药残留。

11.2.3 14 个采样点超标情况分析

11.2.3.1 按 MRL 中国国家标准衡量

按 MRL 中国国家标准衡量，有 4 个采样点的样品存在不同程度的超标农药检出，其中***茶庄的超标率最高，为 14.3%，如图 11-18 和表 11-14 所示。

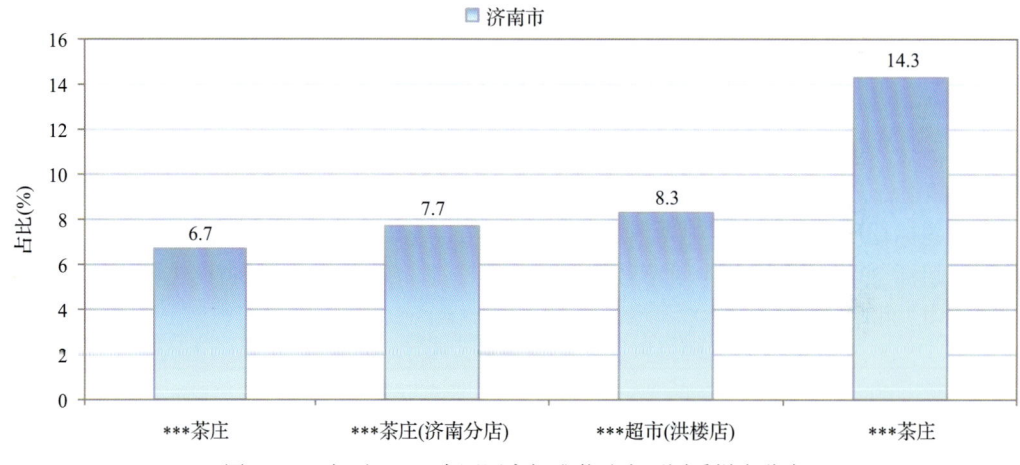

图 11-18 超过 MRL 中国国家标准茶叶在不同采样点分布

表 11-14 超过 MRL 中国国家标准茶叶在不同采样点分布

序号	采样点	样品总数	超标数量	超标率(%)	行政区域
1	***茶庄	15	1	6.7	历城区
2	***茶庄(济南分店)	13	1	7.7	槐荫区
3	***超市(洪楼店)	12	1	8.3	历城区
4	***茶庄	7	1	14.3	历下区

11.2.3.2 按 MRL 欧盟标准衡量

按 MRL 欧盟标准衡量，所有采样点的样品存在不同程度的超标农药检出，其中***超市(天桥区)和***茶庄的超标率最高，为 100.0%，如图 11-19 和表 11-15 所示。

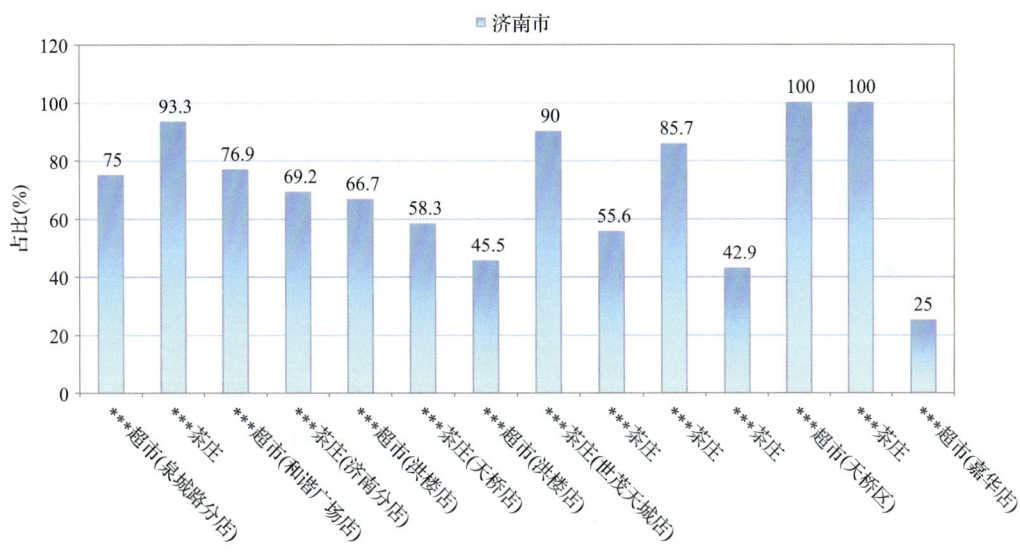

图 11-19　超过 MRL 欧盟标准茶叶在不同采样点分布

表 11-15　超过 MRL 欧盟标准茶叶在不同采样点分布

序号	采样点	样品总数	超标数量	超标率(%)	行政区域
1	***超市(泉城路分店)	16	12	75.0	历下区
2	***茶庄	15	14	93.3	历城区
3	***超市(和谐广场店)	13	10	76.9	槐荫区
4	***茶庄(济南分店)	13	9	69.2	槐荫区
5	***超市(洪楼店)	12	8	66.7	历城区
6	***茶庄(天桥店)	12	7	58.3	天桥区
7	***超市(洪楼店)	11	5	45.5	历城区
8	***茶庄(世茂天城店)	10	9	90.0	天桥区
9	***茶庄	9	5	55.6	市中区
10	***茶庄	7	6	85.7	历下区
11	***茶庄	7	3	42.9	市中区
12	***超市(天桥区)	6	6	100.0	天桥区
13	***茶庄	5	5	100.0	槐荫区
14	***超市(嘉华店)	4	1	25.0	槐荫区

11.2.3.3　按 MRL 日本标准衡量

按 MRL 日本标准衡量，所有采样点的样品存在不同程度的超标农药检出，其中***超市(天桥区)和***茶庄的超标率最高，为 100.0%，如图 11-20 和表 11-16 所示。

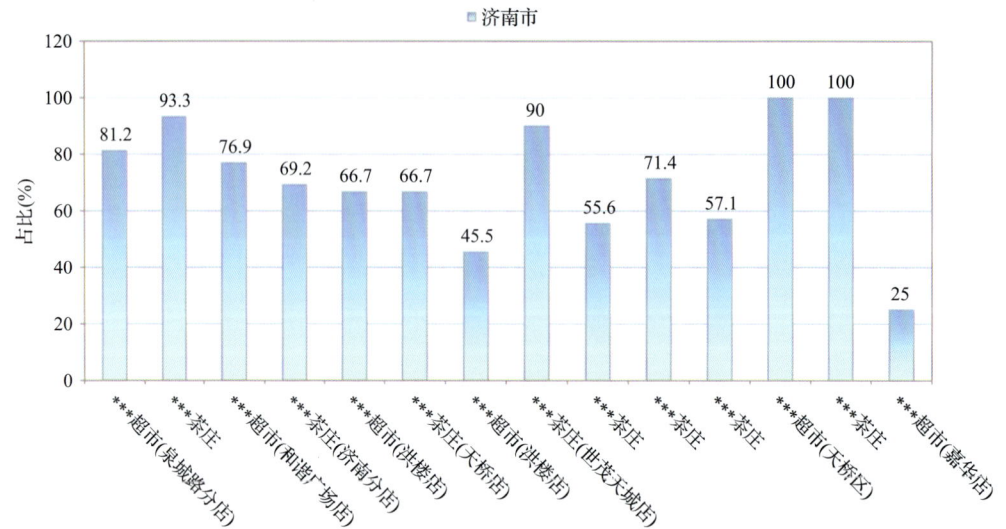

图 11-20 超过 MRL 日本标准茶叶在不同采样点分布

表 11-16 超过 MRL 日本标准茶叶在不同采样点分布

序号	采样点	样品总数	超标数量	超标率(%)	行政区域
1	***超市(泉城路分店)	16	13	81.2	历下区
2	***茶庄	15	14	93.3	历城区
3	***超市(和谐广场店)	13	10	76.9	槐荫区
4	***茶庄(济南分店)	13	9	69.2	槐荫区
5	***超市(洪楼店)	12	8	66.7	历城区
6	***茶庄(天桥店)	12	8	66.7	天桥区
7	***超市(洪楼店)	11	5	45.5	历城区
8	***茶庄(世茂天城店)	10	9	90.0	天桥区
9	***茶庄	9	5	55.6	市中区
10	***茶庄	7	5	71.4	历下区
11	***茶庄	7	4	57.1	市中区
12	***超市(天桥区)	6	6	100.0	天桥区
13	***茶庄	5	5	100.0	槐荫区
14	***超市(嘉华店)	4	1	25.0	槐荫区

11.2.3.4 按 MRL 中国香港标准衡量

按 MRL 中国香港标准衡量，所有采样点的样品均未检出超标农药残留。

11.2.3.5 按 MRL 美国标准衡量

按 MRL 美国标准衡量，所有采样点的样品均未检出超标农药残留。

11.2.3.6 按 MRLCAC 标准衡量

按 MRLCAC 标准衡量，所有采样点的样品均未检出超标农药残留。

11.3 茶叶中农药残留分布

11.3.1 茶叶按检出农药品种和频次排名

本次残留侦测的茶叶共 4 种，包括红茶、乌龙茶、花茶和绿茶。

根据检出农药品种及频次进行排名，将各项排名茶叶样品检出情况列表说明，详见表 11-17。

表 11-17 茶叶按检出农药品种和频次排名

按检出农药品种排名(品种)	①红茶(40)，②绿茶(17)，③花茶(9)，④乌龙茶(9)
按检出农药频次排名(频次)	①红茶(346)，②绿茶(106)，③花茶(58)，④乌龙茶(31)
按检出禁用、高毒及剧毒农药品种排名(品种)	①红茶(5)，②花茶(1)
按检出禁用、高毒及剧毒农药频次排名(频次)	①红茶(31)，②花茶(2)

11.3.2 茶叶按超标农药品种和频次排名

鉴于 MRL 欧盟标准和日本标准的制定比较全面且覆盖率较高，我们参照 MRL 中国国家标准、欧盟标准和日本标准衡量茶叶样品中农残检出情况，将茶叶按超标农药品种及频次排名列表说明，详见表 11-18。

表 11-18 茶叶按超标农药品种和频次排名

按超标农药品种排名 (农药品种数)	MRL 中国国家标准	①红茶(1)
	MRL 欧盟标准	①红茶(23)，②绿茶(12)，③乌龙茶(6)，④花茶(5)
	MRL 日本标准	①红茶(22)，②绿茶(12)，③花茶(7)，④乌龙茶(7)
按超标农药频次排名 (农药频次数)	MRL 中国国家标准	①红茶(4)
	MRL 欧盟标准	①红茶(161)，②绿茶(47)，③花茶(36)，④乌龙茶(18)
	MRL 日本标准	①红茶(179)，②绿茶(55)，③花茶(38)，④乌龙茶(19)

通过对各品种茶叶样本总数及检出率进行综合分析发现，红茶、绿茶和花茶的残留污染最为严重，在此，我们参照 MRL 中国国家标准、欧盟标准和日本标准对这 3 种茶叶的农残检出情况进行进一步分析。

11.3.3 农药残留检出率较高的茶叶样品分析

11.3.3.1 红茶

这次共检测 40 例红茶样品，全部检出了农药残留，检出率为 100.0%，检出农药共计 40 种。其中烯虫酯、联苯菊酯、烯虫炔酯、异丙威和呋草黄检出频次较高，分别检出了 29、27、27、23 和 21 次。红茶中农药检出品种和频次见图 11-21，超标农药见图 11-22 和表 11-19。

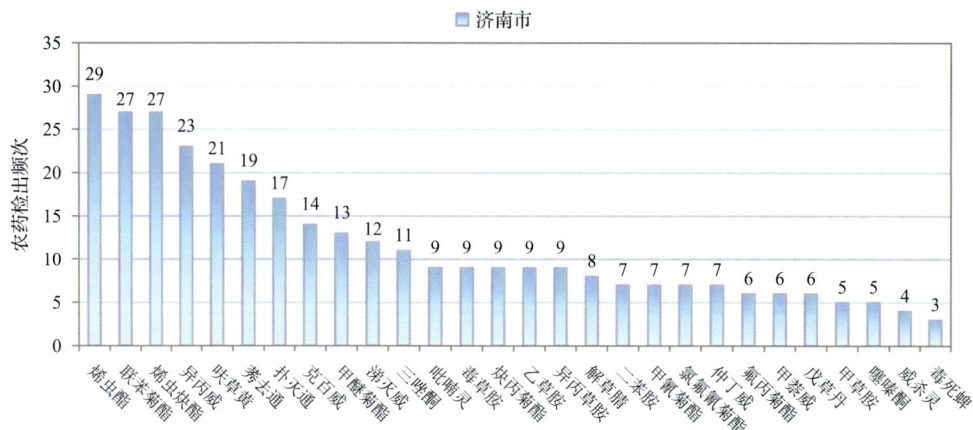

图 11-21 红茶样品检出农药品种和频次分析(仅列出 3 频次及以上的数据)

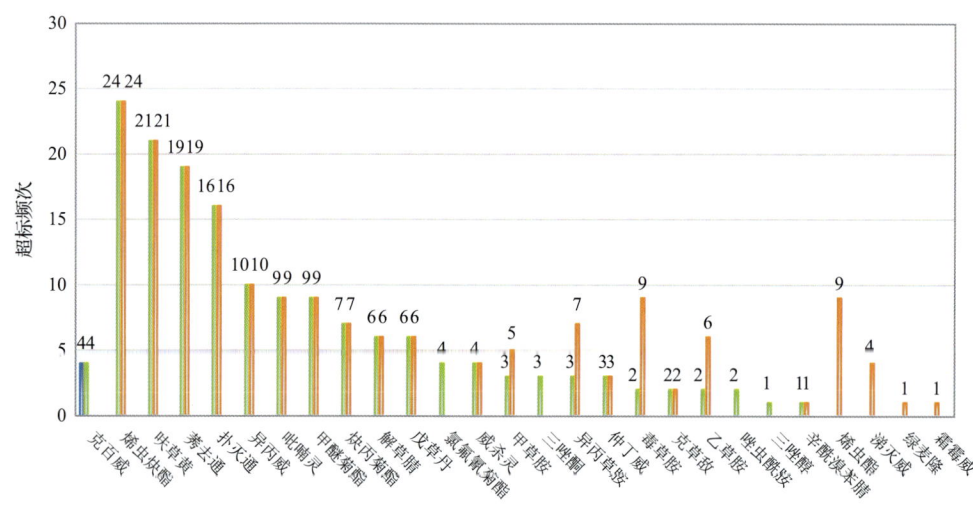

图 11-22 红茶样品中超标农药分析

表 11-19 红茶中农药残留超标情况明细表

样品总数			检出农药样品数	样品检出率(%)	检出农药品种总数
40			40	100	40
	超标农药品种	超标农药频次	按照 MRL 中国国家标准、欧盟标准和日本标准衡量超标农药名称及频次		
中国国家标准	1	4	克百威(4)		
欧盟标准	23	161	烯虫炔酯(24),呋草黄(21),莠去通(19),扑灭通(16),异丙威(10),吡喃灵(9),甲醚菊酯(9),炔丙菊酯(7),解草腈(6),戊草丹(6),克百威(4),氯氟氰菊酯(4),威杀灵(4),甲草胺(3),三唑酮(3),异丙草胺(3),仲丁威(3),毒草胺(2),克草敌(2),乙草胺(2),唑虫酰胺(2),三唑醇(1),辛酰溴苯腈(1)		
日本标准	22	179	烯虫炔酯(24),呋草黄(21),莠去通(19),扑灭通(16),异丙威(10),吡喃灵(9),毒草胺(9),甲醚菊酯(9),烯虫酯(9),炔丙菊酯(7),异丙草胺(7),解草腈(6),戊草丹(6),乙草胺(6),甲草胺(5),涕灭威(4),威杀灵(4),仲丁威(3),克草敌(2),绿麦隆(1),霜霉威(1),辛酰溴苯腈(1)		

11.3.3.2 绿茶

这次共检测 50 例绿茶样品，45 例样品中检出了农药残留，检出率为 90.0%，检出农药共计 17 种。其中联苯菊酯、速灭威、氟丁酰草胺、氟唑菌酰胺和三唑醇检出频次较高，分别检出了 24、15、10、10 和 9 次。绿茶中农药检出品种和频次见图 11-23，超标农药见图 11-24 和表 11-20。

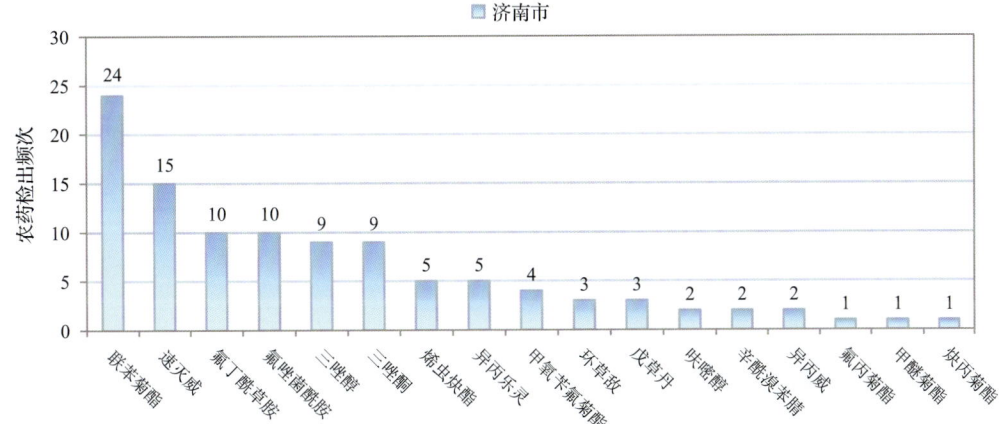

图 11-23　绿茶样品检出农药品种和频次分析

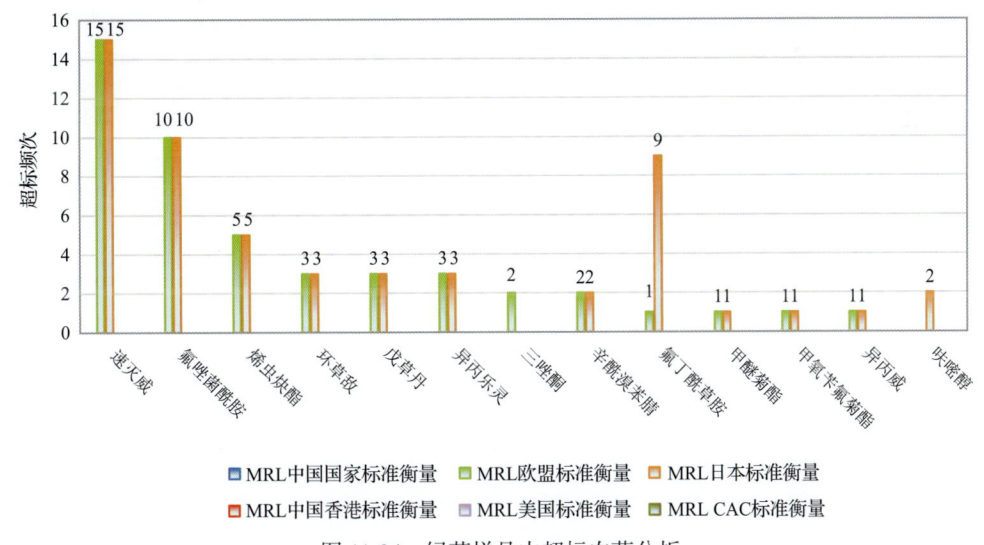

图 11-24　绿茶样品中超标农药分析

11.3.3.3 花茶

这次共检测 30 例花茶样品，26 例样品中检出了农药残留，检出率为 86.7%，检出农药共计 9 种。其中烯虫炔酯、仲丁威、异丙威、毒死蜱和烯虫酯检出频次较高，分别检出了 18、17、15、2 和 2 次。花茶中农药检出品种和频次见图 11-25，超标农药见图 11-26 和表 11-21。

表 11-20 绿茶中农药残留超标情况明细表

样品总数 50		检出农药样品数 45	样品检出率(%) 90	检出农药品种总数 17
超标农药品种	超标农药频次	按照 MRL 中国国家标准、欧盟标准和日本标准衡量超标农药名称及频次		
中国国家标准	0	0		
欧盟标准	12	47	速灭威(15),氟唑菌酰胺(10),烯虫炔酯(5),环草敌(3),戊草丹(3),异丙乐灵(3),三唑酮(2),辛酰溴苯腈(2),氟丁酰草胺(1),甲醚菊酯(1),甲氧苄氟菊酯(1),异丙威(1)		
日本标准	12	55	速灭威(15),氟唑菌酰胺(10),氟丁酰草胺(9),烯虫炔酯(5),环草敌(3),戊草丹(3),异丙乐灵(3),呋嘧醇(2),辛酰溴苯腈(2),甲醚菊酯(1),甲氧苄氟菊酯(1),异丙威(1)		

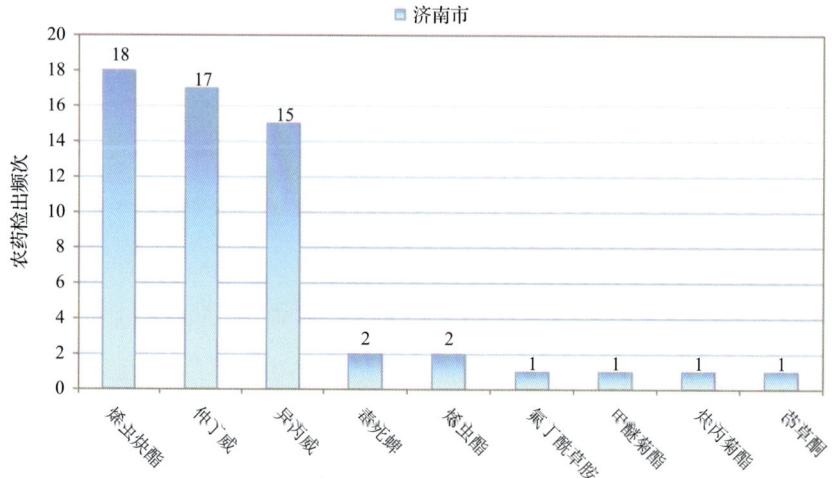

图 11-25 花茶样品检出农药品种和频次分析

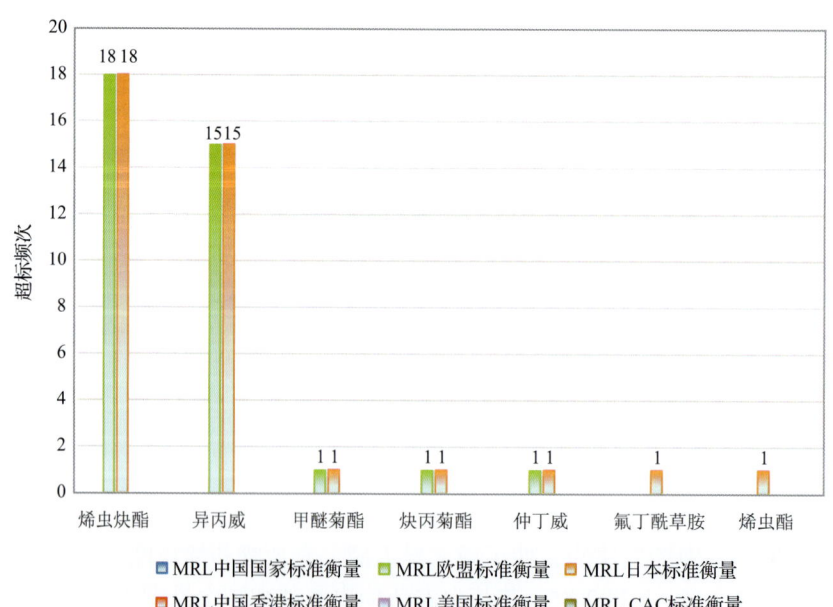

图 11-26 花茶样品中超标农药分析

表 11-21 花茶中农药残留超标情况明细表

样品总数		检出农药样品数	样品检出率(%)	检出农药品种总数
30		26	86.7	9
	超标农药品种	超标农药频次	按照 MRL 中国国家标准、欧盟标准和日本标准衡量超标农药名称及频次	
中国国家标准	0	0		
欧盟标准	5	36	烯虫炔酯(18)，异丙威(15)，甲醚菊酯(1)，炔丙菊酯(1)，仲丁威(1)	
日本标准	7	38	烯虫炔酯(18)，异丙威(15)，氟丁酰草胺(1)，甲醚菊酯(1)，炔丙菊酯(1)，烯虫酯(1)，仲丁威(1)	

11.4 初步结论

11.4.1 济南市市售茶叶按 MRL 中国国家标准和国际主要 MRL 标准衡量的合格率

本次侦测的 140 例样品中，12 例样品未检出任何残留农药，占样品总量的 8.6%，128 例样品检出不同水平、不同种类的残留农药，占样品总量的 91.4%。

按 MRL 中国国家标准衡量，有 124 例样品检出残留农药但含量没有超标，占样品总数的 88.6%，有 4 例样品检出了超标农药，占样品总数的 2.9%。

按 MRL 欧盟标准衡量，有 28 例样品检出残留农药但含量没有超标，占样品总数的 20.0%，有 100 例样品检出了超标农药，占样品总数的 71.4%。

按 MRL 日本标准衡量，有 26 例样品检出残留农药但含量没有超标，占样品总数的 18.6%，有 102 例样品检出了超标农药，占样品总数的 72.9%。

按 MRL 中国香港标准衡量，有 128 例样品检出残留农药但含量没有超标，占样品总数的 91.4%，无检出残留农药超标的样品。

按 MRL 美国标准衡量，有 128 例样品检出残留农药但含量没有超标，占样品总数的 91.4%，无检出残留农药超标的样品。

按 MRLCAC 标准衡量，有 128 例样品检出残留农药但含量没有超标，占样品总数的 91.4%，无检出残留农药超标的样品。

11.4.2 济南市市售茶叶中检出农药以中低微毒农药为主，占市场主体的 93.9%

这次侦测的 140 例茶叶样品共检出了 49 种农药，检出农药的毒性以中低微毒为主，详见表 11-22。

11.4.3 检出剧毒、高毒和禁用农药现象应该警醒

在此次侦测的 140 例样品中有 2 种茶叶的 21 例样品检出了 5 种 33 频次的剧毒和高毒或禁用农药，占样品总量的 15.0%。其中剧毒农药涕灭威以及高毒农药克百威和去异丙基莠去津检出频次较高。

表 11-22 市场主体农药毒性分布

毒性	检出品种	占比	检出频次	占比
剧毒农药	1	2.0%	12	2.2%
高毒农药	2	4.1%	15	2.8%
中毒农药	22	44.9%	248	45.8%
低毒农药	15	30.6%	138	25.5%
微毒农药	9	18.4%	128	23.7%

中低微毒农药，品种占比 93.9%，频次占比 95.0%

按 MRL 中国国家标准衡量，剧毒农药克百威，检出 14 次，超标 4 次；按超标程度比较，红茶中克百威超标 1.3 倍。

剧毒、高毒或禁用农药的检出情况及按照 MRL 中国国家标准衡量的超标情况见表 11-23。

表 11-23 剧毒、高毒或禁用农药的检出及超标明细

序号	农药名称	样品名称	检出频次	超标频次	最大超标倍数	超标率
1.1	涕灭威*▲	红茶	12	0	0	0.0%
2.1	去异丙基莠去津◇	红茶	1	0	0	0.0%
3.1	克百威◇▲	红茶	14	4	1.3	28.6%
4.1	毒死蜱▲	红茶	3	0	0	0.0%
4.2	毒死蜱▲	花茶	2	0	0	0.0%
5.1	硫丹▲	红茶	1	0	0	0.0%
合计			33	4		12.1%

注：表中*为剧毒农药；◇为高毒农药；▲为禁用农药；超标倍数参照 MRL 中国国家标准衡量

这些剧毒和高毒农药都是中国政府早有规定禁止在茶叶中使用的，为什么还屡次被检出，应该引起警惕。

11.4.4 残留限量标准与先进国家或地区差距较大

541 频次的检出结果与我国公布的《食品中农药最大残留限量》（GB 2763—2016）对比，有 91 频次能找到对应的 MRL 中国国家标准，占 16.8%；还有 450 频次的侦测数据无相关 MRL 标准供参考，占 83.2%。

与国际上现行 MRL 对比发现：

有 541 频次能找到对应的 MRL 欧盟标准，占 100.0%；

有 541 频次能找到对应的 MRL 日本标准，占 100.0%；

有 72 频次能找到对应的 MRL 中国香港标准，占 13.3%；

有 68 频次能找到对应的 MRL 美国标准，占 12.6%；

有 67 频次能找到对应的 MRL CAC 标准，占 12.4%。

由上可见，MRL 中国国家标准与先进国家或地区还有很大差距，我们无标准，境外

有标准,这就会导致我们在国际贸易中,处于受制于人的被动地位。

11.4.5 茶叶单种样品检出 9~40 种农药残留,拷问农药使用的科学性

通过此次监测发现,红茶、绿茶和花茶是检出农药品种最多的 3 种茶叶,从中检出农药品种及频次详见表 11-24。

表 11-24 单种样品检出农药品种及频次

样品名称	样品总数	检出农药样品数	检出率	检出农药品种数	检出农药(频次)
红茶	40	40	100.0%	40	烯虫酯(29),联苯菊酯(27),烯虫炔酯(27),异丙威(23),呋草黄(21),莠去通(19),扑灭通(17),克百威(14),甲醚菊酯(13),涕灭威(12),三唑酮(11),吡螨灵(9),毒草胺(9),炔丙菊酯(9),乙草胺(9),异丙草胺(9),解草腈(8),二苯胺(7),甲氰菊酯(7),氯氟氰菊酯(7),仲丁威(7),氟丙菊酯(6),甲萘威(6),戊草丹(6),甲草胺(5),噻嗪酮(5),威杀灵(4),毒死蜱(3),哒螨灵(2),克草敌(2),嘧霉胺(2),辛酰溴苯腈(2),唑虫酰胺(2),去异丙基莠去津(1),硫丹(1),绿麦隆(1),氯氰菊酯(1),三唑醇(1),双苯酰草胺(1),霜霉威(1)
绿茶	50	45	90.0%	17	联苯菊酯(24),,速灭威(15),氟丁酰草胺(10),氟唑菌酰胺(10),三唑醇(9),三唑酮(9),烯虫酯(5),异丙乐灵(5),甲氧苄氟菊酯(4),环草敌(3),戊草丹(3),呋嘧醇(2),辛酰溴苯腈(2),异丙威(2),氟丙菊酯(1),甲醚菊酯(1),炔丙菊酯(1)
花茶	30	26	86.7%	9	烯虫炔酯(18),仲丁威(17),异丙威(15),毒死蜱(2),烯虫酯(2),氟丁酰草胺(1),甲醚菊酯(1),炔丙菊酯(1),茚草酮(1)

上述 3 种茶叶,检出农药 9~40 种,是多种农药综合防治,还是未严格实施农业良好管理规范(GAP),抑或根本就是乱施药,值得我们思考。

第 12 章　GC-Q-TOF/MS 侦测济南市市售茶叶农药残留膳食暴露风险与预警风险评估

12.1　农药残留风险评估方法

12.1.1　济南市农药残留侦测数据分析与统计

庞国芳院士科研团队建立的农药残留高通量侦测技术以高分辨精确质量数(0.0001 m/z 为基准)为识别标准，采用 GC-Q-TOF/MS(GC 的数据改成 GC-Q-TOF/MS)技术对 648 种农药化学污染物进行侦测。

科研团队于 2019 年 2 月期间在济南市 14 个采样点，随机采集了 140 例茶叶样品，具体位置如图 12-1 所示。

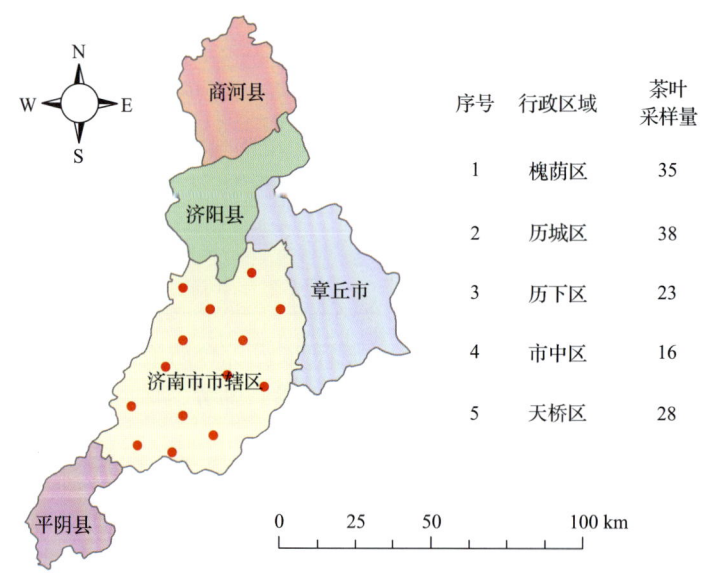

图 12-1　GC-Q-TOF/MS 侦测济南市 14 个采样点 140 例样品分布示意图

利用 GC-Q-TOF/MS 技术对 140 例样品中的农药进行侦测，侦测出残留农药 49 种，541 频次。侦测出农药残留水平如表 12-1 和图 12-2 所示。检出频次最高的前 10 种农药如表 12-2 所示。从检测结果中可以看出，在茶叶中农药残留普遍存在，且有些茶叶存在高浓度的农药残留，这些可能存在膳食暴露风险，对人体健康产生危害，因此，为了定量地评价茶叶中农药残留的风险程度，有必要对其进行风险评价。

表 12-1　侦测出农药的不同残留水平及其所占比例列表

残留水平(μg/kg)	检出频次	占比(%)
1~5(含)	50	9.2
5~10(含)	78	14.4
10~100(含)	383	70.8
100~1000(含)	30	5.6
合计	541	100

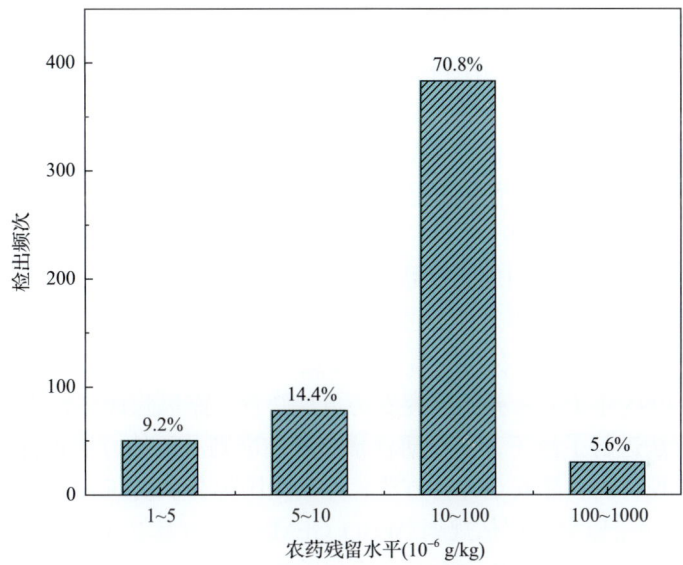

图 12-2　残留农药检出浓度频数分布图

表 12-2　检出频次最高的前 10 种农药列表

序号	农药	检出频次(次)
1	烯虫炔酯	54
2	异丙威	54
3	烯虫酯	53
4	霜霉威	31
5	三唑酮	26
6	仲丁威	24
7	呋草黄	21
8	莠去通	20
9	扑灭通	17
10	甲醚菊酯	15

12.1.2 农药残留风险评价模型

对济南市茶叶中农药残留分别开展暴露风险评估和预警风险评估。膳食暴露风险评估利用食品安全指数模型对茶叶中的残留农药对人体可能产生的危害程度进行评价，该模型结合残留监测和膳食暴露评估评价化学污染物的危害；预警风险评价模型运用风险系数(risk index，R)，风险系数综合考虑了危害物的超标率、施检频率及其本身敏感性的影响，能直观而全面地反映出危害物在一段时间内的风险程度。

12.1.2.1 食品安全指数模型

为了加强食品安全管理，《中华人民共和国食品安全法》第二章第十七条规定"国家建立食品安全风险评估制度，运用科学方法，根据食品安全风险监测信息、科学数据以及有关信息，对食品、食品添加剂、食品相关产品中生物性、化学性和物理性危害因素进行风险评估"[1]，膳食暴露评估是食品危险度评估的重要组成部分，也是膳食安全性的衡量标准[2]。国际上最早研究膳食暴露风险评估的机构主要是 JMPR(FAO、WHO 农药残留联合会议)，该组织自 1995 年就已制定了急性毒性物质的风险评估急性毒性农药残留摄入量的预测。1960 年美国规定食品中不得加入致癌物质进而提出零阈值理论，渐渐零阈值理论发展成在一定概率条件下可接受风险的概念[3]，后衍变为食品中每日允许最大摄入量(ADI)，而国际食品农药残留法典委员会(CCPR)认为 ADI 不是独立风险评估的唯一标准[4]，1995 年 JMPR 开始研究农药急性膳食暴露风险评估，并对食品国际短期摄入量的计算方法进行了修正，亦对膳食暴露评估准则及评估方法进行了修正[5]，2002 年，在对世界上现行的食品安全评价方法，尤其是国际公认的 CAC 评价方法、全球环境监测系统/食品污染监测和评估规划(WHO GEMS/Food)及 FAO、WHO 食品添加剂联合专家委员会(JECFA)和 JMPR 对食品安全风险评估工作研究的基础之上，检验检疫食品安全管理的研究人员提出了结合残留监控和膳食暴露评估，以食品安全指数 IFS 计算食品中各种化学污染物对消费者的健康危害程度[6]。IFS 是表示食品安全状态的新方法，可有效地评价某种农药的安全性，进而评价食品中各种农药化学污染物对消费者健康的整体危害程度[7,8]。从理论上分析，IFS_c 可指出食品中的污染物 c 对消费者健康是否存在危害及危害的程度[9]。其优点在于操作简单且结果容易被接受和理解，不需要大量的数据来对结果进行验证，使用默认的标准假设或者模型即可[10,11]。

1) IFS_c 的计算

IFS_c 计算公式如下：

$$IFS_c = \frac{EDI_c \times f}{SI_c \times bw} \qquad (12\text{-}1)$$

式中，c 为所研究的农药；EDI_c 为农药 c 的实际日摄入量估算值，等于 $\sum(R_i \times F_i \times E_i \times P_i)$ (i 为食品种类；R_i 为食品 i 中农药 c 的残留水平，mg/kg；F_i 为食品 i 的估计日消费量，g/(人·天)；E_i 为食品 i 的可食用部分因子；P_i 为食品 i 的加工处理因子)；SI_c 为安全摄入量，可采用每日允许最大摄入量 ADI；bw 为人平均体重，kg；f 为校正因子，如果安全摄入量采用 ADI，则 f 取 1。

$IFS_c \ll 1$，农药 c 对食品安全没有影响；$IFS_c \leq 1$，农药 c 对食品安全的影响可以接受；$IFS_c > 1$，农药 c 对食品安全的影响不可接受。

本次评价中：

$IFS_c \leq 0.1$，农药 c 对茶叶安全没有影响；

$0.1 < IFS_c \leq 1$，农药 c 对茶叶安全的影响可以接受；

$IFS_c > 1$，农药 c 对茶叶安全的影响不可接受。

本次评价中残留水平 R_i 取值为中国检验检疫科学研究院庞国芳院士课题组利用以高分辨精确质量数（0.0001 m/z）为基准的 GC-Q-TOF/MS 侦测技术于 2019 年 2 月期间对济南市茶叶农药残留的侦测结果，估计日消费量 F_i 取值 0.0047 kg/(人·天)，$E_i=1$，$P_i=1$，$f=1$，SI_c 采用《食品安全国家标准 食品中农药最大残留限量》(GB 2763—2016) 中 ADI 值（具体数值见表 12-3），人平均体重(bw)取值 60 kg。

表 12-3 济南市茶叶中侦测出农药的 ADI 值

序号	农药	ADI	序号	农药	ADI	序号	农药	ADI
1	异丙威	0.002	18	仲丁威	0.06	35	扑灭通	—
2	克百威	0.001	19	硫丹	0.006	36	氟丁酰草胺	—
3	联苯菊酯	0.01	20	氯氰菊酯	0.02	37	氟丙菊酯	—
4	三唑酮	0.03	21	毒草胺	0.54	38	氟唑菌酰胺	—
5	涕灭威	0.003	22	二苯胺	0.08	39	炔丙菊酯	—
6	甲草胺	0.01	23	绿麦隆	0.04	40	烯虫炔酯	—
7	异丙草胺	0.013	24	氟氯氰菊酯	0.04	41	烯虫酯	—
8	乙草胺	0.02	25	霜霉威	0.4	42	特丁通	—
9	噻嗪酮	0.009	26	嘧霉胺	0.2	43	环草敌	—
10	辛酰溴苯腈	0.015	27	克草敌	—	44	甲氧苄氟菊酯	—
11	毒死蜱	0.01	28	双苯酰草胺	—	45	甲醚菊酯	—
12	甲萘威	0.008	29	吡喃灵	—	46	苘草酮	—
13	三唑醇	0.03	30	呋嘧醇	—	47	莠去通	—
14	甲氰菊酯	0.03	31	呋草黄	—	48	解草腈	—
15	氯氟氰菊酯	0.02	32	威杀灵	—	49	速灭威	—
16	唑虫酰胺	0.006	33	异丙乐灵	—			
17	哒螨灵	0.01	34	戊草丹	—			

注："—"表示为国家标准中无 ADI 值规定；ADI 值单位为 mg/kg bw

2) 计算 IFS_c 的平均值 $\overline{IFS}$，评价农药对食品安全的影响程度

以 $\overline{IFS}$ 评价各种农药对人体健康危害的总程度，评价模型见公式(12-2)。

$$\overline{\text{IFS}} = \frac{\sum_{i=1}^{n} \text{IFS}_c}{n} \tag{12-2}$$

$\overline{\text{IFS}} \ll 1$，所研究消费者人群的食品安全状态很好；$\overline{\text{IFS}} \leqslant 1$，所研究消费者人群的食品安全状态可以接受；$\overline{\text{IFS}} > 1$，所研究消费者人群的食品安全状态不可接受。

本次评价中：

$\overline{\text{IFS}} \leqslant 0.1$，所研究消费者人群的茶叶安全状态很好；

$0.1 < \overline{\text{IFS}} \leqslant 1$，所研究消费者人群的茶叶安全状态可以接受；

$\overline{\text{IFS}} > 1$，所研究消费者人群的茶叶安全状态不可接受。

12.1.2.2 预警风险评估模型

2003年，我国检验检疫食品安全管理的研究人员根据WTO的有关原则和我国的具体规定，结合危害物本身的敏感性、风险程度及其相应的施检频率，首次提出了食品中危害物风险系数 R 的概念[12]。R 是衡量一个危害物的风险程度大小最直观的参数，即在一定时期内其超标率或阳性检出率的高低，但受其施检频率的高低及其本身的敏感性（受关注程度）影响。该模型综合考察了农药在茶叶中的超标率、施检频率及其本身敏感性，能直观而全面地反映出农药在一段时间内的风险程度[13]。

1) R 计算方法

危害物的风险系数综合考虑了危害物的超标率或阳性检出率、施检频率和其本身的敏感性影响，并能直观而全面地反映出危害物在一段时间内的风险程度。风险系数 R 的计算公式如式(12-3)：

$$R = aP + \frac{b}{F} + S \tag{12-3}$$

式中，P 为该种危害物的超标率；F 为危害物的施检频率；S 为危害物的敏感因子；a, b 分别为相应的权重系数。

本次评价中 $F=1$；$S=1$；$a=100$；$b=0.1$，对参数 P 进行计算，计算时首先判断是否为禁用农药，如果为非禁用农药，$P=$ 超标的样品数（侦测出的含量高于食品最大残留限量标准值，即 MRL）除以总样品数（包括超标、不超标、未侦测出）；如果为禁用农药，则侦测出即为超标，$P=$ 能侦测出的样品数除以总样品数。判断济南市茶叶农药残留是否超标的标准限值 MRL 分别以 MRL 中国国家标准[14]和 MRL 欧盟标准作为对照，具体值列于本报告附表一中。

2) 评价风险程度

$R \leqslant 1.5$，受检农药处于低度风险；

$1.5 < R \leqslant 2.5$，受检农药处于中度风险；

$R > 2.5$，受检农药处于高度风险。

12.1.2.3 食品膳食暴露风险和预警风险评估应用程序的开发

1) 应用程序开发的步骤

为成功开发膳食暴露风险和预警风险评估应用程序，与软件工程师多次沟通讨论，逐步提出并描述清楚计算需求，开发了初步应用程序。为明确出不同茶叶、不同农药、不同地域和不同季节的风险水平，向软件工程师提出不同的计算需求，软件工程师对计算需求进行逐一地分析，经过反复的细节沟通，需求分析得到明确后，开始进行解决方案的设计，在保证需求的完整性、一致性的前提下，编写出程序代码，最后设计出满足需求的风险评估专用计算软件，并通过一系列的软件测试和改进，完成专用程序的开发。软件开发基本步骤见图12-3。

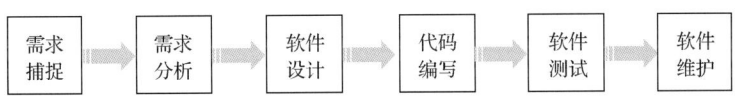

图 12-3 专用程序开发总体步骤

2) 膳食暴露风险评估专业程序开发的基本要求

首先直接利用公式(12-1)，分别计算 LC-Q-TOF/MS 和 GC-Q-TOF/MS 仪器侦测出的各茶叶样品中每种农药 IFS_c，将结果列出。为考察超标农药和禁用农药的使用安全性，分别以我国《食品安全国家标准 食品中农药最大残留限量》(GB 2763—2016)和欧盟食品中农药最大残留限量(以下简称 MRL 中国国家标准和 MRL 欧盟标准)为标准，对侦测出的禁用农药和超标的非禁用农药 IFS_c 单独进行评价；按 IFS_c 大小列表，并找出 IFS_c 值排名前 20 的样本重点关注。

对不同茶叶 i 中每一种侦测出的农药 c 的安全指数进行计算，多个样品时求平均值，按农药种类，计算整个监测时间段内每种农药的 IFS_c，不区分茶叶种类。

3) 预警风险评估专业程序开发的基本要求

分别以 MRL 中国国家标准和 MRL 欧盟标准，按公式(12-3)逐个计算不同茶叶、不同农药的风险系数，禁用农药和非禁用农药分别列表。

为清楚了解各种农药的预警风险，不分时间，不分茶叶，按禁用农药和非禁用农药分类，分别计算各种侦测出农药全部检测时段内风险系数。由于有 MRL 中国国家标准的农药种类太少，无法计算超标数，非禁用农药的风险系数只以 MRL 欧盟标准为标准，进行计算。

4) 风险程度评价专业应用程序的开发方法

采用 Python 计算机程序设计语言，Python 是一个高层次地结合了解释性、编译性、互动性和面向对象的脚本语言。风险评价专用程序主要功能包括：分别读入每例样品 LC-Q-TOF/MS 和 GC-Q-TOF/MS 农药残留检测数据，根据风险评价工作要求，依次对不同农药、不同食品、不同时间、不同采样点的 IFS_c 值和 R 值分别进行数据计算，筛选出禁用农药、超标农药(分别与 MRL 中国国家标准、MRL 欧盟标准限值进行对比)单独重点分析，再分别对各农药、各茶叶种类分类处理，设计出计算和排序程序，编写计算机代码,最后将生成的膳食暴露风险评估和超标风险评估定量计算结果列入设计好的各个表格中,并定性判断风险对目标的影响程度,直接用文字描述风险发生的高低,如"不可接受"、"可以接受"、"没有影响"、"高度风险"、"中度风险"、"低度风险"。

12.2 GC-Q-TOF/MS 侦测济南市市售茶叶农药残留膳食暴露风险评估

12.2.1 每例茶叶样品中农药残留安全指数分析

基于2019年2月的农药残留侦测数据,发现在140例样品中侦测出农药541频次,计算样品中每种残留农药的安全指数 IFS_c,并分析农药对样品安全的影响程度,结果详见附表二,农药残留对茶叶样品安全的影响程度频次分布情况如图12-4所示。

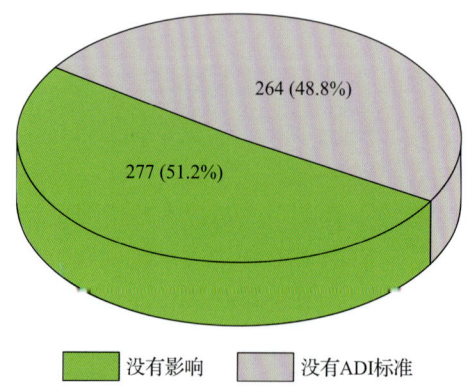

图 12-4 农药残留对茶叶样品安全的影响程度频次分布图

由图12-4可以看出,农药残留对样品安全的没有影响的频次为277,占51.20%。

部分样品侦测出禁用农药4种32频次,为了明确残留的禁用农药对样品安全的影响,分析侦测出禁用农药残留的样品安全指数,禁用农药残留对茶叶样品安全的影响程度频次分布情况如图12-5所示,农药残留对样品安全没有影响的频次为32,占100%。

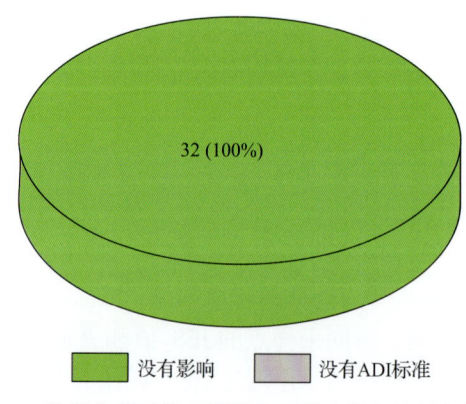

图 12-5 禁用农药对茶叶样品安全影响程度的频次分布图

此外，本次侦测发现部分样品中非禁用农药残留量超过了 MRL 中国国家标准和欧盟标准，为了明确超标的非禁用农药对样品安全的影响，分析了非禁用农药残留超标的样品安全指数。

残留量超过 MRL 欧盟标准的非禁用农药对茶叶样品安全的影响程度频次分布情况如图 12-6 所示。可以看出超过 MRL 欧盟标准的非禁用农药共 258 频次，其中农药没有 ADI 的频次为 193，占 74.81%；农药残留对样品安全没有影响的频次为 65，占 25.19%。表 12-4 为茶叶样品中安全指数排名前 10 的残留超标非禁用农药列表。

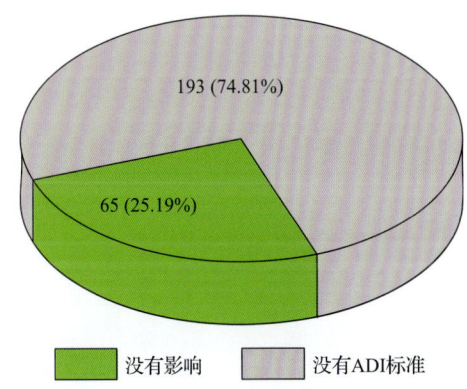

图 12-6 残留超标的非禁用农药对茶叶样品安全的影响程度频次分布图（MRL 欧盟标准）

表 12-4 茶叶样品中安全指数排名前 10 的残留超标非禁用农药列表（MRL 欧盟标准）

序号	样品编号	采样点	基质	农药	含量(mg/kg)	欧盟标准	IFS_c	影响程度
1	20190213-370100-AHCIQ-FT-01C	***超市（和谐广场店）	花茶	异丙威	0.24	0.01	0.0094	没有影响
2	20190213-370100-AHCIQ-BT-05A	***超市（洪楼店）	红茶	异丙威	0.1409	0.01	0.0055	没有影响
3	20190213-370100-AHCIQ-BT-05B	***超市（洪楼店）	红茶	异丙威	0.0911	0.01	0.0036	没有影响
4	20190214-370100-AHCIQ-OT-09D	***超市（泉城路分店）	乌龙茶	异丙威	0.0713	0.01	0.0028	没有影响
5	20190214-370100-AHCIQ-BT-11B	***茶庄	红茶	异丙威	0.0536	0.01	0.0021	没有影响
6	20190213-370100-AHCIQ-OT-02A	***茶庄	乌龙茶	异丙威	0.0472	0.01	0.0018	没有影响
7	20190213-370100-AHCIQ-BT-04A	***超市（洪楼店）	红茶	甲草胺	0.2272	0.05	0.0018	没有影响
8	20190213-370100-AHCIQ-BT-03B	***茶庄（济南分店）	红茶	异丙威	0.0431	0.01	0.0017	没有影响
9	20190213-370100-AHCIQ-BT-04A	***超市（洪楼店）	红茶	异丙草胺	0.2421	0.05	0.0015	没有影响
10	20190213-370100-AHCIQ-GT-06D	***茶庄	绿茶	三唑酮	0.5555	0.05	0.0014	没有影响

12.2.2 单种茶叶中农药残留安全指数分析

本次 4 种茶叶侦测 49 种农药，检出频次为 541 次，其中 23 种农药没有 ADI，26 种农药存在 ADI 标准。4 种茶叶按不同种类分别计算侦测出的具有 ADI 标准的各种农药的

IFS$_c$ 值，农药残留对茶叶的安全指数分布图如图 12-7 所示。

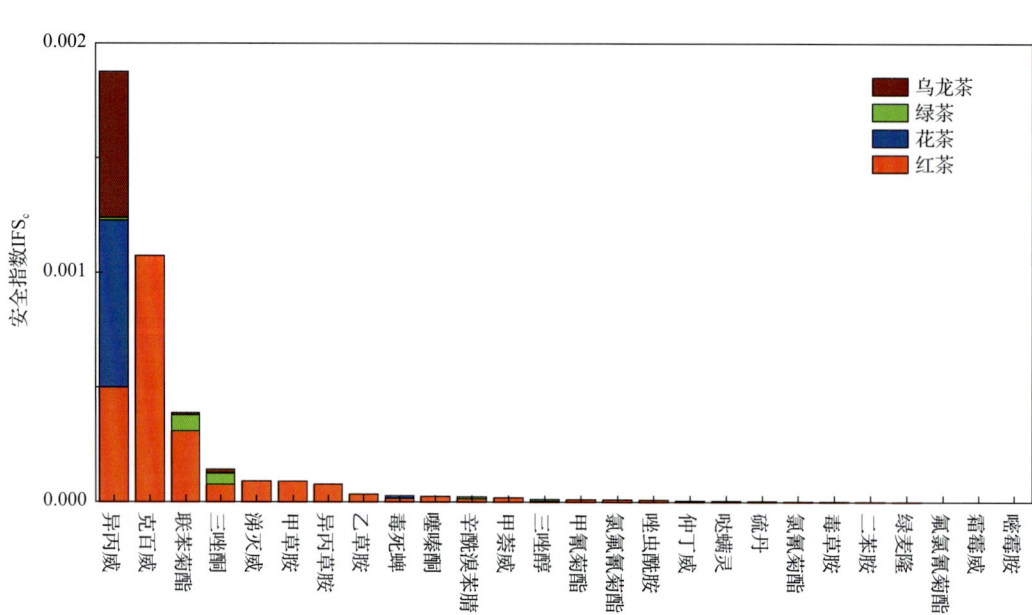

图 12-7　4 种茶叶中 26 种残留农药的安全指数分布图

本次侦测中，4 种茶叶和 49 种残留农药(包括没有 ADI)共涉及 75 个分析样本，农药对单种茶叶安全的影响程度分布情况如图 12-8 所示。可以看出，49.33%的样本中农药对茶叶安全没有影响，

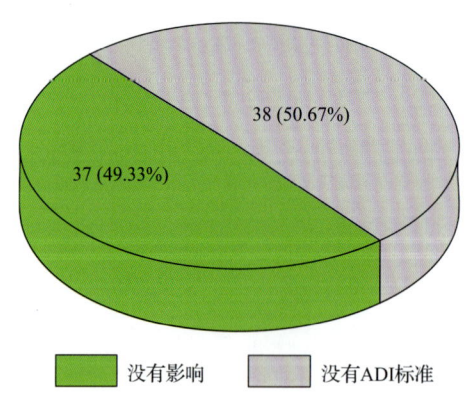

图 12-8　75 个分析样本的影响程度频次分布图

12.2.3　所有茶叶中农药残留安全指数分析

计算所有茶叶中 26 种农药的 IFS$_c$ 值，结果如图 12-9 及表 12-5 所示。

分析发现，所有的农药对茶叶安全的影响程度均为没有影响，说明茶叶中残留的农药不会对茶叶安全造成影响。

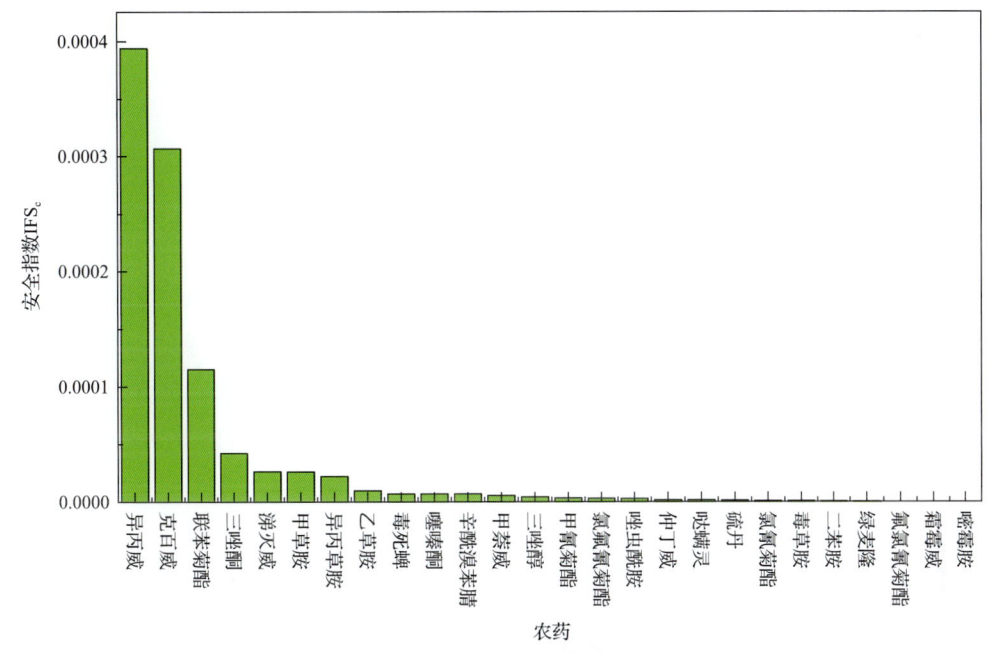

图 12-9　26 种残留农药对茶叶的安全影响程度统计图

表 12-5　茶叶中 26 种农药残留的安全指数表

序号	农药	检出频次	检出率(%)	IFS$_c$	影响程度	序号	农药	检出频次	检出率(%)	IFS$_c$	影响程度
1	异丙威	54	0.39	3.94×10^{-4}	没有影响	14	甲氰菊酯	7	0.05	3.34×10^{-6}	没有影响
2	克百威	14	0.10	3.07×10^{-4}	没有影响	15	氯氟氰菊酯	7	0.05	2.87×10^{-6}	没有影响
3	联苯菊酯	53	0.38	1.15×10^{-4}	没有影响	16	唑虫酰胺	2	0.01	2.63×10^{-6}	没有影响
4	三唑酮	26	0.19	4.21×10^{-5}	没有影响	17	哒螨灵	2	0.01	1.47×10^{-6}	没有影响
5	涕灭威	12	0.09	2.63×10^{-5}	没有影响	18	仲丁威	24	0.17	1.44×10^{-6}	没有影响
6	甲草胺	5	0.04	2.61×10^{-5}	没有影响	19	硫丹	1	0.01	1.12×10^{-6}	没有影响
7	异丙草胺	9	0.06	2.20×10^{-5}	没有影响	20	氯氰菊酯	1	0.01	7.44×10^{-7}	没有影响
8	乙草胺	9	0.06	9.60×10^{-6}	没有影响	21	毒草胺	9	0.06	7.13×10^{-7}	没有影响
9	噻嗪酮	5	0.04	7.60×10^{-6}	没有影响	22	二苯胺	7	0.05	5.21×10^{-7}	没有影响
10	辛酰溴苯腈	4	0.03	6.94×10^{-6}	没有影响	23	绿麦隆	1	0.01	2.22×10^{-7}	没有影响
11	毒死蜱	5	0.04	6.97×10^{-6}	没有影响	24	氟氯氰菊酯	1	0.01	1.67×10^{-7}	没有影响
12	甲萘威	6	0.04	5.35×10^{-6}	没有影响	25	霜霉威	1	0.01	4.60×10^{-8}	没有影响
13	三唑醇	10	0.07	4.15×10^{-6}	没有影响	26	嘧霉胺	2	0.01	2.13×10^{-8}	没有影响

12.3　GC-Q-TOF/MS 侦测济南市市售茶叶农药残留预警风险评估

基于济南市茶叶样品中农药残留 GC-Q-TOF/MS 侦测数据，分析禁用农药的检出率，同时参照中华人民共和国国家标准 GB 2763—2016 和欧盟农药最大残留限量(MRL)标准分析非禁用农药残留的超标率，并计算农药残留风险系数。分析单种茶叶中农药残留以及所有茶叶中农药残留的风险程度。

12.3.1 单种茶叶中农药残留风险系数分析

12.3.1.1 单种茶叶中禁用农药残留风险系数分析

侦测出的 49 种残留农药中有 4 种为禁用农药，且它们分布在 2 种茶叶中，计算 2 种茶叶中禁用农药的检出率，根据检出率计算风险系数 R，进而分析茶叶中禁用农药的风险程度，结果如图 12-10 与表 12-6 所示。分析发现 4 种禁用农药在 2 种茶叶中的残留处均于高度风险。

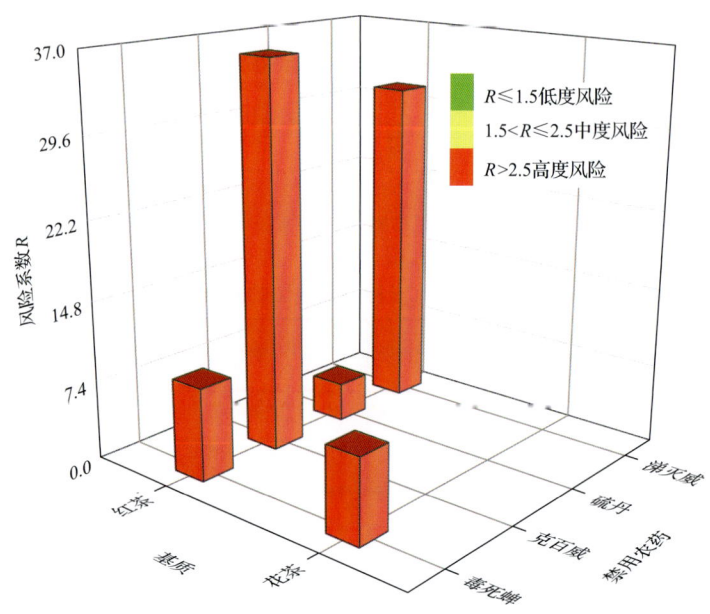

图 12-10　2 种茶叶中 4 种禁用农药残留的风险系数

表 12-6　2 种茶叶中 4 种禁用农药残留的风险系数表

序号	基质	农药	检出频次	检出率(%)	风险系数 R	风险程度
1	红茶	克百威	14	0.35	36.1	高度风险
2	红茶	涕灭威	12	0.3	31.1	高度风险
3	红茶	毒死蜱	3	0.075	8.6	高度风险
4	花茶	毒死蜱	2	0.06	7.8	高度风险
5	红茶	硫丹	1	0.025	3.6	高度风险

12.3.1.2 基于 MRL 中国国家标准的单种茶叶中非禁用农药残留风险系数分析

参照中华人民共和国国家标准 GB 2763—2016 中农药残留限量计算每种茶叶中每种

非禁用农药的超标率，进而计算其风险系数，根据风险系数大小判断残留农药的预警风险程度，茶叶中非禁用农药残留风险程度分布情况如图 12-11 所示。

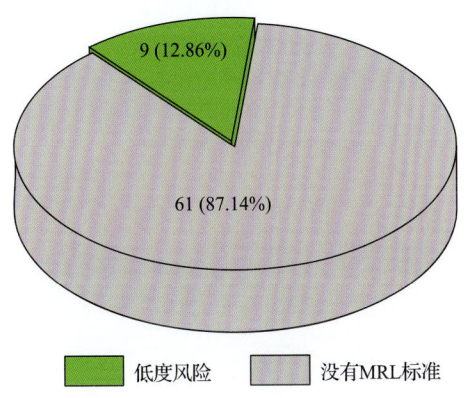

图 12-11　茶叶中非禁用农药残留的风险程度分布图（MRL 中国国家标准）

本次分析中，发现在 4 种茶叶检出 45 种残留非禁用农药，涉及样本 70 个，在 70 个样本中，12.86%处于低度风险，此外发现有 61 个样本没有 MRL 中国国家标准值，无法判断其风险程度，有 MRL 中国国家标准值的 9 个样本涉及 3 种茶叶中的 7 种非禁用农药，其风险系数 R 值如图 12-12 所示。

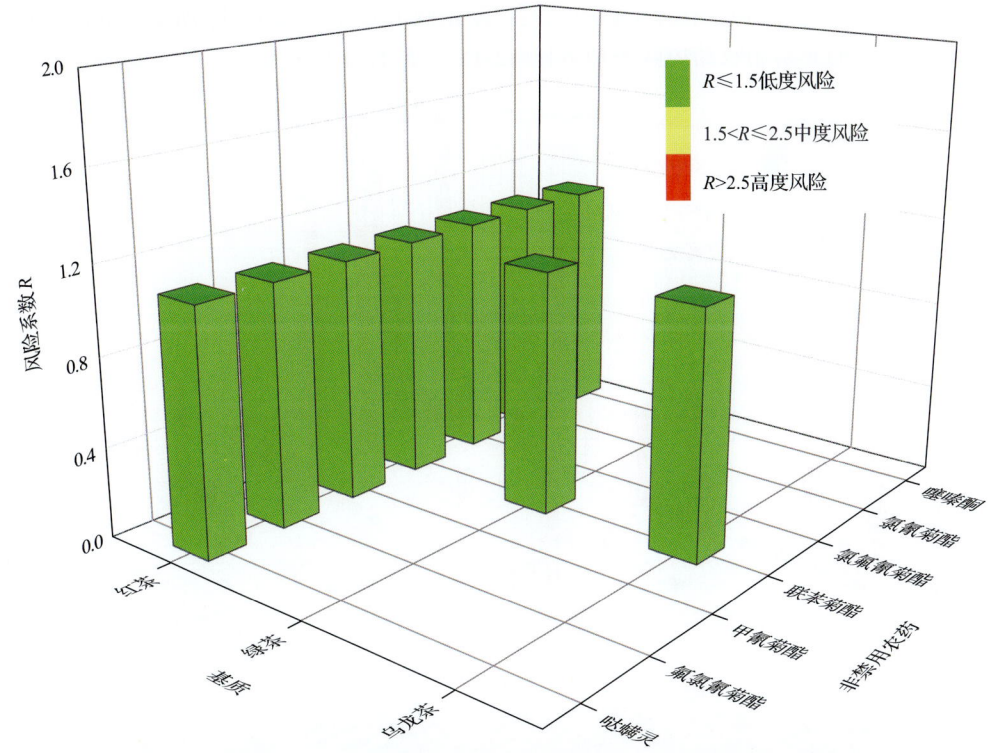

图 12-12　4 种茶叶中 45 种非禁用农药的风险系数分布图（MRL 中国国家标准）

12.3.1.3 基于 MRL 欧盟标准的单种茶叶中非禁用农药残留风险系数分析

参照 MRL 欧盟标准计算每种茶叶中每种非禁用农药的超标率，进而计算其风险系数，根据风险系数大小判断农药残留的预警风险程度，茶叶中非禁用农药残留风险程度分布情况如图 12-13 所示。

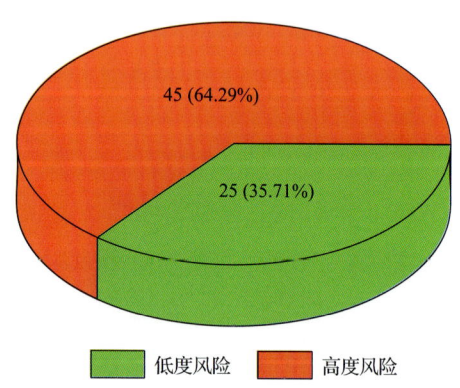

图 12-13　4 种茶叶中 45 种非禁用农药残留的风险程度分布图(MRL 欧盟标准)

本次分析中，发现在 4 种茶叶中共侦测出 45 种非禁用农药，涉及样本 70 个，其中，64.29%处于高度风险，涉及 4 种茶叶和 29 种农药；35.71%处于低度风险，涉及 4 种茶叶和 20 种农药。单种茶叶中的非禁用农药风险系数分布图如图 12-14 所示。单种茶叶中处于高度风险的非禁用农药风险系数如图 12-15 和表 12-7 所示。

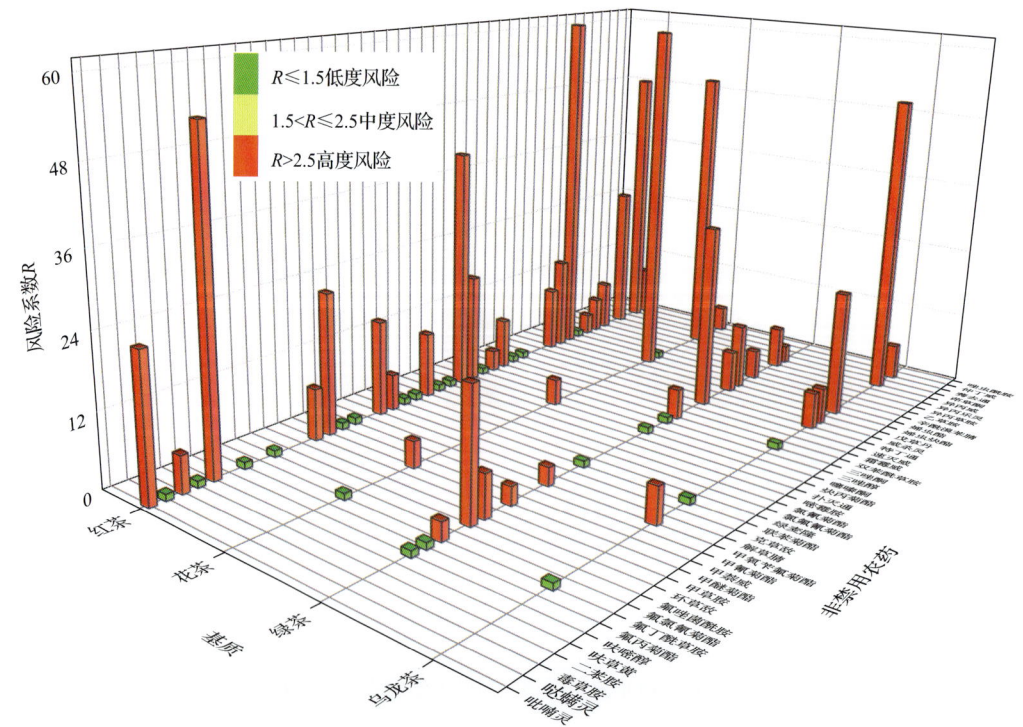

图 12-14　4 种茶叶中 45 种非禁用农药残留的风险系数(MRL 欧盟标准)

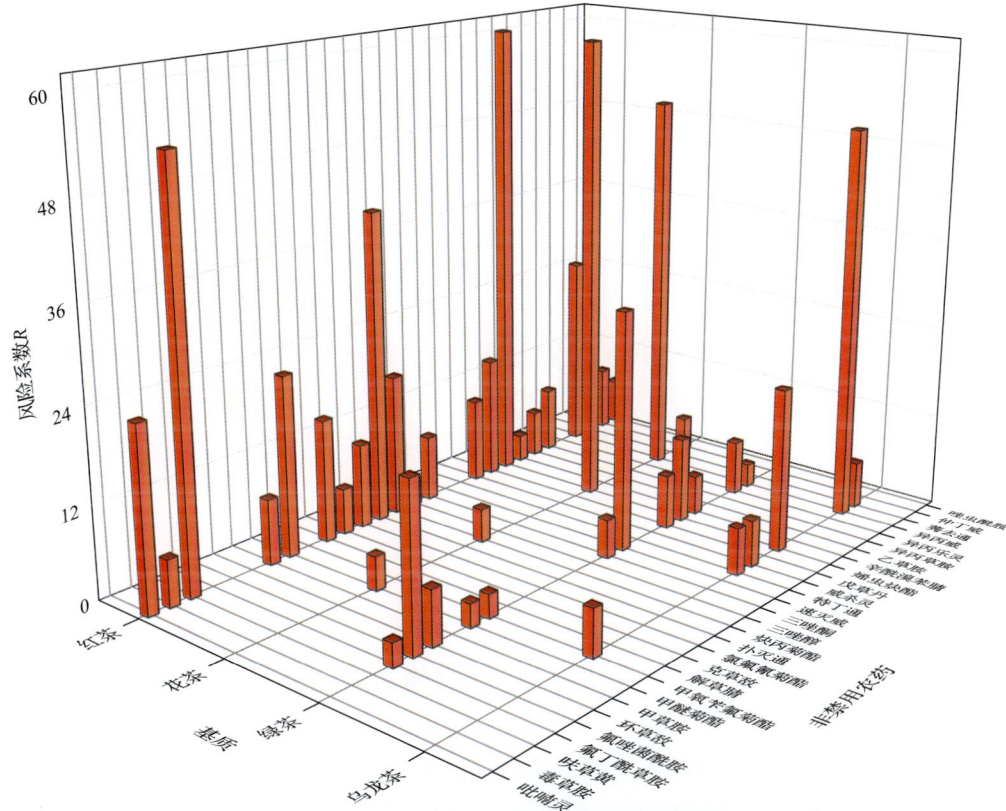

图 12-15 单种茶叶中处于高度风险的非禁用农药的风险系数分布图(MRL 欧盟标准)

表 12-7 单种茶叶中处于高度风险的非禁用农药的风险系数表(MRL 欧盟标准)

序号	基质	农药	超标频次	超标率 $P(\%)$	风险系数 R	风险程度
1	红茶	烯虫炔酯	24	0.6	61.1	高度风险
2	花茶	烯虫炔酯	18	0.6	61.1	高度风险
3	红茶	呋草黄	21	0.525	53.6	高度风险
4	乌龙茶	异丙威	10	0.5	51.1	高度风险
5	花茶	异丙威	15	0.5	51.1	高度风险
6	红茶	莠去通	19	0.475	48.6	高度风险
7	红茶	扑灭通	16	0.4	41.1	高度风险
8	绿茶	速灭威	15	0.3	31.1	高度风险
9	红茶	异丙威	10	0.25	26.1	高度风险
10	红茶	吡喃灵	9	0.225	23.6	高度风险
11	红茶	甲醚菊酯	9	0.225	23.6	高度风险
12	乌龙茶	烯虫炔酯	4	0.2	21.1	高度风险

续表

序号	基质	农药	超标频次	超标率 P(%)	风险系数 R	风险程度
13	绿茶	氟唑菌酰胺	10	0.2	21.1	高度风险
14	红茶	炔丙菊酯	7	0.175	18.6	高度风险
15	红茶	戊草丹	6	0.15	16.1	高度风险
16	红茶	解草腈	6	0.15	16.1	高度风险
17	红茶	威杀灵	4	0.1	11.1	高度风险
18	红茶	氯氟氰菊酯	4	0.1	11.1	高度风险
19	绿茶	烯虫炔酯	5	0.1	11.1	高度风险
20	红茶	三唑酮	3	0.075	8.6	高度风险
21	红茶	仲丁威	3	0.075	8.6	高度风险
22	红茶	异丙草胺	3	0.075	8.6	高度风险
23	红茶	甲草胺	3	0.075	8.6	高度风险
24	绿茶	异丙乐灵	3	0.06	7.1	高度风险
25	绿茶	戊草丹	3	0.06	7.1	高度风险
26	绿茶	环草敌	3	0.06	7.1	高度风险
27	乌龙茶	威杀灵	1	0.05	6.1	高度风险
28	乌龙茶	特丁通	1	0.05	6.1	高度风险
29	乌龙茶	甲氧苄氟菊酯	1	0.05	6.1	高度风险
30	乌龙茶	莠去通	1	0.05	6.1	高度风险
31	红茶	乙草胺	2	0.05	6.1	高度风险
32	红茶	克草敌	2	0.05	6.1	高度风险
33	红茶	唑虫酰胺	2	0.05	6.1	高度风险
34	红茶	毒草胺	2	0.05	6.1	高度风险
35	绿茶	三唑酮	2	0.04	5.1	高度风险
36	绿茶	辛酰溴苯腈	2	0.04	5.1	高度风险
37	花茶	仲丁威	1	0.03	4.4	高度风险
38	花茶	炔丙菊酯	1	0.03	4.4	高度风险
39	花茶	甲醚菊酯	1	0.03	4.4	高度风险
40	红茶	三唑醇	1	0.025	3.6	高度风险
41	红茶	辛酰溴苯腈	1	0.025	3.6	高度风险
42	绿茶	异丙威	1	0.02	3.1	高度风险
43	绿茶	氟丁酰草胺	1	0.02	3.1	高度风险
44	绿茶	甲氧苄氟菊酯	1	0.02	3.1	高度风险
45	绿茶	甲醚菊酯	1	0.02	3.1	高度风险

12.3.2 所有茶叶中农药残留风险系数分析

12.3.2.1 所有茶叶中禁用农药残留风险系数分析

在侦测出的 49 种农药中有 4 种为禁用农药,计算所有茶叶中禁用农药的风险系数,结果如表 12-8 所示。禁用农药克百威、毒死蜱和涕灭威处于高度风险,禁用农药硫丹处于中度风险。

表 12-8 茶叶中 4 种禁用农药的风险系数表

序号	农药	检出频次	检出率(%)	风险系数 R	风险程度
1	克百威	14	10.00	11.10	高度风险
2	涕灭威	12	8.57	9.67	高度风险
3	毒死蜱	5	3.57	4.67	高度风险
4	硫丹	1	0.72	1.81	中度风险

12.3.2.2 所有茶叶中非禁用农药残留风险系数分析

参照 MRL 欧盟标准计算所有茶叶中每种非禁用农药残留的风险系数,如图 12-16 与表 12-9 所示。在侦测出的 45 种非禁用农药中,26 种农药(57.78%)残留处于高度风险,3 种农药(6.67%)残留处于中度风险,16 种农药(35.55%)残留处于低度风险。

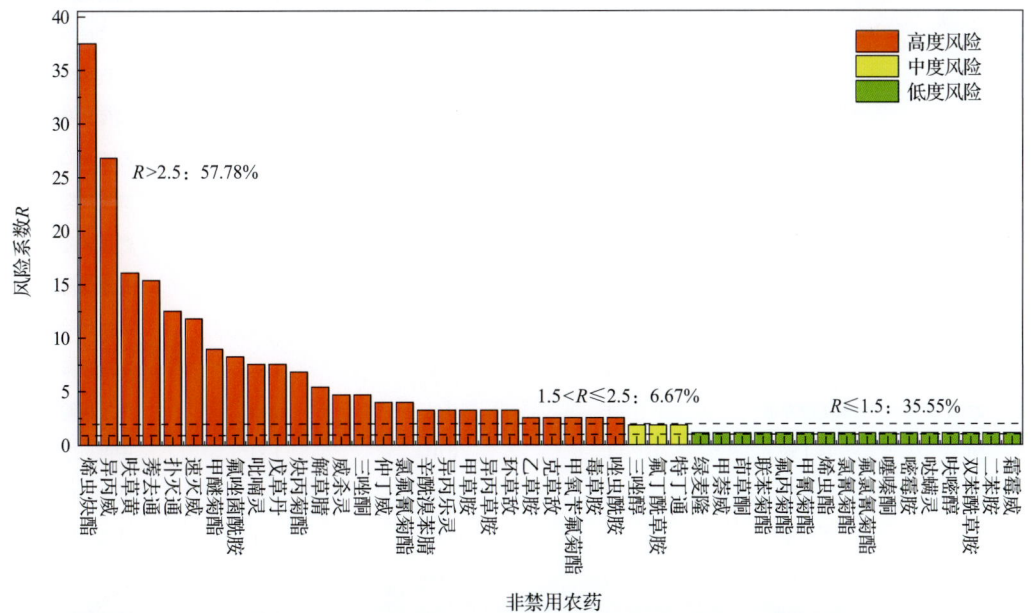

图 12-16 茶叶中 45 种非禁用农药的风险程度统计图

表 12-9　茶叶中 45 种非禁用农药的风险系数表

序号	农药	超标频次	超标率 P(%)	风险系数 R	风险程度
1	烯虫炔酯	51	0.36	37.53	高度风险
2	异丙威	36	0.26	26.81	高度风险
3	呋草黄	21	0.15	16.10	高度风险
4	莠去通	20	0.14	15.39	高度风险
5	扑灭通	16	0.11	12.53	高度风险
6	速灭威	15	0.11	11.81	高度风险
7	甲醚菊酯	11	0.08	8.96	高度风险
8	氟唑菌酰胺	10	0.07	8.24	高度风险
9	吡喃灵	9	0.06	7.53	高度风险
10	戊草丹	9	0.06	7.53	高度风险
11	炔丙菊酯	8	0.06	6.81	高度风险
12	解草腈	6	0.04	5.39	高度风险
13	威杀灵	5	0.04	4.67	高度风险
14	三唑酮	5	0.04	4.67	高度风险
15	仲丁威	4	0.03	3.96	高度风险
16	氯氟氰菊酯	4	0.03	3.96	高度风险
17	辛酰溴苯腈	3	0.02	3.24	高度风险
18	异丙乐灵	3	0.02	3.24	高度风险
19	甲草胺	3	0.02	3.24	高度风险
20	异丙草胺	3	0.02	3.24	高度风险
21	环草敌	3	0.02	3.24	高度风险
22	乙草胺	2	0.01	2.53	高度风险
23	克草敌	2	0.01	2.53	高度风险
24	甲氧苄氟菊酯	2	0.01	2.53	高度风险
25	毒草胺	2	0.01	2.53	高度风险
26	唑虫酰胺	2	0.01	2.53	高度风险
27	三唑醇	1	0.01	1.81	中度风险
28	氟丁酰草胺	1	0.01	1.81	中度风险
29	特丁通	1	0.01	1.81	中度风险
30	绿麦隆	0	0.00	1.10	低度风险
31	甲萘威	0	0.00	1.10	低度风险
32	茚草酮	0	0.00	1.10	低度风险
33	联苯菊酯	0	0.00	1.10	低度风险
34	氟丙菊酯	0	0.00	1.10	低度风险
35	甲氰菊酯	0	0.00	1.10	低度风险

续表

序号	农药	超标频次	超标率 $P(\%)$	风险系数 R	风险程度
36	烯虫酯	0	0.00	1.10	低度风险
37	氯氰菊酯	0	0.00	1.10	低度风险
38	氟氯氰菊酯	0	0.00	1.10	低度风险
39	噻嗪酮	0	0.00	1.10	低度风险
40	嘧霉胺	0	0.00	1.10	低度风险
41	哒螨灵	0	0.00	1.10	低度风险
42	呋嘧醇	0	0.00	1.10	低度风险
43	双苯酰草胺	0	0.00	1.10	低度风险
44	二苯胺	0	0.00	1.10	低度风险
45	霜霉威	0	0.00	1.10	低度风险

12.4 GC-Q-TOF/MS 侦测济南市市售茶叶农药残留风险评估结论与建议

农药残留是影响茶叶安全和质量的主要因素，也是我国食品安全领域备受关注的敏感话题和亟待解决的重大问题之一[15,16]。各种茶叶均存在不同程度的农药残留现象，本研究主要针对济南市各类茶叶存在的农药残留问题，基于2019年2月对济南市140例茶叶样品中农药残留侦测得出的541个侦测结果，分别采用食品安全指数模型和风险系数模型，开展茶叶中农药残留的膳食暴露风险和预警风险评估。茶叶样品取自超市和茶叶专营店，符合大众的膳食来源，风险评价时更具有代表性和可信度。

本研究力求通用简单地反映食品安全中的主要问题，且为管理部门和大众容易接受，为政府及相关管理机构建立科学的食品安全信息发布和预警体系提供科学的规律与方法，加强对农药残留的预警和食品安全重大事件的预防，控制食品风险。

12.4.1 济南市茶叶中农药残留膳食暴露风险评价结论

1) 茶叶样品中农药残留安全状态评价结论

采用食品安全指数模型，对2019年2月期间济南市茶叶食品农药残留膳食暴露风险进行评价，根据 IFS_c 的计算结果发现，茶叶中农药的 $\overline{IFS}$ 为 3.8×10^{-5}，说明济南市茶叶总体处于良好的安全状态，但部分禁用农药、高残留农药在茶叶中仍有侦测出，导致膳食暴露风险的存在，成为不安全因素。

2) 禁用农药膳食暴露风险评价

本次检测发现部分茶叶样品中有禁用农药侦测出，侦测出禁用农药4种，侦测出频次为32，茶叶样品中的禁用农药 IFS_c 计算结果表明，没有影响的频次为32，占100%。

12.4.2 济南市茶叶中农药残留预警风险评价结论

1) 单种茶叶中禁用农药残留的预警风险评价结论

本次检测过程中，在 2 种茶叶中检测出 4 种禁用农药，禁用农药为：克百威、毒死蜱、涕灭威、硫丹，茶叶为：红茶、花茶，茶叶中禁用农药的风险系数分析结果显示，2 种禁用农药在 4 种茶叶中的残留均处于高度风险，说明在单种茶叶中禁用农药的残留会导致较高的预警风险。

2) 单种茶叶中非禁用农药残留的预警风险评价结论

以 MRL 中国国家标准为标准，计算茶叶中非禁用农药风险系数情况下，70 个样本中，9 个处于低度风险(12.86%)，61 个样本没有 MRL 中国国家标准(87.14%)。以 MRL 欧盟标准为标准，计算茶叶中非禁用农药风险系数情况下，发现有 45 个处于高度风险(64.29%)，25 个处于低度风险(35.71%)。基于两种 MRL 标准，评价的结果差异显著，可以看出 MRL 欧盟标准比中国国家标准更加严格和完善，过于宽松的 MRL 中国国家标准值能否有效保障人体的健康有待研究。

12.4.3 加强济南市茶叶食品安全建议

我国食品安全风险评价体系仍不够健全，相关制度不够完善，多年来，由于农药用药次数多、用药量大或用药间隔时间短，产品残留量大，农药残留所造成的食品安全问题日益严峻，给人体健康带来了直接或间接的危害。据估计，美国与农药有关的癌症患者数约占全国癌症患者总数的 50%，中国更高。同样，农药对其他生物也会形成直接杀伤和慢性危害，植物中的农药可经过食物链逐级传递并不断蓄积，对人和动物构成潜在威胁，并影响生态系统。

基于本次农药残留侦测数据的风险评价结果，提出以下几点建议：

1) 加快食品安全标准制定步伐

我国食品标准中对农药每日允许最大摄入量 ADI 的数据严重缺乏，在本次评价所涉及的 49 种农药中，仅有 53.1% 的农药具有 ADI 值，而 46.9% 的农药中国尚未规定相应的 ADI 值，亟待完善。

我国食品中农药最大残留限量值的规定严重缺乏，对评估涉及的不同茶叶中不同农药 75 个 MRL 限值进行统计来看，我国仅制定出 11 个标准，我国标准完整率仅为 14.7%，欧盟的完整率达到 100%(表 12-10)。因此，中国更应加快 MRL 的制定步伐。

表 12-10 我国国家食品标准农药的 ADI、MRL 值与欧盟标准的数量差异

分类		中国 ADI	MRL 中国国家标准	MRL 欧盟标准
标准限值(个)	有	26	11	75
	无	23	64	0
总数(个)		49	75	75
无标准限值比例(%)		46.9	85.3	0

此外，MRL 中国国家标准限值普遍高于欧盟标准限值，这些标准中共有 6 个高于欧盟。过高的 MRL 值难以保障人体健康，建议继续加强对限值基准和标准的科学研究，将农产品中的危险性减少到尽可能低的水平。

2) 加强农药的源头控制和分类监管

在济南市某些茶叶中仍有禁用农药残留，利用 GC-Q-TOF/MS 技术侦测出 4 种禁用农药，检出频次为 32 次，残留禁用农药均存在较大的膳食暴露风险和预警风险。早已列入黑名单的禁用农药在我国并未真正退出，有些药物由于价格便宜、工艺简单，此类高毒农药一直生产和使用。建议在我国采取严格有效的控制措施，从源头控制禁用农药。

对于非禁用农药，在我国作为"田间地头"最典型单位的县级茶叶产地中，农药残留的检测几乎缺失。建议根据农药的毒性，对高毒、剧毒、中毒农药实现分类管理，减少使用高毒和剧毒高残留农药，进行分类监管。

3) 加强农药生物基准和降解技术研究

从市售茶叶中残留农药的品种多、频次高、禁用农药多次检出这一现状，说明了我国的田间土壤和水体因农药长期、频繁、不合理的使用而遭到严重污染。为此，建议中国相关部门出台相关政策，鼓励高校及科研院所积极开展分子生物学、酶学等研究，加强土壤、水体中残留农药的生物修复及降解新技术研究，切实加大农药监管力度，以控制农药的面源污染问题。

综上所述，在本工作基础上，根据茶叶残留危害，可进一步针对其成因提出和采取严格管理、大力推广无公害茶叶种植与生产、健全食品安全控制技术体系、加强茶叶质量检测体系建设和积极推行茶叶质量追溯制度等相应对策。建立和完善食品安全综合评价指数与风险监测预警系统，对食品安全进行实时、全面的监控与分析，为我国的食品安全科学监管与决策提供新的技术支持，可实现各类检验数据的信息化系统管理，降低食品安全事故的发生。

参 考 文 献

[1] 全国人民代表大会常务委员会. 中华人民共和国食品安全法[Z]. 2015-04-24.

[2] 钱永忠, 李耘. 农产品质量安全风险评估: 原理、方法和应用[M]. 北京: 中国标准出版社, 2007.

[3] 高仁君, 陈隆智, 郑明奇, 等. 农药对人体健康影响的风险评估[J]. 农药学学报, 2004, 6(3): 8-14.

[4] 高仁君, 王蔚, 陈隆智, 等. JMPR 农药残留急性膳食摄入量计算方法[J]. 中国农学通报, 2006, 22(4): 101-104.

[5] FAO/WHO Recommendation for the revision of the guidelines for predicting dietary intake of pesticide residues, Report of a FAO/WHO Consultation, 2-6 May 1995, York, United Kingdom.

[6] 李聪, 张艺兵, 李朝伟, 等. 暴露评估在食品安全状态评价中的应用[J]. 检验检疫学刊, 2002, 12(1): 11-12.

[7] Liu Y, Li S, Ni Z, et al. Pesticides in persimmons, jujubes and soil from China: Residue levels, risk assessment and relationship between fruits and soils[J]. Science of the Total Environment, 2016, 542(Pt A): 620-628.

[8] Claeys W L, Schmit J F O, Bragard C, et al. Exposure of several Belgian consumer groups to pesticide residues through fresh fruit and vegetable consumption[J]. Food Control, 2011, 22(3): 508-516.

[9] Quijano L, Yusà V, Font G, et al. Chronic cumulative risk assessment of the exposure to organophosphorus, carbamate and pyrethroid and pyrethrin pesticides through fruit and vegetables consumption in the region of Valencia (Spain)[J]. Food & Chemical Toxicology, 2016, 89: 39-46.

[10] Fang L, Zhang S, Chen Z, et al. Risk assessment of pesticide residues in dietary intake of celery in China[J]. Regulatory Toxicology & Pharmacology, 2015, 73(2): 578-586.

[11] Nuapia Y, Chimuka L, Cukrowska E. Assessment of organochlorine pesticide residues in raw food samples from open markets in two African cities[J]. Chemosphere, 2016, 164: 480-487.

[12] 秦燕, 李辉, 李聪. 危害物的风险系数及其在食品检测中的应用[J]. 检验检疫学刊, 2003, 13(5): 13-14.

[13] 金征宇. 食品安全导论[M]. 北京: 化学工业出版社, 2005.

[14] 中华人民共和国国家卫生和计划生育委员会, 中华人民共和国农业部, 中华人民共和国国家食品药品监督管理总局. GB 2763—2016 食品安全国家标准 食品中农药最大残留限量[S]. 2016.

[15] Chen C, Qian Y Z, Chen Q, et al. Evaluation of pesticide residues in fruits and vegetables from Xiamen, China[J]. Food Control, 2011, 22: 1114-1120.

[16] Lehmann E, Turrero N, Kolia M, et al. Dietary risk assessment of pesticides from vegetables and drinking water in gardening areas in Burkina Faso[J]. Science of the Total Environment, 2017, 601-602: 1208-1216.